电子技能自学成才系列

万用表使用十日通

蔡杏山　主编

中国电力出版社
CHINA ELECTRIC POWER PRESS

内 容 提 要

　　本书将万用表使用与检测技能分为十天的学习内容讲述，可帮助读者快速入门。本书内容包括指针万用表的使用、数字万用表的使用、用万用表检测基本电子元器件、用万用表检测半导体器件、用万用表检测其他电子元器件、用万用表检测低压电器、用万用表检测电动机及电气线路、用万用表检测电子电路和用万用表检测空调器电控系统。

　　本书语言通俗易懂、内容实用、图文并茂、章节篇幅合理，读者只要具有初中文化程度，就能通过阅读本书而快速掌握万用表使用与检测技能。本书可作为学习万用表技能的自学图书，也适合用作职业院校电类专业的电工电子技能教材。

图书在版编目（CIP）数据

万用表使用十日通/蔡杏山主编. —北京：中国电力出版社，2016.5

（电子技能自学成才系列）

ISBN 978 - 7 - 5123 - 8945 - 8

Ⅰ. ①万… Ⅱ. ①蔡… Ⅲ. ①复用电表-使用方法 Ⅳ. ①TM938.107

中国版本图书馆 CIP 数据核字（2016）第 034987 号

中国电力出版社出版、发行

（北京市东城区北京站西街 19 号 100005 http：//www.cepp.sgcc.com.cn）

航远印刷有限公司印刷

各地新华书店经售

*

2016 年 5 月第一版 2016 年 5 月北京第一次印刷

710 毫米×980 毫米 16 开本 19.5 印张 401 千字

印数 0001—3000 册 定价 45.00 元

电子技能 *自学成才* 系列
万用表使用十日通

前言

　　随着电子技术日新月异的发展，小到收音机，大到"神舟飞船"，电子技术已无处不在，其应用遍布社会的各个领域。根据电子技术应用领域的不同，可将其分为家庭消费电子技术、通信电子技术、工业控制电子技术、机械电子技术、医疗电子技术、汽车电子技术、电脑及数码电子技术、军事科技电子技术等。在这些领域，需要电子技术的人才类型主要有研发人员、工程师、技术人员、修理工、技术工人和维修人员等。

　　为了让读者能够轻松、快速学好电子技能，我们推出了"电子技能自学成才系列"，它们适合做自学图书，也适合做培训教材。本套丛书主要有以下特点：

　　◆ 基础起点低。读者只需具有初中文化程度即可阅读本套丛书。

　　◆ 语言通俗易懂。书中少用专业化的术语，遇到较难理解的内容用形象比喻说明，尽量避免复杂的理论分析和烦琐的公式推导，图书阅读起来感觉会十分顺畅。

　　◆ 内容解说详细。考虑到自学时一般无人指导，因此在编写过程中对书中的知识技能进行详细解说，让读者能轻松理解所学内容。

　　◆ 采用图文并茂的表现方式。书中大量采用读者喜欢的直观形象的图表方式表现内容，使阅读变得非常轻松，不易产生阅读疲劳。

　　◆ 内容安排符合认识规律。本书按照循序渐进、由浅入深的原则来确定各章节内容的先后顺序，读者只需从前往后阅读图书，便会水到渠成。

　　◆ 章节篇幅分配合理。每本书都分为十章，各章内容篇幅力求相同，方便读者安排学习进度。

　　◆ 突出显示知识要点。为了帮助读者掌握书中的知识要点，书中用阴影和文字加粗的方法突出显示知识要点，指示学习重点。

　　◆ 网络免费辅导。读者在阅读时遇到难理解的问题，可登录易天电学网：www.eTV100.com，观看有关辅导材料或向老师提问进行学习，读者也可以在该网站了解本套丛书的新书信息。

　　《万用表使用十日通》为本套丛书中的一种，本书内容包括指针万用表的使用、数字万用表的使用、用万用表检测基本电子元器件、用万用表检测半导体器件、用万用表检测其他电子元器件、用万用表检测低压电器、用万用表检测电动机及电气线路、用万用表检测电子电路和用万用表检测空调器电控系统。

本书在编写过程中得到了许多教师的支持，其中蔡玉山、詹春华、黄勇、何慧、黄晓玲、蔡春霞、邓艳姣、刘凌云、刘海峰、刘元能、蔡理峰、邵永亮、朱球辉、何彬、蔡任英和邵永明等参与了资料的收集和部分章节的编写工作，在此一并表示感谢。

由于编者水平有限，书中的错误和疏漏在所难免，望广大读者和同仁予以批评指正。

编　者

电子技能 自学成才系列

万用表使用十日通

目录

第6日 用万用表检测低压电器 　161

第7日 用万用表检测电动机及电气线路 　196

指 针 万 用 表 的 使 用

一 面 板 说 明

指针万用表是一种广泛使用的电子测量仪表，它由一只灵敏度很高的直流电流表（微安表）作表头，再加上挡位选择开关和相关的电路组成。指针万用表可以测量电压、电流、电阻，还可以测量电子元器件的好坏。指针万用表的种类有很多，使用方法都大同小异，本章以 MF-47 新型万用表为例进行介绍。

MF-47 新型万用表的外观如图 1-1 所示。它在早期 MF-47 型万用表的基础上

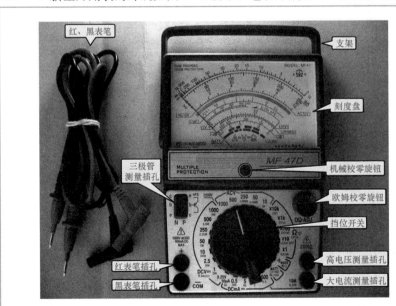

图 1-1 MF-47 新型指针万用表外观图

增加了很多新的测量功能，如增加了电容量、电池电量、稳压二极管稳压值的测量功能，另外还有电路通路蜂鸣测量和电阻箱等功能。从图中可以看出，MF－47 新型指针万用表面板上主要有刻度盘、挡位选择开关、旋钮和一些插孔。

（一）刻度盘

刻度盘由 9 条刻度线组成，如图 1－2 所示。

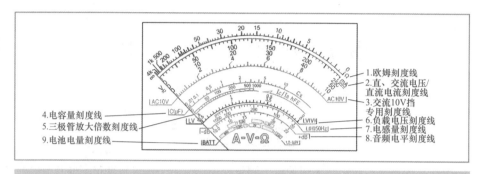

图 1－2　刻度盘

第 1 条标有"Ω"符号的刻度线为欧姆刻度线。在测量电阻阻值时查看该刻度线。这条刻度线最右端刻度表示的阻值最小，最小阻值为 0；最左端刻度表示的阻值最大，最大阻值为∞（无穷大）。在未测量时表针指在左端无穷大处。

第 2 条标有"$\underset{\sim}{V}$, $\underset{=}{mA}$符号的刻度线为直、交流电压/直流电流刻度线。在测量直、交流电压和直流电流时都查看这条刻度线。该刻度线最左端刻度表示最小值，最右端刻度表示最大值，该刻度线下方标有三组数，它们的最大值分别是 250、50 和 10。当选择不同挡位时，要将刻度线的最大刻度看作该挡位最大量程数值（其他刻度也要相应变化）。例如，当挡位选择开关拨至"50V"挡测量时，若表针指在第二刻度线最大刻度处，表示此时测量的电压值为 50V（而不是 10V 或 250V）。

第 3 条标有"AC10V"字样的刻度线为交流 10V 挡专用刻度线。在挡位开关拨至交流 10V 挡测量时查看该刻度线。

第 4 条标有"C（μF）"字样的刻度线为电容量刻度线。在测量电容量时查看该刻度线。

第 5 条标有"I_C/I_B hFE"字样（在刻度线右方）的刻度线为三极管放大倍数刻度线。在测量三极管放大倍数时查看该刻度线。

第 6 条标有"LV（V）"字样的刻度线为负载电压刻度线。在测量稳压二极管的稳压值和一些非线性元件（如整流二极管、发光二极管和三极管的 PN 结）的正向压降时查看该刻度线。

第 7 条标有"L（H）50Hz"字样的刻度线为电感量刻度线。在测量电感的电感

量时查看该刻度线。

第8条标有"dB"字样的刻度线为音频电平刻度线。在测量音频信号电平时查看该刻度线。

第9条标有"BATT"字样的刻度线为电池电量刻度线。在测量 1.2～3.6V 电池是否可用时查看该刻度线。

（二）挡位选择开关

当万用表测量不同的量时，应将挡位选择开关拨至不同的挡位。挡位选择开关如图 1-3 所示。它可以分为多类挡位，除通路蜂鸣挡和电池电量挡外，其他各类挡位根据测量值的大小又可以细分成多挡。

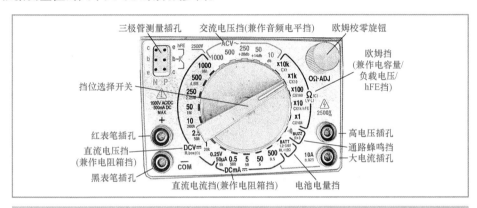

图 1-3 挡位选择开关及插孔

（三）旋钮

指针万用表面板上的旋钮有机械校零旋钮和欧姆校零旋钮。机械校零旋钮如图 1-1 所示，欧姆校零旋钮如图 1-3 所示。

机械校零旋钮的作用是在使用万用表进行测量前，将表针调到刻度盘电压刻度线（第 2 条刻度线）的"0"刻度处（或欧姆刻度线的"∞"刻度处）。

欧姆校零旋钮的作用是在使用欧姆挡或通路蜂鸣挡时，按一定的方法将表针调到欧姆刻度线的"0"刻度处。

（四）插孔

万用表的插孔如图 1-3 所示。在图 1-3 中左下角标有"－COM"字样的为黑表笔插孔，标有"＋"字样的为红表笔插孔；图 1-3 中右下角标有"2500V"字样的为高电压测量插孔（在测量大于 1000V 而小于 2500V 的电压时，红表笔需插入该插孔），标有"10A"字样的为大电流测量插孔（在测量大于 500mA 而小于 10A 的直流电流时，红表笔需插入该插孔）；图 1-3 中左上角标有"P"字样的为 PNP 型三极管插孔，标有"N"字样的为 NPN 型三极管插孔。

二 测 量 原 理

指针万用表内部有一只直流电流表，为了让它不仅能测直流电流还能测电压、电阻等电量，需要给万用表加相关的电路。下面就来介绍一下万用表内部各种电路如何与直流电流表配合进行各种电量的测量。

（一）直流电流的测量原理

万用表直流电流的测量原理如图 1-4 所示。图 1-4 中右端虚线框内的部分为万用表测直流电流时的等效电路，左端为被测电路。

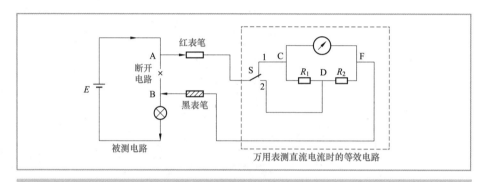

图 1-4　直流电流测量原理说明图

在图 1-4 中，如果想测量流过灯泡的电流大小，首先要将电路断开，然后将万用表的红表笔接 A 点（断口的高电位处），黑表笔接 B 点（断口的低电位处）。这时被测电路的电流经 A 点、红表笔流进万用表。在万用表内部，电流经挡位开关 S 的"1"端后分作两路：一路流经电阻 R_1、R_2，另一路流经电流表，两电流在 F 点汇合后再从黑表笔流出进入被测电路。因为有电流流经电流表，所以电流表表针偏转，指示被测电流的大小。

如果被测电路的电流很大，为了防止流过电流表的电流过大而使表针无法正常指示或电流表被烧坏，可以将挡位开关 S 拨至"2"处（大电流测量挡），这时从红表笔流入的大电流经开关 S 的"2"到达 D 点，电流又分作两路：一路流经 R_2，另一路流经 R_1、电流表，两电流在 F 点汇合后再从黑表笔流出。因为在测大电流时分流电阻小（测小电流时分流电阻为 R_1+R_2，而测大电流时分流电阻为 R_2），被分流掉的电流大，再加上 R_1 的限流作用，所以流过电流表的电流不会很大，电流表不会被烧坏，表针仍可以正常指示。

从上面的分析可知，**万用表测量直流电流时有以下规律**。

（1）用万用表测直流电流时需要将电路断开，并且红表笔接断口的高电位处，黑表笔接断口的低电位处。

(2) 用万用表测直流电流时，内部需要并联电阻进行分流，测量的电流越大，要求的分流电阻越小，所以在选用大电流挡测量时，万用表内部的电阻很小。

(二) 直流电压的测量原理

万用表直流电压的测量原理如图1-5所示。图1-5中右端虚线框内的部分为万用表测直流电压时的等效电路，左端为被测电路。

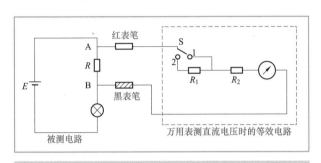

图1-5 直流电压测量原理说明图

在图1-5中，如果要测量被测电路中电阻 R 两端的电压（即 A、B 两点之间的电压），应将红表笔接 A 点（R 的高电位端），黑表笔接 B 点（R 的低电位端），这时会有一路电流从 A 点流进红表笔，在万用表内部经挡位开关 S 的"1"端和限流电阻 R_2 后流经电流表，再从黑表笔流出到达 B 点，A、B 之间的电压越高（即 R 两端的电压越高），流过电流表的电流越大，表针摆动幅度越大，指示的电压值越高。

如果 A、B 之间的电压很高，流过电流表的电流就会很大，则会出现表针摆动幅度超出指示范围而无法正常指示，或者电流表被烧坏的情况。为避免这种情况的发生，在测量高电压时，可以将挡位开关 S 拨至"2"处（高电压测量挡），这时从红表笔流入的电流经开关 S 的"2"端，再由 R_1、R_2 限流后流经电流表，然后从黑表笔流出。因为测高电压时万用表内部的限流电阻大，故流进内部电流表的电流不会很大，电流表不会被烧坏，表针可以正常指示。

从上面的分析可知，**万用表测量直流电压时有以下规律。**

(1) 用万用表测直流电压时，红表笔要接被测电路的高电位处，黑表笔接低电位处。

(2) 用万用表测直流电压时，内部需要用串联电阻进行限流，测量的电压越高，要求的限流电阻越大，所以在选用高电压挡测量时，万用表内部的电阻很大。

(三) 交流电压的测量原理

万用表交流电压的测量原理如图 1-6 所示。图 1-6 中右端虚线框内的部分为万用表测交流电压时的等效电路，左端为被测交流信号。

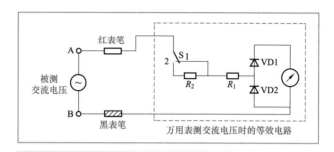

图 1-6 交流电压测量原理说明图

从图 1-6 中可以看出，万用表测交流电压与测直流电压时的等效电路大部分是相同的，但在测交流电压时增加了 VD1、VD2 构成的半波整流电路。因为交流信号的极性是随时变化的，所以红、黑表笔可以随意接在 A、B 点。为了叙述方便，将红表笔接 A 点，黑表笔接 B 点。

在测量时，如果交流信号为正半周，那么 A 点为正，B 点为负，则有电流从红表笔流入万用表，再经挡位开关 S 的 "1" 端、电阻 R_1 和二极管 VD1 流经电流表，然后由黑表笔流出到达交流信号的 B 点。如果交流信号为负半周，那么 A 点为负，B 点为正，则有电流从黑表笔流入万用表，经二极管 VD2、电阻 R_1 和挡位开关 S 的 "1" 端，再由红表笔流出到达交流信号的 A 点。测交流电压时有一个半周有电流流过电流表，表针会摆动，并且交流电压越高，表针摆动的幅度越大，指示的电压越高。

如果被测交流电压很高，则可以将挡位开关 S 拨至 "2" 处（高电压测量挡），这时从红表笔流入的电流需要经过限流电阻 R_2、R_1，因为限流电阻大，故流过电流表的电流不会很大，电流表不会被烧坏，表针可以正常指示。

从上面的分析可知，**万用表测量交流电压时有以下规律。**

（1）用万用表测交流电压时，因为交流电压极性随时变化，故红、黑表笔可以任意接在被测交流电压两端。

（2）用万用表测交流电压时，内部需要用串联电阻进行限流，测量的电压越高，要求限流电阻越大，另外内部还需要整流电路。

(四) 电阻阻值的测量原理

万用表电阻阻值的测量原理如图 1-7 所示。图 1-7 中右端虚线框内的部分为万用表测电阻阻值时的等效电路，左端为被测电阻 R_x。由于电阻不能提供电流，所以

在测电阻时，万用表内部需要使用直流电源（电池）。

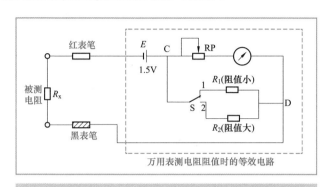

图1-7 电阻测量原理说明图

电阻无正、负之分，因此在测电阻阻值时，红、黑表笔可以随意接在被测电阻两端。在测量电阻时，红表笔接在被测电阻 R_x 的一端，黑表笔接另一端，这时万用表内部电路与 R_x 构成回路，有电流流过电路，电流从电池的正极流出，在 C 点分作两路：一路经挡位开关 S 的"1"端、电阻 R_1 流到 D 点，另一路经电位器 RP、电流表流到 D 点，两电流在 D 点汇合后从黑表笔流出，再流经被测电阻 R_x，然后由红表笔流入，回到电池的负极。

被测电阻 R_x 的阻值越小，回路的电阻也就越小，流经电流表的电流也就越大，表针摆动的幅度越大，指示的阻值越小，这一点与测电压、电流是相反的（测电压、电流时，表针摆动幅度越大，指示的电压或电流值越大），所以万用表刻度盘上电阻刻度线标注的数值大小与电压、电流刻度线是相反的。

如果被测电阻阻值很大，则流过电流表的电流就越小，表针摆动幅度很小，读数困难且不准确。为此，在测量高阻值电阻时，可以将挡位开关 S 拨至"2"处（高阻值测量挡），接入的电阻 R_2 的阻值较低挡位的电阻 R_1 大，因为 R_2 阻值大，所以经 R_2 分流掉的电流小，流过电流表的电流大，表针摆动的幅度大，使得测量高阻值电阻时也可以很容易地从刻度盘准确读数。

从上面的分析可知，**万用表测量电阻阻值时有以下规律。**

（1）在测电阻阻值时，万用表内部需要用到电池（在测电压、电流时，电池处于断开状态）。

（2）在测电阻阻值时，万用表的红表笔接内部电池的负极，黑表笔接内部电池的正极。

（3）在测电阻阻值时，若被测电阻阻值越大，则表针摆动的幅度越小，被测电阻阻值越小，表针摆动的幅度越大。

自学成才

第1日

（五）三极管放大倍数的测量原理

三极管有 PNP 和 NPN 两种类型，它们的放大倍数测量原理基本相同，下面以图 1-8 所示的 NPN 型三极管为例来说明三极管放大倍数的测量原理。图 1-8 中右端虚线框内的部分为万用表测三极管放大倍数时的等效电路，三个小圆圈 C、B、E 分别为三极管的集电极、基极和发射极插孔。

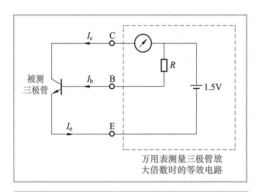

图 1-8　万用表测量三极管
放大倍数原理说明图

当将 NPN 型三极管各极插入相应的插孔后，万用表内部的电池就会为三极管提供电源，三极管导通，有 I_b、I_c 和 I_e 电流流过三极管，电流表串接在三极管的集电极，故 I_c 电流会流过电流表。因为三极管基极接的电阻 R 的阻值是不变的，所以流过三极管的 I_b 电流也是不变的，根据 $I_c = \beta \cdot I_b$ 可知，在 I_b 不变的情况下，放大倍数 β 越大，I_c 电流也就越大，表针摆动的幅度也就越大。

由此可知，三极管放大倍数的测量原理是：让三极管的 I_b 电流为固定值，被测的三极管放大倍数越大，流过电流表的 I_c 电流也就越大，表针摆动的幅度也就越大，指示的放大倍数就越大。

三　使 用 方 法

本节以 MF-47 新型指针万用表为例来说明指针万用表的使用方法。

（一）使用前的准备工作

指针万用表在使用前需要安装电池、机械校零和安插表笔。

1. 安装电池

指针万用表工作时需要安装电池，电池安装如图 1-9 所示。

在安装电池时，先将万用表后面的电池盖取下，然后将一节 2 号 1.5V 电池和一节 9V 电池分别安装在相应的电池插座中，安装时要注意两节电池的正负极性要与电池盒标注极性一致。如果万用表不安装电池，电阻挡（兼作

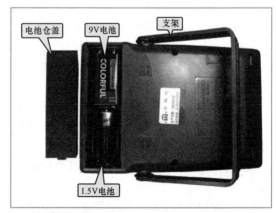

图 1-9　安装电池

电容量/负载电压/hFE挡）和通路蜂鸣挡将无法使用，但电压、电流挡仍可以使用。

2. 机械校零

机械校零过程如图1-10所示。

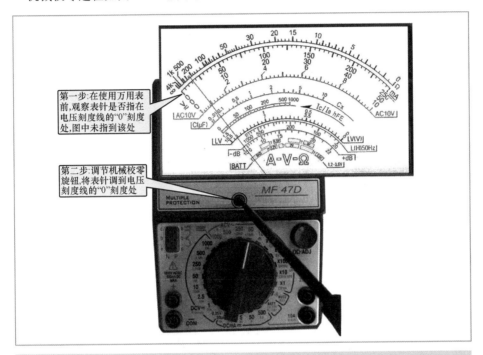

第一步:在使用万用表前,观察表针是否指在电压刻度线的"0"刻度处,图中未指到该处

第二步:调节机械校零旋钮,将表针调到电压刻度线的"0"刻度处

图1-10 机械校零过程

将万用表平放在桌面上，观察表针是否指在电压/电流刻度线左端"0"位置（即欧姆刻度线左端"∞"位置），如果未指向该位置，则可用螺丝刀（俗称起子）调节机械校零旋钮，让表针指在电压/电流刻度线左端"0"处即可。

3. 安插表笔

万用表有红、黑两根表笔，测量时应将红表笔插入标有"＋"字样的插孔中，黑表笔插入标有"－COM"字样的插孔中。

（二）直流电压的测量

MF-47新型指针万用表的直流电压挡位可细分为0.25V、1V、2.5V、10V、50V、250V、500V、1000V、2500V挡。

1. 直流电压的测量步骤

直流电压的测量步骤如下。

（1）测量前先估计被测电压的最大值，选择合适的挡位，即选择的挡位要大于且

最接近估计的最大电压值，这样测量值更准确。若无法估计，则可以先选最高挡测量，再根据大致测量值重新选取合适的低挡位进行测量。

（2）测量时，将红表笔接在被测电压的高电位处，黑表笔接被测电压的低电位处。

（3）读数时，找到刻度盘上直流电压刻度线，即第 2 条刻度线，观察表针指在该刻度线何处。由于第 2 条刻度线标有 3 组数（3 组数共用一条刻度线），读哪一组数要根据所选择的电压挡位来确定。例如，测量时选择的是 250V 挡，读数时就要读最大值为 250 的那一组数，在选择 2.5V 挡时仍读该组数，只不过要将 250 看成是 2.5，该组其他数也要作相应变化。同样地，在选择 10V、1000V 挡测量时读最大值为 10 的那组数，在选择 50V、500V 挡位测量时要读最大值为 50 的那组数。

直流电压测量补充说明如下。

（1）如果要测量 1000～2500V 电压，则挡位选择开关应拨至 1000V 挡，红表笔插入 2500V 专用插孔，黑表笔仍插在"－"插孔中，读数时选择最大值为 250 的那一组数。

（2）直流电压 0.25V 挡与直流电流 50μA 挡是共用的。在选择该挡测直流电压时，可以测量 0～0.25V 的电压，读数时选择最大值为 250 的那一组数；在选择该挡测直流电流时，可以测量 0～50μA 的电流，读数选择最大值为 50 的那一组数。

2. 直流电压测量举例

（1）测量电池的电压。用万用表测量一节干电池的电压，其测量过程如图 1-11 所示。

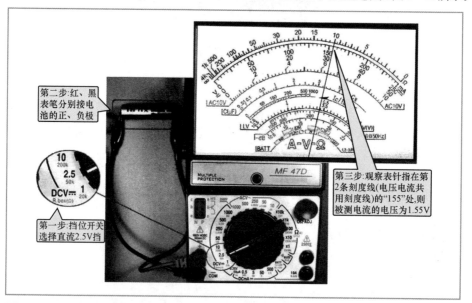

图 1-11　一节干电池电压的测量操作图

通常一节干电池的电压不会超过2V，因此将挡位选择开关拨至直流电压的2.5V挡，然后红表笔接电池的正极，黑表笔接电池的负极，读数时查看表针在第2条刻度线所指的刻度，并观察该刻度对应的数值（最大值为250那组数），现发现表针所指刻度对应数值为155，那么该电池电压为1.55V（250看成2.5，155相应要看成1.55）。

当然也可以选择10V、50V挡，甚至更高的挡位来测量电池的电压，但准确度会下降。挡位偏离电池实际电压越大，准确度越低。这与用大秤称小物体不准确的道理是一样的。

（2）测量电路中某元件两端电压。这里以测量电路中一个电阻两端的电压为例来说明，测量示意图如图1-12所示。

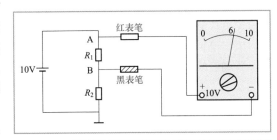

图1-12　电路中元器件两端电压的测量示意图

因为电路的电源电压为10V，故电阻R_1两端电压不会超过10V，所以将挡位选择开关拨至直流电压10V挡，然后红表笔接被测电阻R_1的高电位端（即A点），黑表笔接R_1的低电位端（即B点），再观察表针指在6V位置，则R_1两端的电压U_{R1}＝6V（即A、B两点之间的电压U_{AB}也为6V）。

（3）测量电路中某点电压。**电路中某点电压实际上就是指该点与地之间的电压。**下面以测量图1-13所示电路中的三极管集电极电压为例来说明。

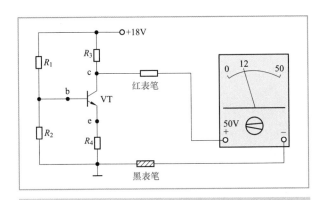

图1-13　电路中某点电压的测量示意图

因为电路的电源电压为18V，三极管VT的集电极电压最大不会超过18V，但可能大于10V，所以将挡位选择开关拨至直流电压50V挡，然后红表笔接三极管的集电极，黑表笔接地，再观察表针指在12V刻度处，则三极管的集电极电压为12V。

（三）直流电流的测量

MF-47新型指针万用表的直流电流挡位可细分为50μA、0.5mA、5mA、50mA、500mA、10A挡。

1. 直流电流的测量步骤

直流电流的测量步骤如下。

（1）先估计被测电路电流可能有的最大值，然后选取合适的直流电流挡位，选取的挡位应大于并且最接近估计的最大电流值。

（2）测量时，先要将被测电路断开，再将红表笔接至断开位置的高电位处，黑表笔接至断开位置的另一端。

（3）读数时查看第 2 条刻度线，读数方法与直流电压测量时的读数方法相同。

直流电流测量补充说明：当测量 500mA～10A 电流时，红表笔应插入 10A 专用插孔，黑表笔仍插在"－"插孔中不动，将挡位选择开关拨至 500mA 挡，测量时查看第 2 条刻度线，并选择最大值为 10 的那组数进行读数，单位为 A。

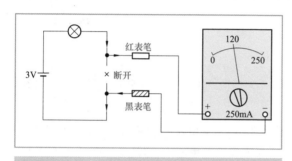

图 1-14　灯泡电流的测量示意图

2. 直流电流测量举例

下面以测量流过一只灯泡的电流大小来说明直流电流的测量方法，测量过程如图 1-14 所示。

估计流过灯泡的电流不会超过 250mA，因此将挡位选择开关拨至 250mA 挡，再将被测电路断开，然后将红表笔接断开位置的高电位处，黑表笔接断开位置的另一端，这样才能保证电流由红表笔流进，从黑表笔流出，表针才能朝正方向摆动，否则表针会反偏。读数时发现表针所指刻度对应的数值为 120，故流过灯泡的电流为 120mA。

（四）交流电压的测量

MF-47 新型指针万用表的交流电压的挡位可细分为 10V、50V、250V、500V、1000V、2500V 挡。

1. 交流电压的测量步骤

交流电压的测量步骤如下。

（1）估计被测交流电压可能有的最大值，选取合适的交流电压挡位，选取的挡位应大于并且最接近估计的最大值。

（2）红、黑表笔分别接被测电压两端（交流电压无正负之分，故红、黑表笔可随意接）。

（3）读数时查看第 2 条刻度线，读数方法与直流电压的测量读数方法相同。

交流电压测量补充说明如下。

（1）当选择交流 10V 挡测量时，应查看第 3 条刻度线（10V 交流电压挡测量专用刻度线），读数时选择最大值为 10 的一组数。

（2）在测量 1000～2500V 的交流电压时，应将挡位选择开关拨至交流 1000V 挡，红表笔要插入 2500V 专用插孔，黑表笔仍插在"－"插孔中，读数时应选择最大值为 250 的那组数。

2. 交流电压测量举例

下面以测量市电电压的大小来说明交流电压的测量方法，测量过程如图1-15所示。估计市电电压不会大于250V且最接近250V，故将挡位选择开关拨至交流250V挡，然后将红、黑表笔分别插入交流市电插座，读数时发现表针指在第2条刻度线的"230"处（读最大值为250那组数），则市电电压为230V。

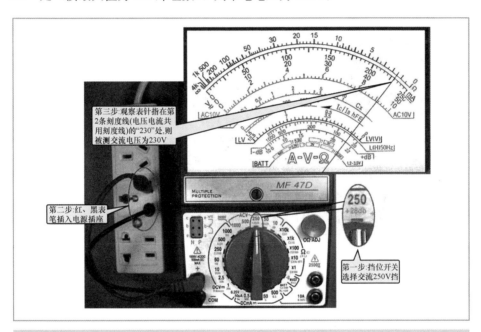

第三步:观察表针指在第2条刻度线(电压电流共用刻度线)的"230"处,则被测交流电压为230V

第二步:红、黑表笔插入电源插座

第一步:挡位开关选择交流250V挡

图1-15 市电电压的测量操作图

（五）电阻阻值的测量

测量电阻的阻值要用到欧姆挡。 MF-47新型指针万用表的欧姆挡可细分为×1Ω、×10Ω、×100Ω、×1kΩ、×10kΩ挡。

1. 电阻阻值的测量步骤

电阻阻值的测量步骤如下。

（1）**选择挡位。** 先估计被测电阻的阻值大小，选择合适的欧姆挡位。挡位选择的原则是：在测量时尽可能让表针指在欧姆刻度线的中央位置，因为表针指在刻度线中央位置时的测量值最准确，若不能估计电阻的阻值，则可以先选高挡位测量，如果发现阻值偏小，再换成合适的低挡位重新测量。

（2）**欧姆校零。** 挡位选好后要进行欧姆校零，欧姆校零过程如图1-16所示。先将红、黑表笔短接，观察表针是否指到欧姆刻度线（即第1条刻度线）的"0"刻度处，如果表针没有指在"0"刻度处，则可以调节欧姆校零旋钮，直到将表针调到

13

"0"刻度处为止。

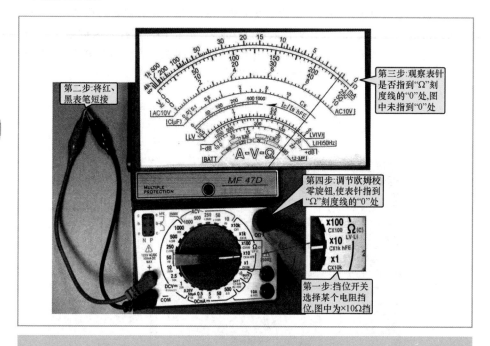

图 1-16 欧姆校零的操作图

（3）红、黑表笔分别接被测电阻的两端。

（4）读数时查看第 1 条刻度线，观察表针所指刻度数值，然后将该数值与挡位数相乘，得到的结果就是该电阻的阻值。

2. 欧姆挡使用举例

下面以测量一个标称阻值为 120Ω 的电阻为例来说明欧姆挡的使用方法。

由于电阻的标称阻值为 120Ω，为了使表针能尽量指到刻度线中央，可以选择×10Ω挡，然后进行欧姆校零，过程如图 1-17 所示。再将红、黑表笔分别接在被测电阻两端并观察表针在欧姆刻度线的所指位置，如图 1-17 所示。现发现表针指在数值"12"位置，则该电阻的阻值为 12×10Ω＝120Ω。

（六）三极管放大倍数的测量

三极管具有放大功能，将它的放大能力用数值表示就是放大倍数。如果希望知道一个三极管的放大倍数，可以用万用表进行检测。MF-47 新型万用表的"hFE"挡用来测量三极管的放大倍数。

三极管类型有 PNP 型和 NPN 型两种，它们的检测方法是一样的。三极管的放大倍数测量如图 1-18 所示。**三极管的测量过程如下。**

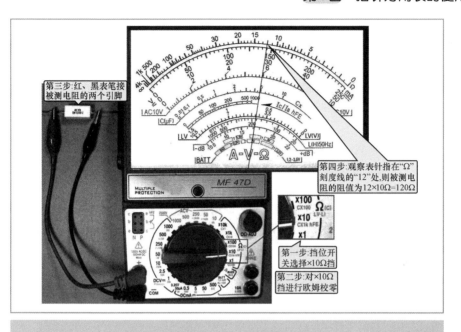

图 1-17　电阻阻值的测量操作图

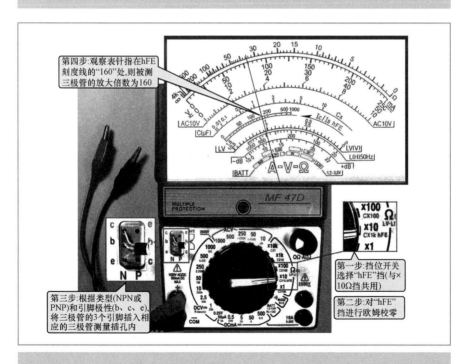

图 1-18　三极管放大倍数的测量操作图

（1）**选择"hFE"挡并进行欧姆校零。**将挡位选择开关拨至"hFE"挡（与×10Ω共用），然后将红、黑表笔短接，再调节欧姆校零旋钮，使表针指在欧姆刻度线的"0"刻度处。

（2）**根据三极管的类型和引脚的极性将三极管插入相应的测量插孔中。**PNP 型三极管插入标有"P"字样的插孔，NPN 型三极管插入标有"N"字样的插孔，因为图中的三极管为 NPN 型，故将它插入"N"插孔。

（3）**读数。**读数时查看标有"hFE"字样的第 5 条刻度线，观察表针所指的刻度数值，现发现表针指在第 5 条刻度线的"160"处，则该三极管放大倍数为 160 倍。

（七）通路蜂鸣测量

通路蜂鸣测量是 MF - 47 新型万用表新增的功能，利用该功能可以测量电路是否处于通路，若处于通路（电路阻值低于 10Ω），万用表会发出 1kHz 的蜂鸣声，这样用户测量时不用查看刻度盘即能了解电路通断情况。

MF - 47 新型万用表的"BUZZ（R×3）"挡用于通路蜂鸣测量。下面以测量一根导线为例来说明通路蜂鸣的测量方法，测量操作过程如图 1 - 19 所示。**通路蜂鸣挡测量导线的步骤如下。**

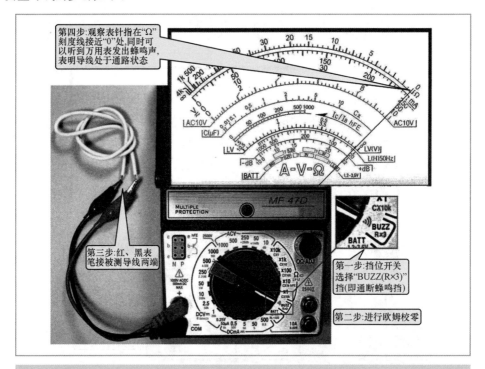

图 1 - 19　利用通路蜂鸣测量挡测量导线的操作图

（1）将挡位开关拨至"BUZZ（R×3）"挡（即通路蜂鸣测量挡）。

（2）将红、黑表笔短接进行欧姆校零。

（3）将红、黑表笔接被测导线的两端。

（4）如果万用表有蜂鸣声发出，则表明导线处于通路，此时若想知道导线的电阻，则可以查看表针在欧姆刻度线所指数值，该数值乘以3即为被测导线的电阻。

（八）电容量的测量

电容量测量是MF-47新型指针万用表的新增功能。电容量测量的挡位可细分为C×1、C×10、C×100、C×1k、C×10k挡，它们分别与×10kΩ、×1kΩ、×100Ω、×10Ω、×1Ω挡共用。

1. 电容量的测量步骤

电容量的测量步骤如下。

（1）根据被测电容的容量标称值选择合适的挡位。表1-1列出了各挡位及其容量测量范围，测量时为了观察方便，选择挡位时应尽量让表针摆动幅度大（最大有效幅度值为10），如测量一个标称值为2.2μF的电容，可以选择C×1、C×10和C×100挡，但选择C×1挡测量时表针摆动幅度最大，最宜观察。

表1-1　　　　　　　　各电容量测量挡与容量测量范围对照表

电容量测量挡位（μF）	C×1	C×10	C×100	C×1k	C×10k
容量测量范围（μF）	0.01~10	0.1~100	1~1000	10~10 000	100~10 000

（2）欧姆校零。

（3）将红、黑表笔分别接被测电容的两电极。如果是有极性电容，黑表笔应接电容的正极，红表笔接电容的负极，这样因为黑表笔接万用表内部电池的正极，红表笔接电池的负极，若表笔接错电容的极性，将会导致测量值不准确。

（4）观察表针在"C（μF）"刻度线上的最大摆动指示值，该值乘以挡位数即为被测电容的容量值。

注意：如果对被测电容重新进行测量，或者对充有电荷的电容进行测量，需要将电容两极短接放电，再开始按上面的步骤测量电容的容量，否则测量值将会不准确。

2. 电容的容量测量举例

下面以测一个标称容量为47μF的电解电容为例来说明电容的容量测量方法，测量操作过程如图1-20所示。

由于被测电容的标称容量为47μF，为了观察明显，可选择C×10挡，然后将红、黑表笔短接进行欧姆校零，再将红、黑表笔分别接被测电容的负、正极，同时观察表针在"C（μF）"刻度线上的最大摆动指示值，现观察到表针最大摆动指示值接近5，则被测电容的容量近似为 $5 \times 10 = 50 \mu F$，与电容的标称值基本一致，故被测电容正常。

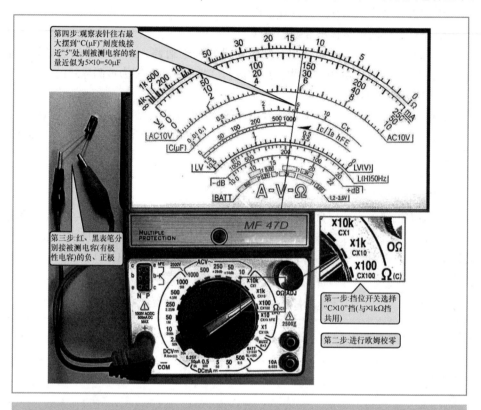

图1-20 电容容量的测量操作图

（九）负载电压测量（LV测量）

负载电压测量挡主要用来测量不同电流情况下非线性元件两端的压降。该挡可以测量普通二极管、发光二极管的正向导通压降，也可以测量稳压值在10.5V以下的稳压二极管的稳压值。

1. 负载电压测量原理

负载电压测量原理如图1-21所示。其中虚线框内部分为测负载电压时的万用表内部电路等效图。

在测量时，1.5V电池和

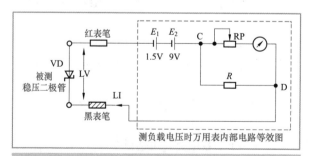

图1-21 负载电压测量原理说明图

9V电池叠加得到10.5V电压，它经万用表内部电路降压后加到被测稳压二极管VD两端，如果VD的稳压值小于10.5V，则VD被反向击穿，有电流流过电流表和VD，电流表的表针会发生摆动。由于稳压二极管击穿后两端电压等于稳压值，所以稳压二极管稳压值越大，C、D两点间的电压越低，即加到电流表两端的电压越低，流过电流表电流越小，表针摆动幅度越小，指示的负载电压值越大（负载电压刻度线左小右大）。

图1-21中被测元件两端的电压称为负载电压，用LV表示，流过负载的电流称为负载电流，用LI表示。

2. 负载电压测量说明

MF-47新型指针万用表的负载电压测量挡与欧姆挡共用，可细分为×1Ω、×10Ω、×100Ω、×1kΩ、×10kΩ挡。当选择×1Ω～×1kΩ挡时，万用表内部使用1.5V电池，当选择×10kΩ挡时，万用表内部使用1.5V和9V两个电池，提供10.5V电压。在使用不同挡位测量时，万用表输出电流不同，即流过被测负载的电流（LI）不同，具体见表1-2。

表1-2 各LV挡位提供的电流、电压对照表

LV挡位	×1	×10	×100	×1k	×10k
负载电流的范围（LI）	0～100mA	0～10mA	0～1mA	0～100μA	0～70μA
负载电压的测量范围（LV）	0～1.5V				0～10.5V

负载电压测量步骤如下。

(1) 根据被测非线性元件的正向导通电压或反向导通电压选择合适的挡位。对于导通电压低于1.5V的元件，可选择×1Ω～×1kΩ挡进行测量；对于导通电压处于1.5～10.5V的元件，可选择×10kΩ挡测量。在选择×1Ω～×1kΩ各挡测同一非线性元件时，如测整流二极管的正向导通电压，由于测量时各挡提供的电流不同，故测出来的电压会有一定的差距，高挡位提供的负载电流小，测出的导通电压会较低挡位稍低一些。在选择×10kΩ挡测量时，由于该挡提供的负载电流很小，故测出的导通电压较元件在正常电路中的导通电压会低一些。

(2) 欧姆校零。

(3) 将红、黑表笔接被测元件两端。若想要测元件的正向导通电压，则用黑表笔接被测元件的正极，红表笔接元件的负极；若想要测元件的反向导通电压，则用黑表笔接元件的负极，红表笔接元件的正极。

(4) 读数时查看LV刻度线。LV刻度线有0～1.5V和0～10.5V两组数，当选择×1Ω～×1kΩ挡测量时，读0～1.5V的一组数；若选择×10kΩ挡，则读0～10.5V这组数。

3. 负载电压测量举例说明

下面以测一只整流二极管的正向导通电压为例来说明负载电压的测量方法，测量

操作过程如图1-22所示。

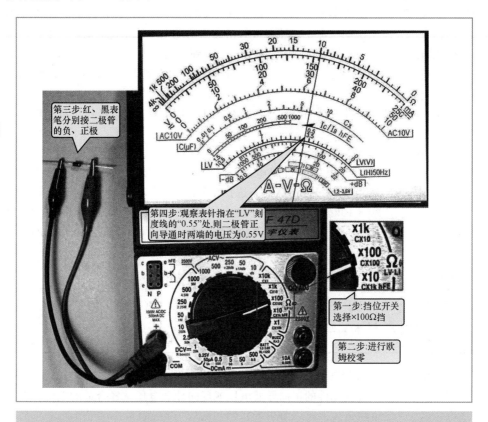

图1-22 二极管正向导通电压的测量操作图

由于整流二极管的正向导通电压低于1.5V，故可以选择×1Ω～×1kΩ挡中某一挡，这里选择×100Ω挡，再短接红、黑表笔进行欧姆校零，然后将红、黑表笔分别接二极管的负、正极，同时观察表针在"LV"刻度线上的位置，现发现表针位置对应的数值为0.55（查看0～1.5这组数），则被测整流二极管的正向导通电压为0.55V。

如果想知道此时流过二极管的负载电流大小，则可以查看表针在欧姆刻度线的指示值，将该值乘以挡位数后得到二极管的导通电阻，将测得的负载电压除以导通电阻，所得结果即为流过二极管的负载电流LI。在图1-22中，表针在欧姆刻度线的指示值为10，将该值×100Ω后得到二极管导通电阻为1000Ω，将0.55V除以1000Ω得到0.00055A（0.55mA），即流过二极管的负载电流为0.55mA。

（十）电池电量的测量（BATT测量）

电池电量测量挡用来测量电池电量情况，以确定被测电池是否可用。该挡可以测量 1.2～3.6V 各类电池的电量（不含纽扣电池）。

1. 电池电量测量原理

（1）电池电量判断方法。任何一种电池，都可以看成是由图 1-23 所示的电动势 E 和内阻 r 组成的。对于电量充足的电池，其内阻很小，当电池接入电路时，内阻上的压降很小，电池两端的电压 U 与电动势 E 基本相等。万用表测电池电压时，测得实际为电压 U。电池用旧后，其内阻增大，输出电流 I 变小，如果此时电池外接负载电阻 R_L 阻值很大，则 $U=IR_L$ 值仍较大，故电池两端的电压 U 下降还不明显，但若 R_L 阻值较小，则 $U=IR_L$ 值很小。

总之，**电量不足的电池的特征是：当接相同的负载时，其输出电流较新电池小；当接阻值小的负载时，输出电压与新电池相比会明显下降，但接阻值大的负载时，输出电压下降不明显。**

（2）电池电量测量原理。电池电量测量原理如图 1-24 所示。其中右虚线框内部分为测电池电量时的万用表内部电路等效图。

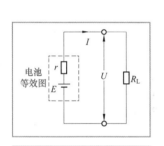

图 1-23　电池电量
判断说明图

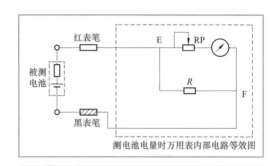

图 1-24　电池电量测量原理说明图

在测量电池电量时，红、黑表笔分别接被测电池的正、负极，被测电池输出的电流流经万用表内部的电流表，表针会发生摆动。若被测电池电量充足，则其内阻很小，输出电压很高，E、F 两点间的电压高，电流表两端电压高，流过电流表的电流大，表针摆动幅度大，表示被测电池电量充足；若被测电池电量不足，则其内阻很大，内阻上的压降增大，电池输出电流小，输出电压低，流过电流表的电流小，表针摆动幅度小，表示被测电池电量不足。电池电量测量与直流电压测量原理很相似，但实际上两者存在较大的差别，在使用直流电压挡测量时，万用表的内阻很大（红、黑表笔之间万用表内部电路的总电阻），如万用表选择直流电压 2.5V 挡时，内阻为 50kΩ，而选择电池电量测量挡时，万用表的内阻为 8～12Ω。

总之，**电池电量测量原理是：在测量电池电量时，万用表为被测电池提供一个合适的负载，再将被测电池在该负载下对电流表表针的驱动能力展现出来，从而判断电池电量是否充足。**

2. 电池电量测量步骤

电池电量测量步骤如下。

(1) 将挡位开关拨到"BATT"挡（电池电量测量挡）。

(2) 将红、黑表笔分别接被测电池的正、负极。

(3) 根据被测电池的标称值观察表针所指的位置，若指在绿框范围内，则表示电池电量充足；若指在"?"范围内，则表示电池尚可使用；若指在红框范围内，则电池电量不足。

补充说明：电池电量测量挡可以测量 1.2～3.6V 各类电池电量，但不含纽扣电池。对于纽扣电池，可用直流电压 2.5V 挡测量（该挡提供的负载 R_L 为 50kΩ）。

3. 电池电量测量举例

下面以测量一节 1.5V 电池的电量为例来说明电池电量的测量方法，测量操作过程如图 1-25 所示。

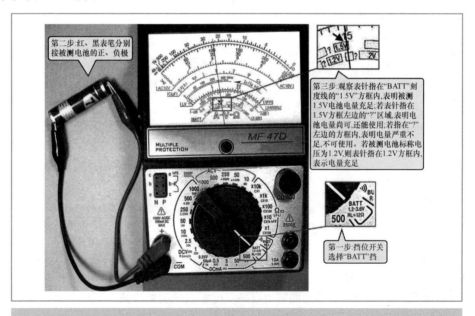

图 1-25　电池电量测量操作图

先将万用表的挡位开关拨到"BATT"挡，再将红、黑表笔分别接被测电池的正、负极，然后观察表针在 BATT 刻度框 1.5V 区域的指示位置，现发现表针指在 1.5V 绿框范围内，说明被测电池电量充足。

（十一）标准电阻箱功能的使用

1. 电阻箱挡位及标准电阻值

MF-47 新型指针万用表具有标准电阻箱功能，"DCmA"（直流电流）挡和

"DCV"（直流电压）挡兼作电阻箱电阻选择挡。当万用表处于不同的"DCmA"挡和"DCV"挡时，其内阻大小有一些规律。例如，当万用表拨至直流电流50mA挡时，万用表的内阻为5Ω，此时万用表红、黑表笔内接电路总电阻为5Ω，整个万用表相当于一个5Ω的电阻；当万用表处于直流电压1V挡时，内阻为20kΩ，整个万用表相当于一个20kΩ的电阻。MF-47新型指针万用表的电阻箱挡位及对应的标准电阻值见表1-3。

表1-3 电阻箱挡位及对应的标准电阻值

挡位	10A	500mA	50mA	5mA	0.5mA	50μA	1V	2.5V	10V	50V	250V	500V	1000V	2500V
标准电阻值（Ω）	0.025	0.5	5	50	500	5k	20k	50k	200k	1M	2.25M	4.5M	9M	22.5M

2. 电阻箱挡位及电阻值验证

为了验证电阻箱挡位与标称电阻值是否对应，下面使用一个数字万用表来测量指针万用表5mA挡的内阻值，测量操作过程如图1-26所示。

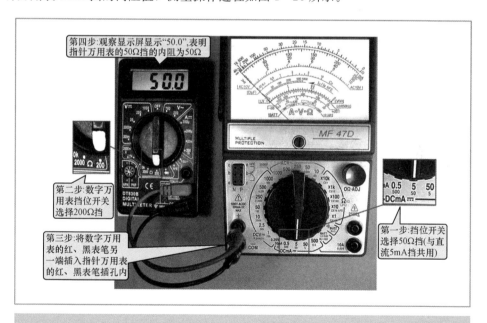

图1-26 电阻箱挡位与其标称电阻值是否对应的验证测量图

测量时，先将指针万用表挡位开关拨至5mA挡，接着将数字万用表的挡位开关拨至200Ω挡，然后将数字万用表的红、黑表笔分别接入指针万用表的红、黑表笔插孔，再观察数字万用表显示屏显示的数值，现发现显示数值为"50.0"，考虑数字万

用表的测量误差，可以认为指针万用表挡位开关处于5mA挡时，整个万用表内部电路相当于一个50Ω的电阻，测量出来的阻值与该挡位的标称阻值一致。

3. 标准电阻箱功能的应用举例

在一些情况下可以利用万用表的标准电阻箱功能，如图1-27（a）所示。发光二极管VD不亮，用万用表测得3V电源正常，VD不亮的原因可能是电阻R开路或VD损坏，这时可以按图1-27（b）所示的方法，将万用表拨至0.5mA挡（与500Ω同挡），整个万用表相当于一个500Ω的电阻，再将红、黑表笔分别接在电阻R两端，如果VD发光，则说明是电阻R开路，如果VD仍不亮，则表示VD损坏。

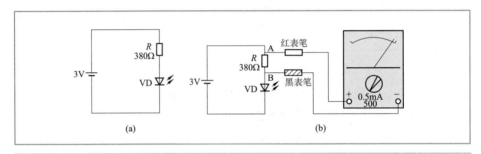

图1-27 标准电阻箱的应用例图

（a）有故障的电路；（b）将万用表并联在怀疑损坏的电阻两端

之所以不用导线直接短路A、B点，是为了防止流过发光二极管的电流过大而烧坏，万用表选择0.5mA挡是因为该挡的电阻值与R很接近。

（十二）电感量的测量

MF-47新型指针万用表具有电感量测量功能，电感量的测量范围是20～1000H。在测电感的电感量时，需要用到10V、50Hz的交流电压，具体测量线路连接如图1-28所示。

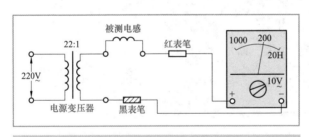

图1-28 万用表测电感量的线路连接图

先将挡位选择开关拨至交流"10V"挡，然后按图示的方法将22:1电源变压器、被测电感和红、黑表笔连接起来，再给电源变压器一次侧接通220V的市电电压，在二次绕组上得到10V的交流电压，这时表针摆动，观察表针在电感量刻度线〔第7条标有"L（H）50Hz"字样的刻度线〕的指示值，现发现表针指在"200"数值处，则被测电感的电感量为200H。

注意：**电感量刻度线右端刻度指示的电感量小，左端刻度指示的电感量大。**

（十三）音频电平的测量

MF-47新型指针万用表具有音频电平测量功能，音频电平的测量范围是-10～+22dB。**在音频电路中，如果想知道音频信号的大小，可用万用表来测量音频电平，音频电平越高，说明音频信号幅度越大。**

万用表测音频电平的测量线路连接如图1-29所示。在测音频电平时，将万用表挡位选择开关拨至交流10V挡，将黑表笔接地，红表笔通过一个0.1μF隔直电容接扬声器一端（即A点），这时表针会摆动，观察表针指在音频电平刻度线（第8条标有"dB"字样的刻度线）的指示值，现发现表针指在"2"处，说明扬声器两端的音频信号电平为2dB。

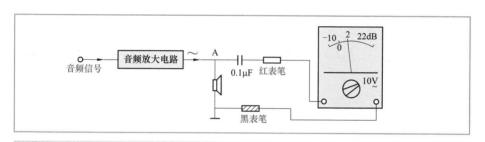

图1-29 万用表测音频电平的测量线路连接图

音频信号电平的单位为dB（分贝），0dB=0.775V。若音频电平为负值，说明音频信号电压低于0.775V，否则高于0.775V。如果音频电平很高，则可以将挡位选择开关拨至交流50V挡或者更高挡，读数时仍选择第8条刻度线，但需要在此基础上进行修正，各挡位修正值见表1-4。

表1-4 测量音频电平时的各挡位修正值

量程挡位	修 正 值	量程挡位	修 正 值
10V	0	500V	+34dB
50V	+14dB	1000V	+40dB
250V	+28dB		

例如，当挡位选择开关拨至交流50V挡时，表针指在第8刻度线的+15dB位置上，则实际音频电平值应该为+15dB（读数值）加上+14dB（修正值），即+29dB。

（十四）指针万用表使用注意事项

指针万用表使用时要按正确的方法操作，否则轻者会出现测量值不准确的现象，重者会烧坏万用表，甚至发生触电事故，危害人身安全。指针万用表使用时的具体注

意事项如下。

（1）测量时不能选错挡位，特别是不能用电流或电阻挡来测量电压，这样极易烧坏万用表。万用表不用时，可将挡位拨至交流电压最高挡（如1000V挡）。

（2）测量直流电压或直流电流时，注意红表笔接电源或电路的高电位、黑表笔接低电位，若表笔接错，测量时表针会反偏，可能会损坏万用表。

（3）若不能估计被测电压、电流或电阻值的大小，应先用最高挡测量，再根据测得值的大小，换至合适的低挡位进行测量。

（4）测量时，手不要接触表笔金属部位，以免触电或影响测量精确度。

（5）测量电阻阻值和三极管放大倍数时要进行欧姆校零，如果旋钮无法将表针调到欧姆刻度线的"0"刻度处，则一般为万用表内部电池已用旧，此时应及时更换新电池。

电子技能自学成才系列

万用表使用十日通

第2日

数字万用表的使用

一 数字万用表的结构与测量原理

（一）数字万用表的面板介绍

数字万用表的种类有很多，但使用方法大同小异，本章就以应用广泛的 VC890C＋型数字万用表为例来说明数字万用表的使用方法。VC890C＋型数字万用表及配件如图 2-1 所示。

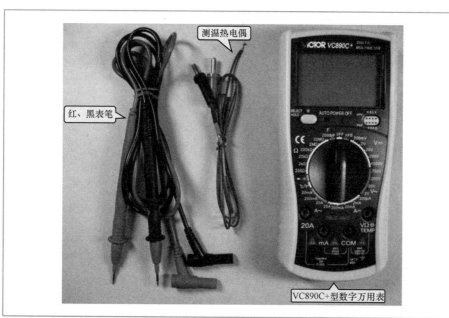

图 2-1　VC890C＋型数字万用表及配件

1. 面板说明

VC890C＋型数字万用表的面板说明如图2-2所示。

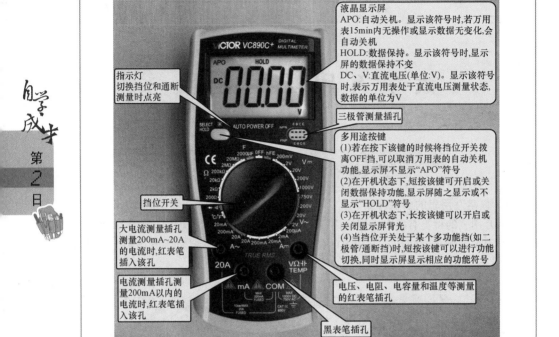

图2-2　VC890C＋型数字万用表的面板说明

2. 挡位开关及各功能挡

VC890C＋型数字万用表的挡位开关及各功能挡如图2-3所示。

（二）数字万用表的基本组成及测量原理

1. 数字万用表的组成

数字万用表的基本组成框图如图2-4所示。从图2-4中可以看出，**数字万用表主要由挡位开关、功能转换电路和数字电压表组成。**

数字电压表只能测直流电压，由A/D转换电路、数据处理电路和显示屏构成。它通过A/D转换电路将输入的直流电压转换成数字信号，再经数据处理电路处理后送到显示屏，然后将输入的直流电压的大小以数字的形式显示出来。

功能转换电路主要由R/U、U/U和I/U等转换电路组成。R/U转换电路的功能是将电阻的大小转换成相应大小的直流电压，U/U转换电路能将大小不同的交流电

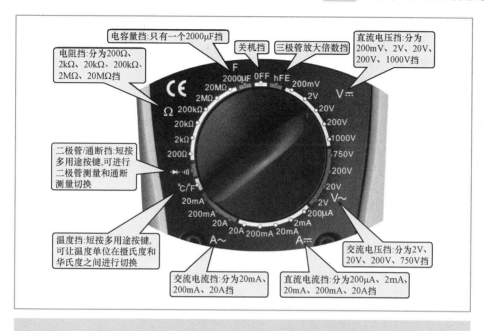

图2-3 VC890C＋型数字万用表的挡位开关及各功能挡

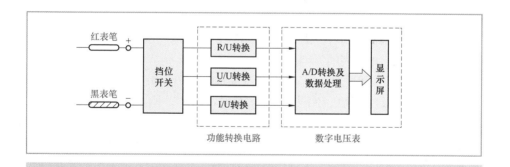

图2-4 数字万用表的基本组成框图

压转换成相应的直流电压，I/U转换电路的功能是将大小不同的电流转换成大小不同的直流电压。

挡位开关的作用是根据待测的量选择相应的功能转换电路。例如，在测电流时，挡位开关将被测电流送至I/U转换电路。

现在以测电流为例来说明数字万用表的工作原理：在测电流时，电流由表笔、插孔进入数字万用表，在内部经挡位开关（开关置于电流挡）后，送到I/U转换电路，转换电路将电流转换成直流电压再送到数字电压表，最终在显示屏显示数字。被测电流越大，转换电路转换成的直流电压越高，显示屏显示的数字越大，指示出的电流数值越大。

由上述情况可知，**不管数字万用表是测电流、电阻，还是测交流电压，在内部都要转换成直流电压。**

2. 数字万用表的测量原理

数字万用表的各种量测量的区别主要在于功能转换电路。

(1) 直流电压的测量原理。直流电压的测量原理示意图如图 2-5 所示。被测电压通过表笔送入万用表，如果被测电压低，则直接送到电压表 IC 的 IN＋（正极输入）端和 IN－（负极输入）端，经 IC 进行 A/D 转换和数据处理后在显示屏上显示出被测电压的大小。

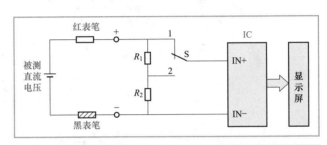

图 2-5　直流电压的测量原理

如果被测电压很高，则将挡位开关 S 置于"2"，被测电压经电阻 R_1 降压后再通过挡位开关送到数字电压表的 IC 输入端。

(2) 直流电流的测量原理。直流电流的测量原理示意图如图 2-6 所示。被测电流通过表笔送入万用表，电流在流经电阻 R_1、R_2 时，在 R_1、R_2 上有直流电压，如果被测电流小，则可以将挡位开关 S 置于"1"，取 R_1、R_2 上的电压送到 IC 的 IN＋端和 IN－端，被测电流越大，R_1、R_2 上的直流电压越高，送到 IC 输入端的电压就越高，显示屏显示的数字越大（因为挡位选择的是电流挡，故显示的数值读作电流值）。

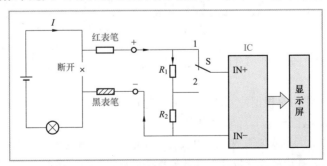

图 2-6　直流电流的测量原理

如果被测电流很大，则将挡位开关 S 置于"2"，只取 R_2 上的电压送到数字电压表的 IC 输入端，这样可以避免被测电流过大时电压过高而超出电压表的显示范围。

（3）交流电压的测量原理。交流电压的测量原理示意图如图 2-7 所示。被测交流电压通过表笔送入万用表，交流电压正半周经 VD1 对电容 C_1 充得上正下负的电压，负半周则由 VD2、R_1 旁路，C_1 上的电压经挡位开关直接送到 IC 的 IN＋端和 IN－端，被测电压经 IC 处理后在显示屏上显示出被测电压的大小。

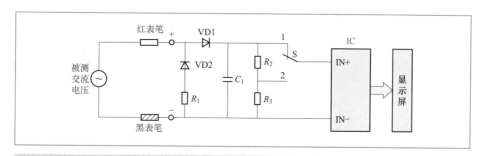

图 2-7　交流电压的测量原理

如果被测交流电压很高，C_1 上的被充得电压很高，这时可将挡位开关 S 置于"2"，C_1 上的电压经 R_2 降压，再通过挡位开关送到数字电压表的 IC 输入端。

（4）电阻阻值的测量原理。电阻阻值的测量原理示意图如图 2-8 所示。在测电阻时，万用表内部的电源 V_{DD} 经 R_1、R_2 为被测电阻 R_x 提供电压，R_x 上的电压送到 IC 的 IN＋端和 IN－端，R_x 阻值越大，R_x 两端的电压越高，送到 IC 输入端的电压越高，最终在显示屏上显示的数值越大。

如果被测电阻 R_x 阻值很小，则它两端的电压就会很低，IC 无法正常处理，这时可以将挡位开关 S 置于"2"，这样电源只经 R_2 降压为 R_x 提供电压，R_x 上的电压便不会很低，IC 就可以正常处理并显示出来。

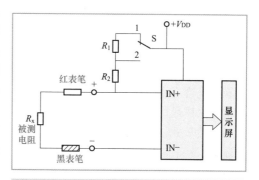

图 2-8　电阻阻值的测量原理

（5）二极管的测量原理。二极管的测量原理示意图如图 2-9 所示。万用表内部的＋2.8V 的电源经 VD1、R 为被测二极管 VD2 提供电压，如果二极管是正接（即二极管的正、负极分别接万用表的红表笔和黑表笔），则二极管会正向导通，如果二极管反接则不会导通。对于硅管，它的正向导通电压 V_F 为 $0.45\sim0.7V$；对于锗管，它的正向导通电压 V_F 为 $0.15\sim0.3V$。

在测量二极管时，如果二极管正接，则送到 IC 的 IN＋端和 IN－端的电压不大于 $0.7V$，显示屏将该电压显示出来；如果二极管反接，则二极管截止，送到 IC 输入端的电压为 $2V$，显示屏显示溢出符号"1"。

（6）三极管放大倍数的测量原理。三极管放大倍数的测量原理示意图如图 2－10 所示（以测量 NPN 型三极管为例）。

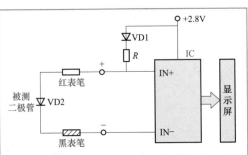

图 2－9　二极管的测量原理　　　　　图 2－10　三极管放大倍数测量原理

在数字万用表上标有"B"、"C"、"E"插孔，在测三极管时，将 3 个极插入相应的插孔中，万用表内部的电源 V_{DD} 经 R_1 为三极管提供 I_B 电流，三极管导通，有 I_E 电流流过 R_2，在 R_2 上得到电压（$U_{R2}=I_E R_2$），由于 R_1 阻值固定，所以 I_B 电流固定，根据 $I_C=I_B\beta\approx I_E$ 可知，三极管的 β 值越大，I_E 也就越大，R_2 上的电压就越高，送到 IC 输入端的电压就越高，最终在显示屏上显示的数值也就越大。

（7）电容容量的测量原理。电容容量的测量原理示意图如图 2－11 所示。

在测电容容量时，万用表内部的正弦波信号发生器会产生正弦波交流信号电压。交流信号电压经挡位开关 S 的"1"端、R_1、R_2 送到被测电容 C_x，根据容抗 $X_C=1/(2\pi fC)$ 可知，在交流信号 f 不变的情况下，电容容量越大，其容抗越小，它两端的交流电压越低，该交流信号电压经运算放大器 1 放大后输出，再经 VD1 整流后在 C_1 上充得上正下负的直流电压，此直流电压经运算放大器 2 倒相放大后再送到 IC 的 IN＋端和 IN－端。

如果 C_x 容量大，则它两端的交流信号电压就低，在电容 C_1 上充得的直流电压也低，该电压经倒相放大后送到 IC 输入端的电压越高，显示屏显示的容量越大。

如果被测电容 C_x 容量很大，则它两端的交流信号电压就会很低，经放大、整流和倒相放大后送到 IC 输入端的电压就会很高，显示的数字会超出显示屏显示范围。这时可以将挡位开关选择"2"，这样仅经 R_2 为 C_x 提供的交流电压仍较高，经放大、

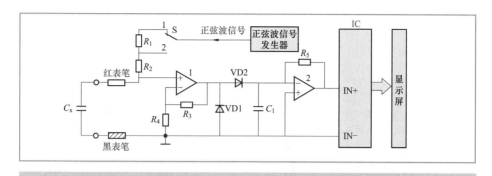

图 2-11 电容容量测量原理

整流和倒相放大后送到 IC 输入端的电压不会很高，IC 便可以正常处理并显示出来。

二 数字万用表的使用

数字万用表的主要功能有直流电压和直流电流的测量、交流电压和交流电流的测量、电阻阻值的测量、二极管和三极管的测量，一些功能较全的数字万用表还具有测量电容、电感、温度和频率等功能。VC890C＋型数字万用表具有上述大多数测量功能，下面以 VC890C 型的数字万用表为例来说明数字万用表各测量功能的使用方法。

（一）直流电压的测量

VC890C＋型数字万用表的直流电压挡可分为 200mV、2V、20V、200V 和 1000V 挡。

1. 直流电压的测量步骤

（1）将红表笔插入"VΩ ┤├ TEMP"插孔，黑表笔插入"COM"插孔。

（2）测量前先估计被测电压可能有的最大值，选取比估计电压高且最接近的电压挡位，这样测量值更准确。若无法估计，则可以先选最高挡测量，再根据大致测量值重新选取合适的低挡位进行测量。

（3）测量时，红表笔接被测电压的高电位处，黑表笔接被测电压的低电位处。

（4）读数时，直接从显示屏读出的数字就是被测电压值，读数时要注意小数点。

2. 直流电压测量举例

下面以测量一节标称为 9V 电池的电压为例来说明直流电压的测量方法，测量操作如图 2-12 所示。

由于被测电池标称电压为 9V，根据选择的挡位数高于且最接近被测电压的原则，挡位开关选择直流电压的"20V"挡最为合适，然后红表笔接电池的正极，黑表笔接电池的负极，再从显示屏直接读出数值即可，如果显示数据有变化，则需待其稳定后读值。图2-12所示显示屏显示值为"08.66"，说明被测电池的电压为8.66V。当然挡位开关也可以选择"200V""1000V"挡进行测量，但准确度会下降，挡位偏离被测电压越大，测量出来的电压值误差就越大。

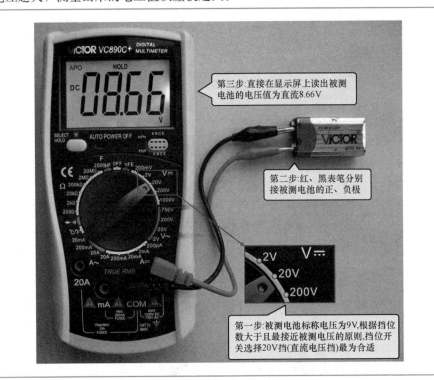

图2-12　用数字万用表测量电池的直流电压值

(二) 直流电流的测量

VC890C＋型数字万用表的直流电流挡位可分为200μA、2mA、20mA、200mA和20A挡。

1. 直流电流的测量步骤

(1) 将黑表笔插入"COM"插孔，红表笔插入"mA"插孔；如果测量200mA～20A的电流，则红表笔应插入"20A"插孔。

(2) 测量前先估计被测电流的大小，选取合适的挡位，选取的挡位应大于且最接近被测电流值。

(3) 测量时，先将被测电路断开，再将红表笔置于断开位置的高电位处，黑表笔置于断开位置的低电位处。

(4) 从显示屏上直接读出电流值。

2. 直流电流测量举例

下面以测量流过一只灯泡的工作电流为例来说明直流电流的测量方法，测量操作如图 2-13 所示。

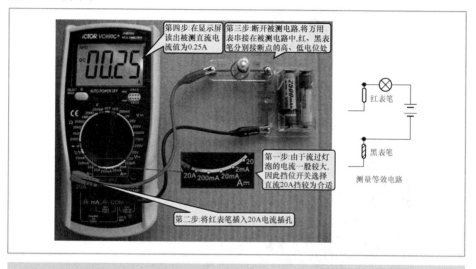

图 2-13　用数字万用表测量灯泡的工作电流

灯泡的工作电流较大，一般会超过 200mA，故挡位开关应选择直流 20A 挡，并应将红表笔插入"20A"插孔，再将电池连向灯泡的一根线断开，红表笔置于断开位置的高电位处，黑表笔置于断开位置的低电位处，这样才能保证电流由红表笔流进，从黑表笔流出，然后观察显示屏，发现显示的数值为"00.25"，则表示被测电流的大小为 0.25A。

（三）交流电压的测量

VC890C＋型数字万用表的交流电压挡可分为 2V、20V、200V 和 750V 挡。

1. 交流电压的测量步骤

（1）将红表笔插入"VΩ ┤├ TEMP"插孔，黑表笔插入"COM"插孔。

（2）测量前，估计被测交流电压可能出现的最大值，选取合适的挡位，选取的挡位要大于且最接近被测电压值。

（3）红、黑表笔分别接被测电压两端（交流电压无正、负之分，故红、黑表笔可随意接在两端）。

（4）读数时，直接从显示屏读出的数字就是被测电压值。

2. 交流电压测量举例

下面以测量市电电压的大小为例来说明交流电压的测量方法，测量操作如图 2-14 所示。

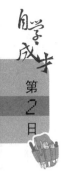

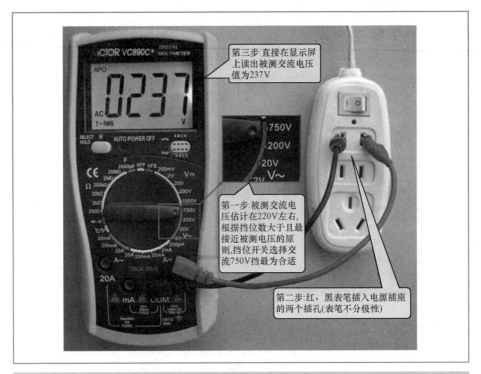

图 2-14　用数字万用表测量市电的电压值

市电电压的标准值应为 220V，万用表交流电压挡只有 750V 挡大于且最接近该数值，故将挡位开关选择交流 750V 挡，然后将红、黑表笔分别插入交流市电的电源插座，再从显示屏读出显示的数字，图 2-14 中显示屏显示的数值为"237"，故测量的市电电压为 237V。

数字万用表显示屏上的"T-RMS"表示真有效值。在测量交流电压或电流时，万用表测得的电压或电流值均为有效值，对于正弦交流电，其有效值与真有效值是相等的，对于非正弦交流电，其有效值与真有效值是不相等的，因此，对于无真有效值测量功能的万用表，在测量非正弦交流电时测得的电压值（有效值）是不准确的，仅供参考。

（四）交流电流的测量

VC890C＋型数字万用表的交流电流挡可分为 20mA、200mA 和 20A 挡。

1. 交流电流的测量步骤

（1）将黑表笔插入"COM"插孔，红表笔插入"mA"插孔；如果测量 200mA～20A 的电流，则红表笔应插入"20A"插孔。

（2）测量前先估计被测电流的大小，选取合适的挡位，选取的挡位应大于且最接近被测电流。

（3）测量时，先将被测电路断开，再将红、黑表笔各接断开位置的一端。

（4）从显示屏上直接读出电流值。

2. 交流电流测量举例

下面以测量一个电烙铁的工作电流为例来说明交流电流的测量方法，测量操作如图 2 - 15 所示。

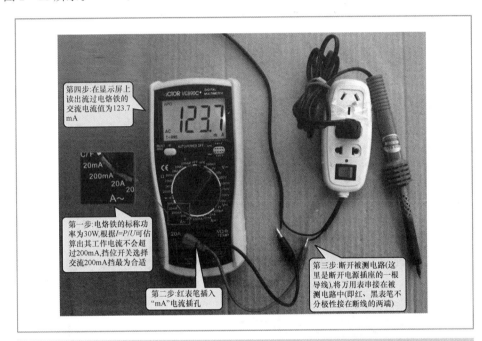

图 2 - 15　用数字万用表测量电烙铁的工作电流

被测电烙铁的标称功率为 30W，根据 $I = P/U$ 可估算出其工作电流不会超过 200mA，因此挡位开关选择交流 200mA 挡最为合适，再按图 2 - 15 所示的方法将万用表的红、黑表笔与电烙铁连接起来，然后观察显示屏显示的数字为"123.7"，则流经电烙铁的交流电流大小为 123.7mA。

（五）电阻阻值的测量

VC890C＋型数字万用表的交流电流挡可分为 200Ω、2kΩ、20kΩ、200kΩ、2MΩ 和 20MΩ 挡。

1. 电阻阻值的测量步骤

（1）将红表笔插入"VΩ ╫ TEMP"插孔，黑表笔插入"COM"插孔。

（2）测量前先估计被测电阻的大致阻值范围，选取合适的挡位，选取的挡位要大于且最接近被测电阻的阻值。

（3）红、黑表笔分别接被测电阻的两端。

（4）从显示屏上直接读出阻值大小。

2. 欧姆挡测量举例

下面以测量一个标称阻值（电阻标示的阻值）为 1.5kΩ 的电阻为例来说明电阻挡的使用方法，测量操作如图 2-16 所示。

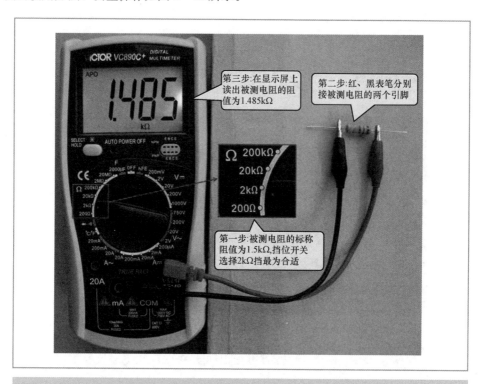

图 2-16　用数字万用表测量电阻的阻值

由于被测电阻的标称阻值为 1.5kΩ，根据选择的挡位大于且最接近被测电阻值的原则，挡位开关选择 2kΩ 挡最为合适，然后红、黑表笔分别接被测电阻两端，再观察显示屏显示的数字为"1.485"，则被测电阻的阻值为 1.485kΩ。

（六）二极管的测量

VC890C＋型数字万用表有一个二极管/通断测量挡，短按多用途键可在二极管测量和通断测量之间进行切换，利用二极管测量挡可以判断出二极管的正、负极。

二极管的测量操作如图 2-17 所示。具体操作步骤如下。

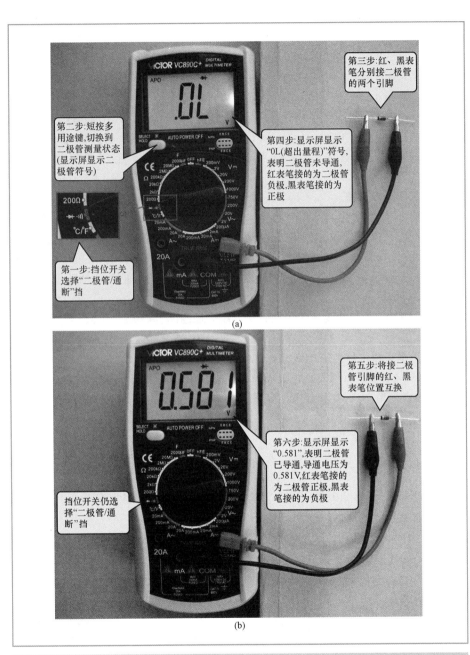

图2-17 二极管的测量操作

(a)测量时二极管未导通;(b)测量时二极管已导通

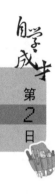

（1）将红表笔插入"VΩ ┼ TEMP"插孔，黑表笔插入"COM"插孔，挡位开关选择二极管/通断测量挡，并短按多用途键切换到二极管测量状态，显示屏会显示二极管符号，如图 2-17（a）所示。

（2）红、黑表笔分别接被测二极管的两个引脚，并记下显示屏显示的数值，如图 2-17（a）所示。图中显示"OL（超出量程）"符号，说明二极管未导通；再将红、黑表笔对调后接被测二极管的两个引脚，记下显示屏显示的数值，如图 2-17（b）所示。图中显示数值为"0.581"，说明二极管已导通。以显示数值为"0.581"的一次测量为准，红表笔接的为二极管的正极，二极管正向导通电压为 0.581V。

（七）线路通断测量

VC890C＋型数字万用表有一个二极管/通断测量挡，利用该挡除了可以测量二极管外，还可以测量线路的通断，当被测线路的电阻低于 50Ω 时，万用表上的指示灯会点亮，同时发出蜂鸣声，由于使用该挡测量线路时万用表会发出声光提示，故无须查看显示屏信息即可知道线路的通断，适合快速检测大量线路的通断情况。

下面以测量一根导线为例来说明数字万用表通断测量挡的使用方法，测量操作如图 2-18 所示。

（八）三极管放大倍数的测量

VC890C＋型数字万用表有一个三极管测量挡，利用该挡可以测量三极管的放大倍数。下面以测量 NPN 型三极管的放大倍数为例进行说明，测量操作如图 2-19 所示。具体步骤如下。

（1）挡位开关选择"hFE"挡。

（2）将被测三极管的 B、C、E 三个引脚插入万用表的 NPN 型 B、C、E 插孔。

（3）观察显示屏显示的数字为"215"，说明被测三极管的放大倍数为 215。

（九）电容容量的测量

VC890C＋型数字万用表有一个电容测量挡，可以测量 2000μF 以内的电容量，在测量时可以根据被测电容量大小，自动切换到更准确的挡位（2nF/20nF/200nF/200μF/2000μF）。

1. 电容容量的测量步骤

（1）将黑表笔插入"COM"插孔，红表笔插入"VΩ ┼ TEMP"插孔。

（2）测量前先估计被测电容容量的大小，选取合适的挡位，选取的挡位要大于且最接近被测电容容量值。VC890C＋型数字万用表只有一个电容测量挡，测量前只要选择该挡位，在测量时万用表就会根据被测电容量大小，自动切换到更准确的挡位。

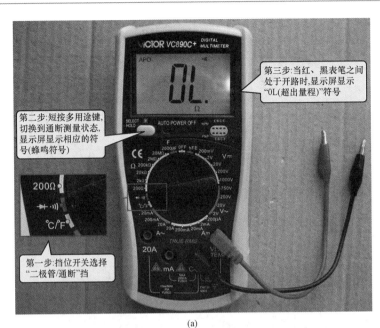

第三步:当红、黑表笔之间处于开路时,显示屏显示"0L(超出量程)"符号

第二步:短按多用途键,切换到通断测量状态,显示屏显示相应的符号(蜂鸣符号)

第一步:挡位开关选择"二极管/通断"挡

(a)

显示屏同时会显示被测导通的电阻值,电阻值超过600Ω时,显示"0L"符号

第四步:当红、黑表笔接被测导线的两端

第五步:如果导线是导通的且电阻小于50Ω,指示灯会变亮,同时万用表发出蜂鸣声

(b)

图2-18 通断测量挡的使用

(a)线路断时;(b)线路通时

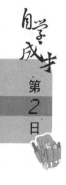

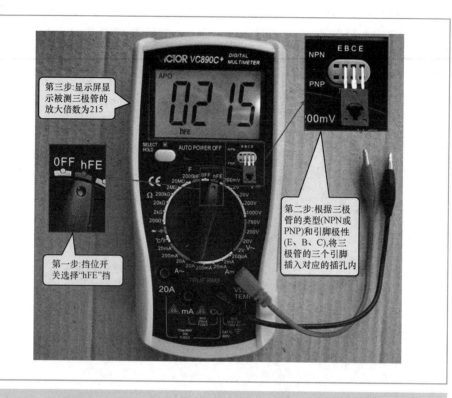

图 2-19　三极管放大倍数的测量

（3）对于无极性电容，红、黑表笔不分正、负，分别接被测电容两端；对于有极性电容，红表笔接电容正极，黑表笔接电容负极。

（4）从显示屏上直接读出电容容量值。

2. 电容容量测量举例

下面以测量一个标称容量为 $33\mu F$ 电解电容（有极性电容）的容量为例来说明电容容量的测量方法，测量操作如图 2-20 所示。在测量时，挡位开关选择 $2000\mu F$ 挡（电容量测量挡），红表笔接电容正极，黑表笔接电容负极，再观察显示屏显示的数字为"31.78"，则被测电容容量为 $31.78\mu F$。

（十）温度的测量

VC890C＋型数字万用表有一个摄氏温度/华氏温度测量挡，温度测量范围是 $-20\sim1000℃$，短按多用途键可以将显示屏的温度单位在摄氏度和华氏度之间进行切换，如图 2-21 所示。摄氏温度与华氏温度的关系是

$$华氏温度值＝摄氏温度值\times(9/5)+32$$

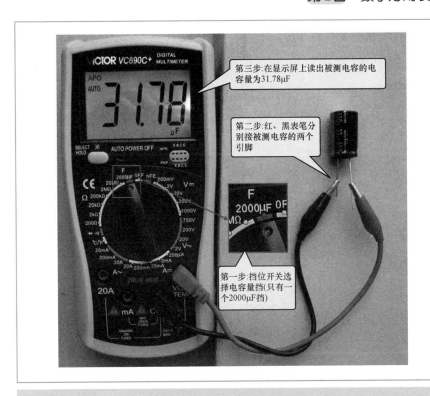

图2-20　电容容量的测量

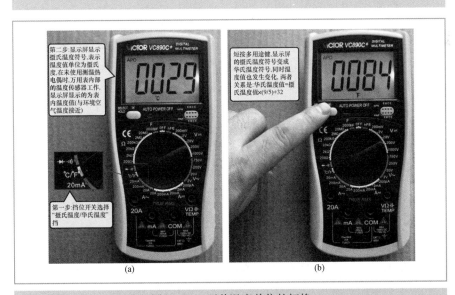

(a)　　　　　　　　　　　　(b)

图2-21　两种温度单位的切换

（a）默认为摄氏温度单位；（b）短按多用途键可切换到华氏温度单位

1. 温度测量的步骤

（1）将万用表附带的测温热电偶的红插头插入"VΩ ╫ TEMP"孔，黑插头插入"COM"孔。测温热电偶是一种温度传感器，能将不同的温度转换成不同的电压，测温热电偶如图 2-22 所示。如果不使用测温热电偶，万用表也会显示温度值，该温度为表内传感器测得的环境温度值。

测温热电偶的测温端·测温时用该端接触被测物

图 2-22 测温热电偶

（2）挡位开关选择温度测量挡。

（3）用热电偶测温端接触被测温的物体。

（4）读取显示屏显示的温度值。

2. 温度测量举例

下面以测一只电烙铁的温度为例来说明温度测量方法，测量操作如图 2-23 所示。测量时将热电偶的黑插头插入"COM"孔，红插头插入"VΩ ╫ TEMP"孔，并将挡位开关置于"摄氏温度/华氏温度"挡，然后用热电偶测温端接触电烙铁的烙铁头，再观察显示屏显示的数值为"0230"，则说明电烙铁烙铁头的温度为 230℃。

（十一）数字万用表使用注意事项

数字万用表使用时要注意以下事项。

（1）选择各量程测量时，严禁输入的电参数值超过量程的极限值。

（2）36V 以下的电压为安全电压，在测高于 36V 的直流电压或高于 25V 的交流电压时，要检查表笔是否可靠接触、是否正确连接、是否绝缘良好等，以防触电。

（3）转换功能和量程时，表笔应离开测试点。

（4）选择正确的功能和量程，谨防操作失误。数字万用表内部一般都设有保护电路，但为了安全起见，仍应正确操作。

（5）在电池没有装好和电池后盖没有安装时，不要进行测试操作。

（6）测量电阻时，请不要输入电压值。

（7）在更换电池或保险丝（熔丝的俗称）前，请将测试表笔从测试点移开，再关闭电源开关。

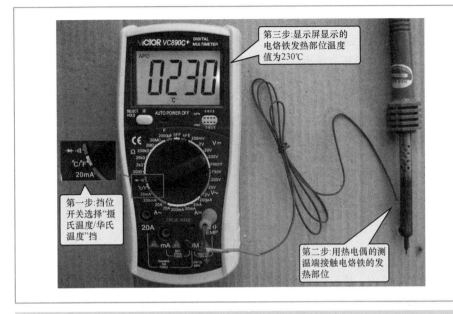

图 2-23 电烙铁温度的测量

三 用数字万用表检测常用电子元器件

(一) 电容的好坏检测

电容的常见故障有开路、短路和漏电。检测电容的好坏时通常使用电阻挡，大多数数字万用表的电阻挡可以检测容量在 $0.1\mu F$ 至几千微法的电容。

在测量电容时，挡位开关选择 $2M\Omega$ 或 $20M\Omega$ 挡（挡位越高，从红表笔流出的电流越小，故容量小的无极性电容通常选择 $20M\Omega$ 挡测量），然后将红、黑表笔分别接被测电容的两个引脚（对于有极性电容，要求红表笔接正极引脚、黑表笔接负极引脚），再观察显示屏显示的数值。

若电容正常，则显示屏显示的数字由小变大（这是电容充电的表现），最后显示超出量程符号"OL"或"1"。电容容量越大，充电时间越长，数字由小到显示为"OL"或"1"所经历的时间越长。

若测量时显示屏显示的阻值数字始终为"OL"或"1"（无充电过程），可能是电容开路或容量小、无充电表现，这时可进一步用电容量挡测其电容量，若电容量正常，则该电容器正常。

若测量时显示屏显示的阻值数字始终为"000"，表明电容短路。

45

若测量时显示屏显示的阻值数字能由小变大，但无法达到"OL"或"1"，则表明电容漏电。

（二）二极管的极性和好坏检测

二极管的检测包括正、负极检测和好坏检测。

1．二极管正、负极检测

二极管正、负极检测时使用二极管测量挡。检测时，将挡位开关选择二极管测量挡，然后用红、黑表笔分别接二极管任意引脚，正、反各测一次，并观察每次测量时的显示屏显示的数据，该检测操作如图 2 - 17 所示。

若显示的数字在 150～800（即 0.150～0.800V），则表明二极管处于导通状态，此时红表笔接的为二极管的正极，黑表笔接的为负极。例如，在图 2 - 17（b）中，显示屏显示的数据为"581"，在 150～800，则红表笔接的为二极管正极，黑表笔接的为负极。

若显示的数字为溢出符号"OL"或"1"，则表明二极管处于截止状态，红表笔接的为二极管的负极，黑表笔接的为正极。例如，在图 2 - 17（a）中，显示屏显示的数据为"1"（或"OL"），则红表笔接的为二极管负极，黑表笔接的为正极。

在进行二极管正、负极检测的同时，还可以判别出二极管是硅管还是锗管。正向测量（即红表笔接二极管正极、黑表笔接负极）时，若显示屏显示的数字在 150～300，则被测二极管为锗管；若显示屏显示的数字在 400～800，则被测二极管为硅管。根据这点可以确定，图 2 - 17 中检测的二极管为硅管。

2．二极管的好坏检测

二极管的常见故障有开路、短路和性能不良。检测二极管的好坏时可使用二极管测量挡。

检测时，将挡位开关选择二极管测量挡，然后用红、黑表笔分别接二极管任意引脚，正、反各测一次，并观察每次测量时显示屏显示的数据。

如果二极管正常，则正向测量时显示的数字应在 150～800，反向测量时应显示溢出符号"OL"或"1"。

如果正、反向测量时，显示屏显示的数字始终为"OL"或"1"，则表明二极管开路。

如果正、反向测量时，显示屏显示的数字始终为"000"，则表明二极管短路。

如果正向测量时显示的数字大于 800，反向测量时显示屏显示的数字很大，但没有达到"OL"或"1"，则表明二极管性能不良。

（三）三极管的类型、引脚极性和好坏检测

三极管的检测包括类型检测、引脚极性检测和好坏检测。

1．三极管的类型检测

三极管类型有 NPN 型和 PNP 型，三极管的类型检测使用二极管测量挡。检测时，挡位开关选择二极管测量挡，然后将红、黑表笔分别接三极管任意两个引脚，同时观察每次测量时显示屏显示的数据，以某次出现显示 150～800 的数字时为准，红表笔接的为 P 极，黑表笔接的为 N 极。该检测操作如图 2 - 24（a）所示。然后红表

笔不动,用黑表笔接三极管另一个引脚,如果显示屏显示150～800的数字,则现黑表笔接的引脚为N极,该三极管为NPN型三极管,红表笔接的为基极,该检测如图2-24(b)所示。如果显示屏显示溢出符号"OL"或"1",则现黑表笔接的引脚为P极,被测三极管为PNP型三极管,黑表笔第一次接的引脚为基极。

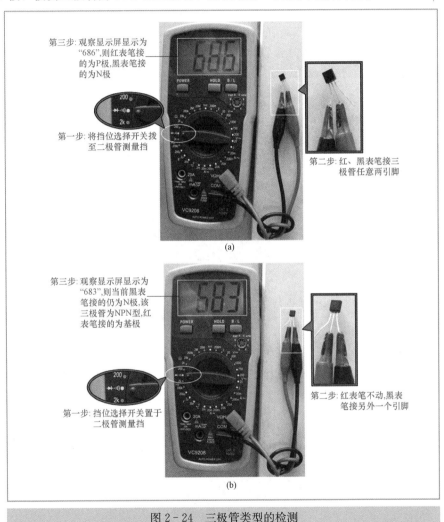

图2-24 三极管类型的检测
(a)测量过程一;(b)测量过程二

2.三极管的引脚极性检测

进行三极管类型检测时,在检测出类型的同时还找出了基极,下面再介绍如何检测出集电极和发射极。**三极管集电极、发射极的检测使用"hFE"挡。**

检测时,挡位开关选择"hFE"挡,然后根据被测三极管是PNP型还是NPN

型，找到相应的三极管插孔，再将已知的基极插入"B"插孔，另外两个引脚分别插入"C"和"E"插孔，接着观察显示屏显示的数值。

如果显示的放大倍数在几十至几百，说明三极管两引脚安插正确，此时插入"C"孔的引脚为集电极，插入"E"孔的引脚为发射极。

如果显示的放大倍数在几至十几，说明三极管两引脚安插错误，此时插入"C"孔的引脚为发射极，插入"E"孔的引脚为集电极。

下面以检测一只NPN型三极管为例来说明集电极和发射极的检测方法，检测操作如图2-25所示。挡位开关选择"hFE"挡，再将被测三极管的基极插入NPN型

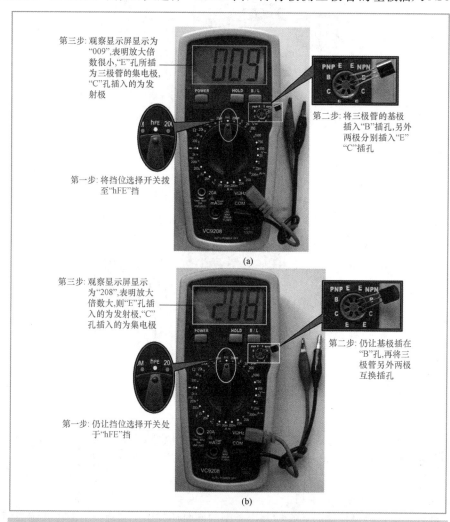

图2-25　三极管集电极和发射极的检测

（a）显示的数值小；（b）显示的数值大

三极管的"B"插孔，集电极和发射极分别插入另外两个插孔，观察并记下显示屏显示的数据，然后将集电极和发射极互换插孔，观察并记下显示屏显示的数据，两次测量显示的数字会一大一小，以大的一次测量为准，"C"插孔插入的引脚为集电极，"E"插孔插入的引脚为发射极。

3. 三极管的好坏检测

三极管好坏检测主要有以下几步。

(1) 检测三极管集电结和发射结（两个 PN 结）是否正常。三极管中任何一个 PN 结损坏，三极管就不能使用，所以三极管检测先要检测两个 PN 结是否正常。

检测时，挡位开关选择二极管测量挡，分别检测三极管的两个 PN 结，每个 PN 结正、反各测一次，如果正常，则正向检测每个 PN 结（红表笔接 P、黑表笔接 N）时，显示屏显示 150～800 的数字，反向检测每个 PN 结时，显示屏显示溢出符号"OL"或"1"。

(2) 检测三极管集电极与发射极之间的漏电电流。指针万用表是通过测量三极管的集—射极之间的电阻来判断漏电电流的，电阻越大说明漏电电流越小。**数字万用表则可以使用"hFE"挡直接来检测三极管集—射极之间的漏电电流。**利用"hFE"挡检测三极管集—射极之间的漏电电流原理如图 2-26 所示。

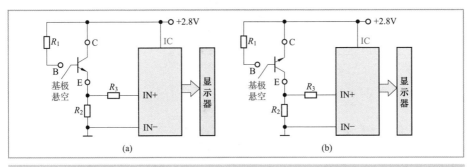

图 2-26 利用"hFE"挡测三极管集—射极之间的漏电电流原理图
(a) 测正向漏电电流；(b) 测反向漏电电流

在图 2-26 (a) 中，将三极管集电极和发射极分别接万用表的"C"、"E"插孔，而让基极悬空，如果三极管正常，则三极管集—射极之间无法导通，即集—射极之间的漏电电流为 0，无电流流过 R_2，R_2 两端的电压为 0，送到 IC 输入端的电压为 0，显示屏显示的数字也就为 0；如果三极管集—射极之间漏电，会有电流流过 R_2，就会有电压送到 IC 的输入端，显示屏显示的数字就不为 0，漏电电流越大，显示的数字也越大。图 2-26 (b) 所示是检测集—射极反向漏电电流，与正向漏电电流的检测原理相同。

三极管集—射极之间的漏电电流检测操作如下。

将挡位开关选择"hFE"挡，让基极保持悬空状态，再根据三极管的类型和引脚极性，将三极管的集电极和发射极分别插入相应的"C"和"E"插孔，然后观察显示屏显示的数值，正常显示数字应为 0；保持基极处于悬空状态，将集电极和发射极

49

互换插孔（即让集电极插入"E"孔、发射极插入"C"孔），正常显示数字也应为0。在测量时，如果显示数字超过了2，则三极管集—射极之间的漏电电流很大，一般不能再用；如果显示溢出符号"OL"或"1"，则说明三极管集—射极之间已经短路。

图2-27为检测一只NPN三极管的集—射极之间的漏电电流示意图，图中为测集—射极正向漏电电流，显示屏显示"000"，说明集—射极之间无漏电电流。

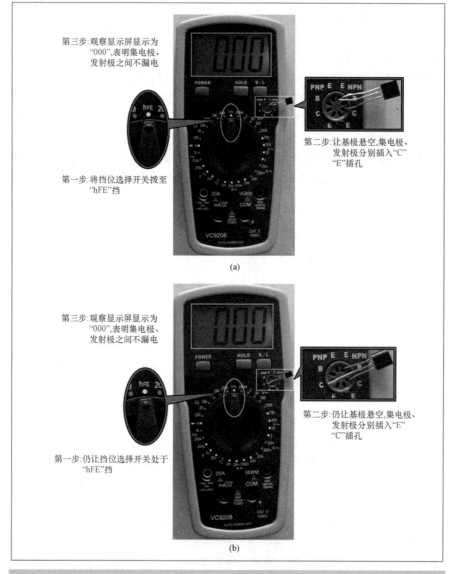

第三步:观察显示屏显示为"000",表明集电极、发射极之间不漏电

第二步:让基极悬空,集电极、发射极分别插入"C""E"插孔

第一步:将挡位选择开关拨至"hFE"挡

(a)

第三步:观察显示屏显示为"000",表明集电极、发射极之间不漏电

第二步:仍让基极悬空,集电极、发射极分别插入"E""C"插孔

第一步:仍让挡位选择开关处于"hFE"挡

(b)

图2-27 三极管集—射极之间漏电电流的检测
(a)测集电极、发射极之间正向是否漏电；(b)测集电极、发射极间反向是否漏电

总之，**如果三极管任意一个 PN 结不正常，或发射极与集电极之间有漏电电流，则均说明三极管损坏**。检测发射结时，如果显示数字为"000"，说明发射结短路。检测集—射极之间漏电电流时，若显示溢出符号"OL"或"1"，则说明集—射极之间短路。

综上所述，三极管的好坏检测需要进行 6 次测量，其中检测发射结正、反向电阻各一次（两次），集电极正、反向电阻各一次（两次）和集—射极之间的正、反向电阻各一次（两次）。只有这 6 次检测都正常才能说明三极管是正常的。

(四) 晶闸管的检测

晶闸管的检测包括极性检测和好坏检测。

1. 晶闸管的极性检测

晶闸管有 3 个极，分别是 A 极（阳极）、K 极（阴极）和 G 极（门极），如图 2-28（a）所示。**判断晶闸管 3 个引脚的极性时可采用二极管测量挡**。晶闸管内部可以看成是由两个三极管组合而成，其等效图如图 2-28（b）所示。从该图中可以看出，晶闸管的 G、K 极之间是一个 PN 结。

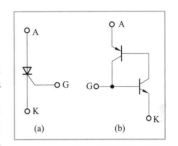

图 2-28 晶闸管及等效图
(a) 晶闸管图形符号；(b) 等效图

晶闸管的极性检测操作如图 2-29 所示。检测时，挡位开关选择二极管测量挡，然后红、黑表笔分别接晶闸管任意两个引脚，同时观察每次测量时显示屏显示的数据，以显示屏显示 150～800 的数字时为准，红表笔接的为 G 极，黑表笔接的为 K 极，剩下的为 A 极。

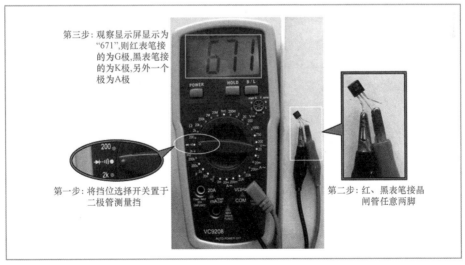

图 2-29 晶闸管极性的检测

2. 晶闸管的好坏检测

从图2-28（b）可以看出，晶闸管与一个NPN型三极管很相似，所以晶闸管的好坏检测可采用"hFE"挡，检测时将挡位开关选择"hFE"挡，检测操作分以下两步。

（1）第一步：检测G极不加触发电压时，A、K极之间是否导通。检测时，将晶闸管的A、K极分别插入NPN插孔的"C""E"插孔，G极悬空，观察显示屏显示的数据。如果晶闸管正常，则在G极悬空时，A、K极之间不会导通，显示屏显示"000"。该测量原理与过程如图2-30所示。

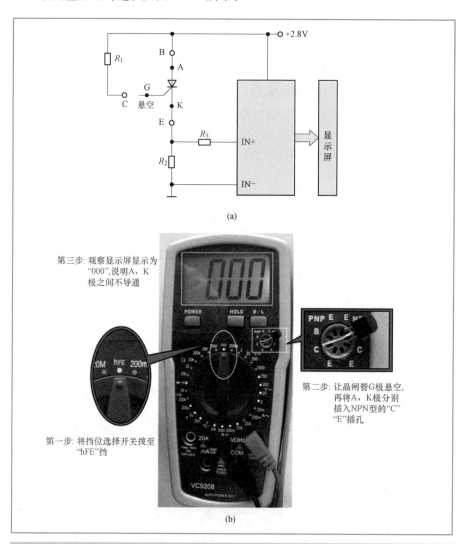

图2-30 检测晶闸管G极不加触发电压时A、K极之间是否导通
（a）测量原理；（b）检测过程

（2）第二步：检测 G 极加触发电压时，A、K 极之间是否导通。检测时，将晶闸管的 A、K 极分别插入 NPN 插孔的 "C" "E" 插孔，然后将 G 极与 A 极瞬间短路再断开，即给晶闸管加一个触发电压，观察显示屏显示的数据。如果晶闸管正常，则在 G 极与 A 极瞬间短路后，A、K 极之间会导通，显示屏会显示一个较大的数字（或显示溢出符号 "OL" 或 "1"），数字越大，则表明 A、K 之间导通越深。该测量原理与过程如图 2-31 所示。

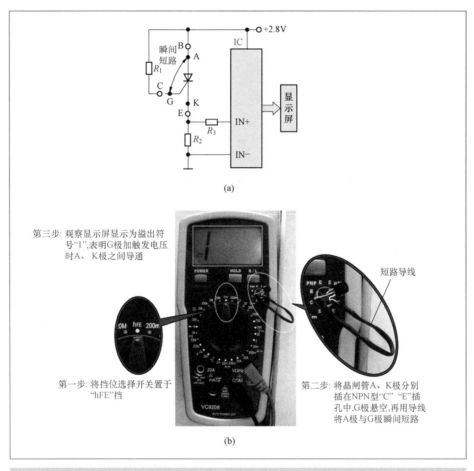

图 2-31　检测晶闸管 G 极加触发电压时，A、K 极之间是否导通
（a）测量原理；（b）检测过程

如果上述检测都正常，则说明晶闸管是正常的，否则即为晶闸管损坏或性能不良。

（五）市电相线和中性线的检测

市电相线（俗称为火线）和中性线（俗称为零线）的判断通常采用测电笔，在手头没有测电笔的情况下，也可以用数字万用表来判断。

市电相线和中性线的检测采用交流电压挡。检测时，将挡位开关选择交流电压20V挡，让黑表笔悬空，然后将红表笔分别接市电的两根导线，同时观察显示屏显示的数字，结果会发现显示屏显示的数字一次大、一次小，以测量大的那次为准，红表笔接的导线为相线。市电相线和中性线的检测操作如图2-32所示。

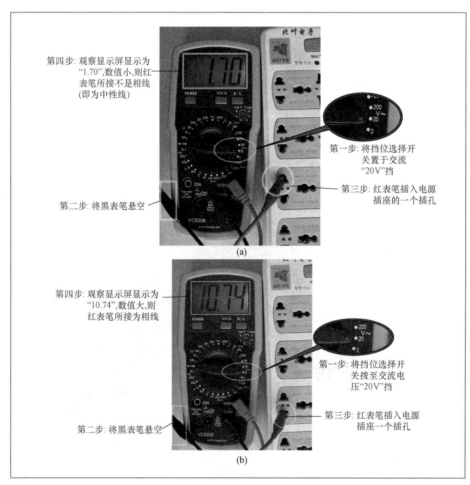

第四步: 观察显示屏显示为"1.70",数值小,则红表笔所接不是相线(即为中性线)

第一步: 将挡位选择开关置于交流"20V"挡

第三步: 红表笔插入电源插座的一个插孔

第二步: 将黑表笔悬空

(a)

第四步: 观察显示屏显示为"10.74",数值大,则红表笔所接为相线

第一步: 将挡位选择开关拨至交流电压"20V"挡

第三步: 红表笔插入电源插座一个插孔

第二步: 将黑表笔悬空

(b)

图 2-32　市电相线和中性线的检测
(a) 显示的数值小；(b) 显示的数值大

54

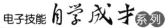

用万用表检测基本电子元器件

一 检测固定电阻器

（一）外形与符号

固定电阻器是一种阻值固定不变的电阻器。固定电阻器的实物外形和电路符号如图 3-1 所示。在图 3-1（b）中，上方为国家标准的电阻器符号，下方为国外常用的电阻器符号（在一些国外技术资料中常见）。

（二）标称阻值和识差的识读

为了表示阻值的大小，电阻器在出厂时会在表面标注阻值。**标注在电阻器上的阻值称为标称阻值。**电阻器的实际阻值与标称阻值往往有一定的差距，这个差距称为误差。电阻器标称阻值和误差的标注方法主要有直标法和色环法。

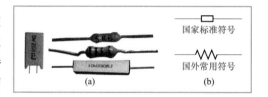

图 3-1　固定电阻器
（a）实物外形；（b）电路符号

1. 直标法

直标法是指用文字符号（数字和字母）在电阻器上直接标注出阻值和误差的方法。直标法的阻值单位有欧姆（Ω）、千欧姆（kΩ）和兆欧姆（MΩ）。

直标法表示误差一般采用两种方式：一是用罗马数字 Ⅰ、Ⅱ、Ⅲ 分别表示误差为 ±5%、±10%、±20%，如果不标注误差，则默认误差为 ±20%；二是用字母来表示误差，各字母对应的误差见表 3-1，如 J、K 分别表示误差为 ±5%、±10%。

表 3-1　　　　　　　　　字母对应的允许误差

字母	B	C	D	F	G	J	K	M	N
允许误差（%）	±0.1	±0.25	±0.5	±1	±2	±5	±10	±20	±30

直标法常见的表示形式如下。

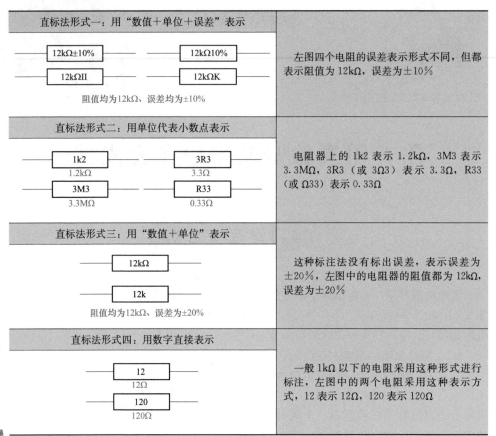

直标法形式一：用"数值＋单位＋误差"表示	左图四个电阻的误差表示形式不同，但都表示阻值为 12kΩ，误差为±10%
12kΩ±10%　　　12kΩ10% 12kΩII　　　12kΩK 阻值均为12kΩ、误差均为±10%	
直标法形式二：用单位代表小数点表示	电阻器上的 1k2 表示 1.2kΩ，3M3 表示 3.3MΩ，3R3（或 3Ω3）表示 3.3Ω，R33（或 Ω33）表示 0.33Ω
1k2　　　3R3 1.2kΩ　　　3.3Ω 3M3　　　R33 3.3MΩ　　　0.33Ω	
直标法形式三：用"数值＋单位"表示	这种标注法没有标出误差，表示误差为±20%，左图中的电阻器的阻值都为12kΩ，误差为±20%
12kΩ 12k 阻值均为12kΩ、误差为±20%	
直标法形式四：用数字直接表示	一般 1kΩ 以下的电阻采用这种形式进行标注，左图中的两个电阻采用这种表示方式，12 表示 12Ω，120 表示 120Ω
12 12Ω 120 120Ω	

2. 色环法

色环法是指在电阻器上标注不同颜色圆环来表示阻值和误差的方法。色环电阻器分为四环电阻器和五环电阻器。要正确识读色环电阻器的阻值和误差，须先了解各种色环代表的意义。四环色环电阻器各色环代表的意义见表3-2。

表3-2　　　　　四环色环电阻器各色环颜色代表的意义及数值

色环颜色	第一环 （有效数）	第二环 （有效数）	第三环 （倍乘数）	第四环 （误差数）
棕	1	1	$\times 10^1$	±1%
红	2	2	$\times 10^2$	±2%
橙	3	3	$\times 10^3$	
黄	4	4	$\times 10^4$	
绿	5	5	$\times 10^5$	±0.5%
蓝	6	6	$\times 10^6$	±0.2%

续表

色环颜色	第一环 （有效数）	第二环 （有效数）	第三环 （倍乘数）	第四环 （误差数）
紫	7	7	$\times 10^7$	$\pm 0.1\%$
灰	8	8	$\times 10^8$	
白	9	9	$\times 10^9$	
黑	0	0	$\times 10^0$（＝1）	
金				$\pm 5\%$
银				$\pm 10\%$
无色环				$\pm 20\%$

（1）四环电阻器的识读。四环电阻器阻值与误差的识读如图3-2所示。**四环电阻器的具体识读过程如下。**

1）**第一步：判别色环排列顺序。**四环电阻器的色环顺序判别规律有：①四环电阻器的第四条色环为误差环，一般为金色或银色，因此如果靠近电阻器一个引脚的色环颜色为金、银色，则该色环必为第四环，从该环向另一引脚方向排列的三条色环顺序依次为三、二、一；②一般色环标注标准的电阻器第四环与第三环间隔较远。

2）**第二步：识读色环。**按照第一、二环为有效数环，第三环为倍乘数环，第四环为误差数环的原则，再对照表3-2中各色环代表的数字识读出色环电阻器的阻值和误差。

（2）五环电阻器的识读。五环电阻器阻值与误差的识读方法与四环电阻器基本相同，不同之处在于**五环电阻器的第一、二、三为有效数环，第四环为倍乘数环，第五环为误差数环。**另外，**五环电阻器的误差数环颜色除了有金、银色外，还可能是棕、红、绿、蓝和紫色。**五环电阻器的识读如图3-3所示。

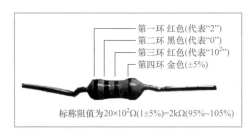

第一环 红色(代表"2")
第二环 黑色(代表"0")
第三环 红色(代表"10^2")
第四环 金色($\pm 5\%$)

标称阻值为$20 \times 10^2 \Omega(1 \pm 5\%)=2k\Omega(95\% \sim 105\%)$

图3-2　四环电阻器阻值和误差的识读

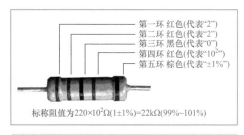

第一环 红色(代表"2")
第二环 红色(代表"2")
第三环 黑色(代表"0")
第四环 红色(代表"10^2")
第五环 棕色(代表"$\pm 1\%$")

标称阻值为$220 \times 10^2 \Omega(1 \pm 1\%)=22k\Omega(99\% \sim 101\%)$

图3-3　五环电阻器阻值和误差的识读

（三）检测

固定电阻器常见故障有开路、短路和变值。检测固定电阻器时使用万用表的欧姆挡。

在检测时，先识读出电阻器上的标称阻值，然后选用合适的挡位并进行欧姆校零，然后开始检测电阻器。测量时为了减小测量误差，应尽量让万用表指针指在欧姆刻度线中央，若表针在刻度线上过于偏左或偏右，则应切换更大或更小的挡位重新测量。

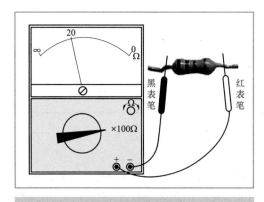

图3-4　固定电阻器的检测

下面以测量一只标称阻值为2kΩ的色环电阻器为例来说明电阻器的检测方法，测量示意图如图3-4所示。

固定电阻器的检测过程如下。

（1）第一步：将万用表的挡位开关拨至"×100Ω"挡。

（2）第二步：进行欧姆校零。将红、黑表笔短路，观察表针是否指在"Ω"刻度线的"0"刻度处，若未指在该处，则应调节欧姆校零旋钮，让表针准确指在"0"刻度处。

（3）第三步：用红、黑表笔分别接电阻器的两个引脚，再观察表针指在"Ω"刻度线的位置，图中表针指在刻度"20"处，那么被测电阻器的阻值为 $20 \times 100 = 2k\Omega$。

若万用表测量出来的阻值与电阻器的标称阻值相同，则说明该电阻器正常（若测量出来的阻值与电阻器的标称阻值有些偏差，但在误差允许范围内，则电阻器也算正常）。

若测量出来的阻值为无穷大，则说明电阻器开路。

若测量出来的阻值为0，则说明电阻器短路。

若测量出来的阻值大于或小于电阻器的标称阻值，并超出误差允许范围，则说明电阻器变值。

二　检测电位器

（一）外形与符号

电位器是一种阻值可以通过调节而变化的电阻器，又称可变电阻器。 常见电位器的实物外形及电位器的电路符号如图3-5所示。

（二）结构与原理

电位器的种类很多，但结构基本相同，电位器的结构示意图如图3-6所示。

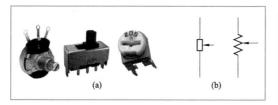

图 3 - 5　电位器
（a）实物外形；（b）电路符号

图 3 - 6　电位器的结构示意图

从图 3 - 6 中可看出，电位器有 A、C、B 三个引出极，在 A、B 极之间连接着一段电阻体，该电阻体的阻值用 R_{AB} 表示，对于一个电位器，R_{AB} 的值是固定不变的，该值为电位器的标称阻值，C 极连接一个导体滑动片，该滑动片与电阻体接触，A 极与 C 极之间电阻体的阻值用 R_{AC} 表示，B 极与 C 极之间电阻体的阻值用 R_{BC} 表示，则有 $R_{AC}+R_{BC}=R_{AB}$。

当转轴逆时针旋转时，滑动片往 B 极滑动，R_{BC} 减小，R_{AC} 增大；当转轴顺时针旋转时，滑动片往 A 极滑动，R_{BC} 增大，R_{AC} 减小，当滑动片移到 A 极时，$R_{AC}=0$，而 $R_{BC}=R_{AB}$。

（三）检测

电位器检测使用万用表的欧姆挡。 在检测时，先测量电位器两个固定端之间的阻值，正常测量值应与标称阻值一致，然后再测量一个固定端与滑动端之间的阻值，同时旋转转轴，正常测量值应在 0 到标称阻值范围内变化。若是带开关电位器，还要检测开关是否正常。

电位器的检测分两步，只有每步测量均正常才能说明电位器正常。电位器的检测如图 3 - 7 所示。

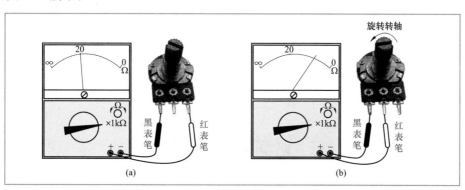

图 3 - 7　电位器的检测
（a）测两个固定端之间的阻值；（b）测固定端与滑动端之间的阻值

电位器的检测步骤如下。

(1) **第一步：测量电位器两个固定端之间的阻值。**将万用表拨至 $R \times 1k\Omega$ 挡（该电位器标称阻值为 $20k\Omega$），红、黑表笔分别与电位器两个固定端接触，如图 3 - 7（a）所示。然后在刻度盘上读出阻值大小。

若电位器正常，则测得的阻值应与电位器的标称阻值相同或相近（在误差范围内）。

若测得的阻值为∞，则说明电位器两个固定端之间开路。

若测得的阻值为 0，则说明电位器两个固定端之间短路。

若测得的阻值大于或小于标称阻值，则说明电位器两个固定端之间电阻体变值。

(2) **第二步：测量电位器一个固定端与滑动端之间的阻值。**万用表仍置于 $R \times 1k\Omega$ 挡，红、黑表笔分别接电位器任意一个固定端和滑动端接触，如图 3 - 7（b）所示。然后旋转电位器转轴，同时观察刻度盘表针。

若电位器正常，则表针会发生摆动，指示的阻值应在 $0 \sim 20k\Omega$ 连续变化。

若测得的阻值始终为∞，则说明电位器固定端与滑动端之间开路。

若测得的阻值为 0，则说明电位器固定端与滑动端之间短路。

若测得的阻值变化不连续、有跳变，说明电位器滑动端与电阻体之间接触不良。

(3) 对于带开关电位器，除了要用上面的方法检测电位器部分是否正常外，还要检测开关部分是否正常。开关电位器开关部分的检测如图 3 - 8 所示。

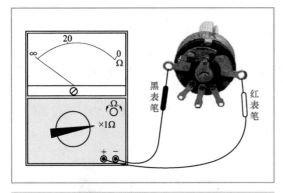

图 3 - 8 检测带开关电位器的开关

将万用表置于 $R \times 1\Omega$ 挡，把电位器旋至"关"位置，红、黑表笔分别接开关的两个端子，正常测量出来的阻值应为无穷大，然后把电位器旋至"开"位置，测出来的阻值应为 0，如果在开或关位置测得的阻值均为无穷大，则说明开关无法闭合；若测得的阻值均为 0，则说明开关无法断开。

三 检测敏感电阻器

(一) 热敏电阻器的检测

热敏电阻器是一种对温度敏感的电阻器，它一般由半导体材料制作而成，当温度变化时其阻值也会随之变化。

1. 外形与符号

热敏电阻器的实物外形和符号如图3-9所示。

2. 种类

热敏电阻器的种类有很多，通常可分为正温度系数热敏电阻器（PTC）和负温度系数热敏电阻器（NTC）两类。

（1）负温度系数热敏电阻器（NTC）。**负温度系数热敏电阻器简称NTC，其阻值随温度升高而减小。**NTC是由氧化锰、氧化钴、氧化镍、氧化铜和氧化铝等金属氧化物为主要原料制作而成。根据使用温度条件不同，

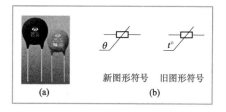

图3-9 热敏电阻器
(a) 实物外形；(b) 符号

负温度系数热敏电阻器可分为低温（-60～300℃）、中温（300～600℃）、高温（>600℃）三种。

NTC的温度每升高1℃，阻值会减小1%～6%，阻值减小程度视不同型号而定。NTC广泛应用于温度补偿和温度自动控制电路，如冰箱、空调、温室等温控系统常采用NTC作为测温元件。

（2）正温度系数热敏电阻器（PTC）。**正温度系数热敏电阻器简称PTC，其阻值随温度升高而增大。**PTC是在钛酸钡（$BaTiO_3$）中掺入适量的稀土元素制作而成的。

PTC可分为缓慢型和开关型。缓慢型PTC的温度每升高1℃，其阻值会增大0.5%～8%。开关型PTC有一个转折温度（又称居里点温度，钛酸钡材料PTC的居里点温度一般为120℃左右），当温度低于居里点温度时，阻值较小，并且温度变化时阻值基本不变（相当于一个闭合的开关），一旦温度超过居里点温度，其阻值会急剧增大（相关于开关断开）。

缓慢型PTC常用在温度补偿电路中；开关型PTC由于具有开关性质，因此常用在开机瞬间接通而后又马上断开的电路中，如彩电的消磁电路和冰箱的压缩机启动电路就常用到开关型PTC。

3. 检测

热敏电阻器的检测分两步，只有两步测量均正常才能说明热敏电阻器正常，在这两步测量时还可以判断出电阻器的类型（NTC或PTC）。热敏电阻器的检测如图3-10所示。

热敏电阻器的检测步骤如下。

（1）第一步：**测量常温下（25℃左右）的标称阻值。**根据标称阻值选择合适的欧姆挡，图中的热敏电阻器的标称阻值为25Ω，故选择R×1Ω挡，用红、黑表笔分别接触热敏电阻器两个电极，如图3-10（a）所示。然后在刻度盘上查看测得阻值的大小。

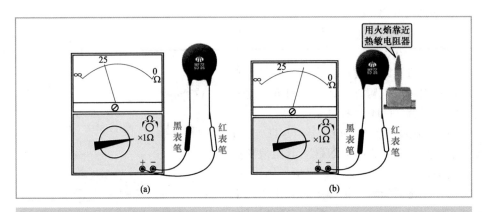

图 3-10　热敏电阻器的检测

（a）常温下测量阻值；（b）改变温度测量阻值

若阻值与标称阻值一致或接近，则说明热敏电阻器正常。

若阻值为 0，则说明热敏电阻器短路。

若阻值为无穷大，则说明热敏电阻器开路。

若阻值与标称阻值偏差过大，则说明热敏电阻器性能变差或损坏。

(2) 第二步：改变温度测量阻值。用火焰靠近热敏电阻器（不要让火焰接触电阻器，以免烧坏电阻器），如图 3-10（b）所示。利用火焰的热量对热敏电阻器进行加热，然后用红、黑表笔分别接触热敏电阻器两个电极，再在刻度盘上查看测得阻值的大小。

若阻值与标称阻值比较有变化，则说明热敏电阻器正常。

若阻值往大于标称阻值方向变化，则说明热敏电阻器为 PTC。

若阻值往小于标称阻值方向变化，则说明热敏电阻器为 NTC。

若阻值不变化，则说明热敏电阻器损坏。

(二) 光敏电阻器的检测

光敏电阻器是一种对光线敏感的电阻器，当照射的光线强弱变化时，其阻值也会随之变化，通常光线越强阻值越小。根据光的敏感性不同，光敏电阻器可分为可见光光敏电阻器（硫化镉材料）、红外光光敏电阻器（砷化镓材料）和紫外光光敏电阻器（硫化锌材料）。其中硫化镉材料制成的可见光光敏电阻器应用最为广泛。

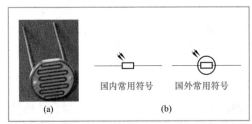

图 3-11　光敏电阻器

（a）实物外形；（b）符号

1. 外形与符号

光敏电阻器的外形与符号如图 3-11所示。

2. 检测

光敏电阻器的检测分两步，只有两步测量均正常才能说明光敏电阻器正常。光敏电阻器的检测如图 3-12 所示。

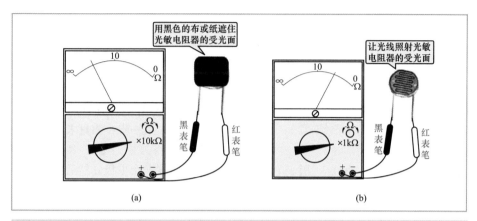

图 3-12　光敏电阻器的检测
(a) 测量暗阻；(b) 测量亮阻

光敏电阻器的检测步骤如下。

（1）**第一步：测量暗阻。**将万用表拨至 R×10kΩ 挡，用黑色的布或纸将光敏电阻器的受光面遮住，如图 3-12（a）所示。再用红、黑表笔分别接光敏电阻器两个电极，然后在刻度盘上查看测得暗阻的大小。

若暗阻大于 100kΩ，则说明光敏电阻器正常。

若暗阻为 0，则说明光敏电阻器短路损坏。

若暗阻小于 100kΩ，则通常是光敏电阻器性能变差。

（2）**第二步：测量亮阻。**将万用表拨至 R×1kΩ 挡，让光线照射光敏电阻器的受光面，如图 3-12（b）所示。再用红、黑表笔分别接光敏电阻器两个电极，然后在刻度盘上查看测得亮阻的大小。

若亮阻小于 10kΩ，则说明光敏电阻器正常。

若亮阻大于 10kΩ，则通常是光敏电阻器性能变差。

若亮阻为无穷大，则说明光敏电阻器开路损坏。

（三）**压敏电阻器的检测**

压敏电阻器是一种对电压敏感的特殊电阻器，当两端电压低于标称电压时，其阻值接近无穷大；当两端电压超过标称电压值时，其阻值急剧变小；如果两端电压回落至标称电压值以下，其阻值又恢复到接近无穷大。压敏电阻器的种类较多，以氧化锌（ZnO）为材料制作而成的压敏电阻器应用最为广泛。

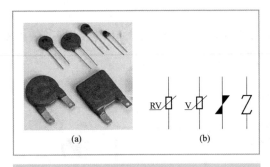

图 3-13 压敏电阻器
(a) 实物外形；(b) 符号

1. 外形与符号

压敏电阻器的外形与符号如图 3-13 所示。

2. 检测

压敏电阻器的检测分两步，只有两步检测均通过才能确定压敏电阻器正常。压敏电阻器的检测如图 3-14 所示。

压敏电阻器的检测步骤如下。

(1) 第一步：测量未加电压时的阻值。将万用表置于 R×10kΩ 挡，如图 3-14 (a) 所示。将红、黑表笔分别接触压敏电阻器两个电极，然后在刻度盘上查看测得阻值的大小。

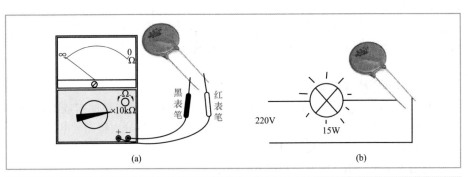

图 3-14 压敏电阻器的检测
(a) 测量未加电压时的阻值；(b) 检测加高压时能否被击穿

若压敏电阻器正常，则阻值应为无穷大或接近无穷大。

若阻值为 0，则说明压敏电阻器短路。

若阻值偏小，则说明压敏电阻器漏电，不能使用。

(2) 第二步：检测加高压时能否被击穿（即阻值是否变小）。将压敏电阻器与一只 15W 灯泡串联，再与 220V 电压连接（注：所接电压应高于压敏电阻器的标称电压，图 3-14 中的压敏电阻器标称电压为 200V，故可加 220V 电压）。

若压敏电阻器正常，则其阻值会变小，灯泡会亮。

若灯泡不亮，则说明压敏电阻器开路。

(四) 湿敏电阻器的检测

湿敏电阻器是一种对湿度敏感的电阻器，当湿度变化时其阻值也会随之变化。湿敏电阻器可为正温度特性湿敏电阻器（阻值随湿度增大而增大）和负温度特性湿敏电阻器（阻值随湿度增大而减小）。

1. 外形与符号

湿敏电阻器的外形与符号如图 3 - 15 所示。

2. 检测

湿敏电阻器的检测分两步，在这两步测量时还可以检测出其类型（正温度系数或负温度系数），只有两步测量均正常才能说明湿敏电阻器正常。湿敏电阻器的检测如图 3 - 16 所示。

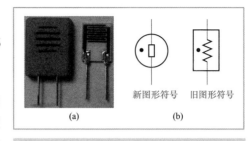

图 3 - 15　热敏电阻器
（a）实物外形；（b）符号

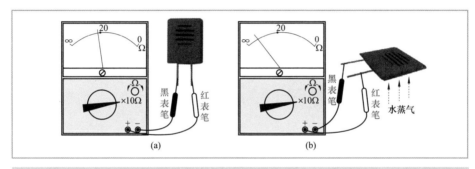

图 3 - 16　湿敏电阻器的检测
（a）在正常条件下测量阻值；（b）改变湿度测量阻值

湿敏电阻器的检测步骤如下。

（1）第一步：在正常条件下测量阻值。 根据标称阻值选择合适的欧姆挡，如图 3 - 16（a）所示。图 3 - 16 中的湿敏电阻器标称阻值为 200Ω，故选择 $R\times 10\Omega$ 挡，用红、黑表笔分别接湿敏电阻器两个电极，然后在刻度盘上查看测得阻值的大小。

若湿敏电阻器正常，则测得的阻值与标称阻值一致或接近。

若阻值为 0，则说明湿敏电阻器短路。

若阻值为无穷大，则说明湿敏电阻器开路。

若阻值与标称阻值偏差过大，则说明湿敏电阻器性能变差或损坏。

（2）第二步：改变湿度测量阻值。 用红、黑表笔分别接湿敏电阻器两个电极，再把湿敏电阻器放在水蒸气上方（或者用嘴对湿敏电阻器哈气），如图 3 - 16（b）所示。然后再在刻度盘上查看测得阻值的大小。

若湿敏电阻器正常，则测得的阻值与标称阻值比较应有变化。

若阻值往大于标称阻值方向变化，则说明湿敏电阻器为正温度系数。

若阻值往小于标称阻值方向变化，则说明湿敏电阻器为负温度系数。

若阻值不变化，则说明湿敏电阻器损坏。

（五）气敏电阻器的检测

气敏电阻器是一种对某种或某些气体敏感的电阻器，当空气中某种或某些气体的含量发生变化时，置于其中的气敏电阻器阻值就会发生变化。

气敏电阻器的种类有很多，其中采用半导体材料制成的气敏电阻器应用最广泛。半导体气敏电阻器有 N 型和 P 型之分，N 型气敏电阻器在检测到甲烷、一氧化碳、天然气、煤气、液化石油气、乙炔、氢气等气体时，其阻值会减小；P 型气敏电阻器在检测到可燃气体时，其电阻值将增大，而在检测到氧气、氯气及二氧化氮等气体时，其阻值会减小。

1. 外形与符号

气敏电阻器的外形与符号如图 3-17 所示。

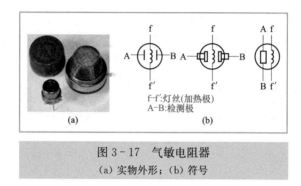

图 3-17　气敏电阻器
（a）实物外形；（b）符号

2. 结构

气体电阻器的典型结构及特性曲线如图 3-18 所示。

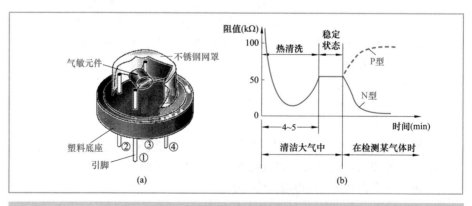

图 3-18　气体电阻器的典型结构及特性曲线
（a）典型结构；（b）特性曲线

　　气敏电阻器的气敏特性主要是由内部的气敏元件来决定的。气敏元件引出四个电极，分别与①②③④引脚相连。当在清洁的大气中给气敏电阻器的①②脚通电流（对气敏元件加热）时，③④脚之间的阻值先减小再增大（为 4～5min），阻值变化规律如图 3-18（b）曲线所示，升高到一定值时阻值保持稳定，若此时气敏电阻器接触某种气体，气敏元件吸附该气体后，③④脚之间的阻值又会发生变化（若是 P 型气敏电阻器，其阻值会增大，而 N 型气敏电阻器阻值会变小）。

　　3. 检测

　　气敏电阻器的检测通常分两步，在这两步测量时还可以判断其特性（P 型或 N型）。气敏电阻器检测如图 3-19 所示。

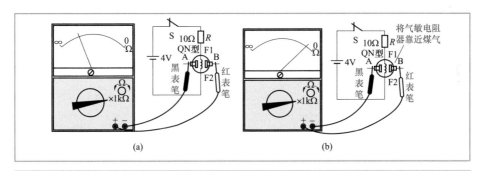

图 3-19　气敏电阻器的检测
（a）测量静态阻值；（b）测量接触敏感气体时的阻值

　　气敏电阻器的检测步骤如下。

　　(1) 第一步：测量静态阻值。将气敏电阻器的加热极 F1、F2 串接在电路中，如图 3-19（a）所示。再将万用表置于 R×1kΩ 挡，用红、黑表笔接气敏电阻器的 A、B 极，然后闭合开关，让电流对气敏电阻加热，同时在刻度盘上查看阻值大小。

　　若气敏电阻器正常，则阻值应先变小，然后慢慢增大，在几分钟后阻值稳定，此时的阻值称为静态电阻。

　　若阻值为 0，则说明气敏电阻器短路。

　　若阻值为无穷大，则说明气敏电阻器开路。

　　若在测量过程中阻值始终不变，则说明气敏电阻器已失效。

　　(2) 第二步：测量接触敏感气体时的阻值。在按第一步测量时，待气敏电阻器阻值稳定后，再将气敏电阻器靠近煤气灶（打开煤气灶，将火吹灭），然后在刻度盘上查看阻值大小，如图 3-19（b）所示。

　　若阻值变小，则气敏电阻器为 N 型；若阻值变大，则气敏电阻为 P 型。

　　若阻值始终不变，则说明气敏电阻器已失效。

　　(六) 力敏电阻器的检测

　　力敏电阻器是一种对压力敏感的电阻，当施加给它的压力变化时，其阻值也会随之变化。

1. 外形与符号

力敏电阻器的外形与符号如图 3-20 所示。

2. 结构原理

力敏电阻器的压敏特性是由内部封装的电阻应变片来实现的。电阻应变片有金属电阻应变片和半导体应变片两种，这里简单介绍金属电阻应变片。金属电阻应变片的结构如图 3-21 所示。

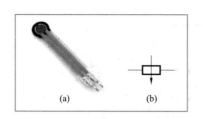

图 3-20　力敏电阻器

（a）实物外形；（b）符号

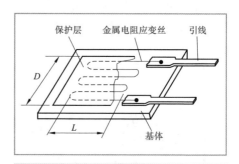

图 3-21　金属电阻应变片的结构

从图 3-21 中可以看出，金属电阻应变片主要由金属电阻应变丝构成，当对金属电阻应变丝施加压力时，应变丝的长度和截面积（粗细）就会发生变化，施加的压力越大，应变丝越细越长，其阻值就越大。在使用应变片时，一般将电阻应变片粘贴在某物体上，当对该物体施加压力时，物体会变形，粘贴在物体上的电阻应变片也一起产生形变，应变片的阻值就会发生改变。

3. 检测

力敏电阻器的检测步骤如下。

第一步：在未施加压力的情况下测量其阻值。正常阻值应与标称阻值一致或接近，否则说明力敏电阻器损坏。

第二步：将力敏电阻器放在有弹性的物体上，然后用手轻轻压挤力敏电阻器（切不可用力过大，以免力敏电阻器过于变形而损坏），再测量其阻值。正常阻值应随施加的压力大小变化而变化，否则说明力敏电阻器损坏。

四　检测排阻

排阻又称电阻排，它是由多个电阻器按一定的方式制作并封装在一起而构成的。排阻具有安装密度高和安装方便等优点，广泛应用在数字电路系统中。

（一）实物外形

常见的排阻实物外形如图 3-22 所示。图 3-22 中前面两种为直插封装式（SIP）排阻，后一种为表面贴装式（SMD）排阻。

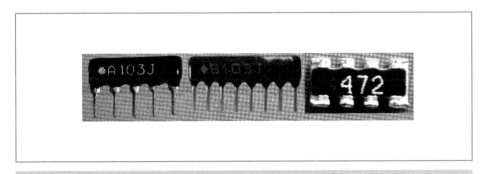

图 3-22 常见的排阻实物外形

（二）命名方法

排阻命名一般由四部分组成：第一部分为内部电路类型；第二部分为引脚数（由于引脚数可以直接看出，故该部分可省略）；第三部分为阻值；第四部分为阻值误差。排阻命名方法见表 3-3。

表 3-3   **排 阻 命 名 方 法**

第一部分 电路类型	第二部分 引脚数	第三部分 阻值	第四部分 误差
A：所有电阻共用一端，公共端从左端（第 1 引脚）引出 B：每个电阻有各自独立引脚，相互间无连接 C：各个电阻首尾相连，各连接端均有引出脚 D：所有电阻共用一端，公共端从中间引出 E、F、G、H、I：内部连接较为复杂，详见表 3-4	4～14	3 位数字 （第 1、2 位为有效数，第 3 位为有效数后面 0 的个数，如 102 表示 1000Ω）	F：±1% G：±2% J：±5%

举例：排阻 A08472J——八个引脚 4700（1±5%）Ω 的 A 类排阻。

（三）类型与内部电路结构

根据内部电路结构的不同，排阻种类可分为 A、B、C、D、E、F、G、H、I。虽然排阻种类很多，但最常用的为 A、B 类。排阻的类型及电路结构见表 3-4。

表 3-4 排阻的类型及电路结构

类型代码	电路结构	类型代码	电路结构
A	 $R_1=R_2=\cdots\cdots=R_n$	F	 $R_1=R_2$ 或 $R_1\neq R_2$
B	 $R_1=R_2=\cdots\cdots=R_n$	G	 $R_1=R_2=\cdots\cdots=R_n$
C	 $R_1=R_2=\cdots\cdots=R_n$	H	 $R_1=R_2$ 或 $R_1\neq R_2$
D	 $R_1=R_2=\cdots\cdots=R_n$	I	 $R_1=R_2$ 或 $R_1\neq R_2$
E	 $R_1=R_2$ 或 $R_1\neq R_2$		

(四) 检测

1. 好坏检测

在检测排阻前，要先找到排阻的第 1 引脚，第 1 引脚旁一般有标记（如圆点），也可以正对排阻字符，字符左下方第一个引脚即为第 1 引脚。

在检测时，根据排阻的标称阻值，将万用表置于合适的欧姆挡，图 3-23 所示是测量一只 $10k\Omega$ 的 A 型排阻（A103J），万用表选择 $R\times 1k\Omega$ 挡，将黑表笔接排阻的第 1 引脚不动，红表笔依次接第 2、3、…、8 引脚，如果排阻正常，则第 1 引脚与其他各引脚的阻值均为 $10k\Omega$，如果第 1 引脚与某引脚的阻值为无穷大，则该引脚与第 1

引脚之间的内部电阻开路。

2. 类型判别

在判别排阻的类型时，可以直接查看其表面标注的类型代码，然后对照表3-4，就可以了解该排阻的内部电路结构。如果排阻表面的类型代码不清晰，则可以用万用表检测来判断其类型。

在检测时，将万用表拨至R×10Ω挡，用黑表笔接第1引脚，红表笔接第2引脚，记下

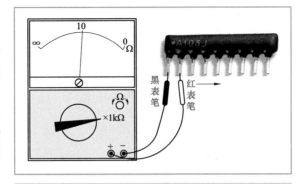

图 3-23　排阻的检测

测量值。然后保持黑表笔不动，红表笔再接第3引脚，并记下测量值。再用同样的方法依次测量并记下其他引脚阻值。分析第1引脚与其他引脚的阻值规律，对照表3-4判断出所测排阻的类型，如果第1引脚与其他各引脚阻值均相等，则所测排阻应为A型；如果第1引脚与第2引脚之后所有引脚的阻值均为无穷大，则所测排阻为B型。

五　检 测 电 容 器

电容器是一种可以储存电荷的元器件，其储存电荷的多少称为容量。电容器可分为固定电容器与可变电容器，固定电容器的容量不能改变，而可变电容器的容量可采用手动方式进行调节。

（一）结构、外形与符号

电容器是一种可以储存电荷的元器件。相距很近且中间隔有绝缘介质（如空气、纸和陶瓷等）的两块导电极板就构成了电容器。固定电容器的结构、外形与电路符号如图3-24所示。

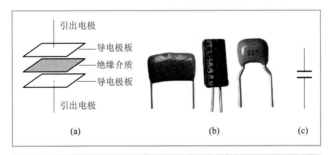

引出电极
导电极板
绝缘介质
导电极板
引出电极

(a)　　　　　　(b)　　　　　　(c)

图 3-24　电容器
（a）结构；（b）实物外形；（c）电路符号

（二）极性识别与检测

固定电容器可分为无极性电容器和有极性电容器。

1. 无极性电容器

无极性电容器的引脚无正、负极之分。无极性电容器的电路符号如图 3-25（a）所示。常见无极性电容器的外形如图 3-25（b）所示。**无极性电容器的容量小，但耐压高。**

2. 有极性电容器

有极性电容器又称电解电容器，引脚有正、负之分。有极性电容器的电路符号如图 3-26（a）所示。常见有极性电容器的外形如图 3-26（b）所示。**有极性电容器的容量大，但耐压较低。**

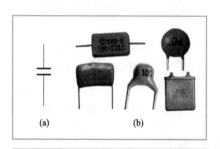

图 3-25　无极性电容器
(a) 符号；(b) 实物外形

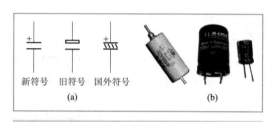

图 3-26　有极性电容器
(a) 符号；(b) 实物外形

有极性电容器的引脚有正负之分，在电路中不能乱接，若正负位置接错，轻则电容器不能正常工作，重则电容器会炸裂。**有极性电容器正确的连接方法是：电容器正极接电路中的高电位，负极接电路中的低电位。**有极性电容器正确和错误的接法如图 3-27 所示。

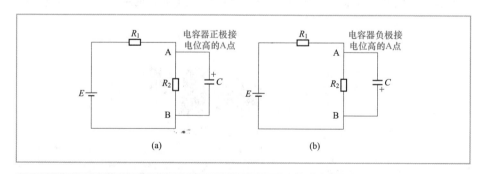

图 3-27　有极性电容器在电路中的正确与错误连接方式
（a）正确的接法；（b）错误的接法

3. 有极性电容器极性的识别与检测

由于有极性电容器有正负之分，在电路中又不能乱接，所以在使用有极性电容器前需要判别出正、负极。**有极性电容器的正、负极判别方法如下。**

（1）**方法一**：对于未使用过的新电容，可以根据引脚长短来判别。引脚长的为正极，引脚短的为负极，如图 3 - 28 所示。

（2）**方法二**：根据电容器上标注的极性判别。电容器上标"＋"的为正极，标"－"的为负极，如图 3 - 29 所示。

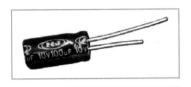

图 3 - 28　引脚长的引脚为正极

图 3 - 29　标"－"的
引脚为负极

（3）**方法三**：**用万用表检测**。将万用表拨至 R×10k 挡，测量电容器两极之间阻值，正反各测一次，如图 3 - 30 所示。每次测量时表针都会先向右摆动，然后慢慢往左返回，待表针稳定不移动后再观察阻值大小，两次测量会出现阻值一大一小，以阻值大的那次为准，如图 3 - 30（b）所示。此时黑表笔接的为正极，红表笔接的为负极。

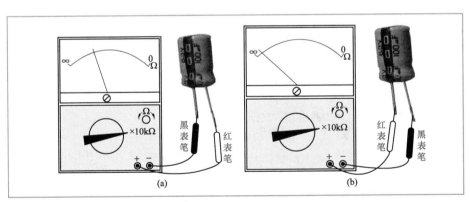

图 3 - 30　用万用表检测电容器的极性
(a) 阻值小；(b) 阻值大

（三）容量与误差的标注方法

容量与误差的标注方法介绍如下。

1. 容量的标注方法

电容器容量标注方法有很多，表3-5列出了一些常用的容量标注方法。

表3-5 电容器常用的容量标注方法

容量标注方法及说明	例 图
◆ 直标法：直标法是指在电容器上直接标出容量值和容量单位。 电解电容器常采用直标法。右图中左方电容器的容量为2200μF，耐压为63V，误差为±20%；右方电容器的容量为68nF，J表示误差为±5%	
◆ 小数点标注法：容量较大的无极性电容器常采用小数点标注法。小数点标注法的容量单位是μF。 右图中的两个实物电容器的容量分别是0.01μF和0.033μF。有的电容器用μ、n、p来表示小数点，同时指明容量单位，如图中的p1、4n7、3μ分别表示容量0.1pF、4.7nF、3.3μF，如果用R表示小数点，则单位为μF，如R33表示容量是0.33μF	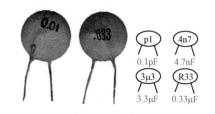
◆ 整数标注法：容量较小的无极性电容器常采用整数标注法，单位为pF。 若整数末位是0，如标"330"，则表示该电容器的容量为330pF；若整数末位不是0，如标"103"，则表示容量为10×10^3pF。右图中的几个电容器的容量分别是180pF、330pF和22 000pF。如果整数末尾是9，不是表示10^9，而是表示10^{-1}，如339表示3.3pF	
◆ 色码标注法：色码表示法是指用不同颜色的色环、色带或色点表示容量大小的方法，色码标注法的单位为pF。 电容器的色码表示方法与色环电阻器相同，第1、2色码分别表示第一、二位有效数，第3色码表示倍乘数，第4色码表示误差数。 在右图中，左方的电容器往引脚方向，色码依次为"棕、红、橙"，表示容量为$12\times10^3=12\,000$pF$=0.012\mu F$，右方电容器只有两条色码"红、橙"，较宽的色码要当成两条相同的色码，该电容器的容量为$22\times10^3=22\,000$pF$=0.022\mu F$	

2. 误差表示法

电容器误差的表示方法主要有罗马数字表示法、字母表示法和直接表示法。

（1）罗马数字表示法。罗马数字表示法是指在电容器标注罗马数字来表示误差大小。这种方法用0、Ⅰ、Ⅱ和Ⅲ分别表示误差±2％、±5％、±10％和±20％。

（2）字母表示法。字母表示法是指在电容器上标注字母来表示误差的大小。字母及其代表的误差数见表3－6。例如，某电容器上标注"K"，则表示误差为±10％。

表3－6　　　　　　　　　　字母及其代表的误差数

字母	允许误差	字母	允许误差
L	±0.01％	B	±0.1％
D	±0.5％	V	±0.25％
F	±1％	K	±10％
G	±2％	M	±20％
J	±5％	N	±30％
P	±0.02％	不标注	±20％
W	±0.05％		

（3）直接表示法。直接表示法是指在电容器上直接标出误差数值。例如，标注"68pF±5pF"表示误差为±5pF，标注"±20％"表示误差为±20％，标注"0.033/5"表示误差为±5％（％号被省掉）。

（四）检测

电容器常见的故障有开路、短路和漏电。

1. 无极性电容器的检测

无极性电容器的检测如图3－31所示。

检测无极性电容器时，将万用表拨至R×10k或R×1k挡（容量小的电容器选R×10k挡位），测量电容器两引脚之间的阻值。

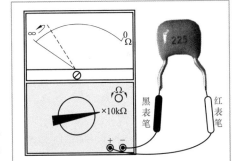

图3－31　无极性电容器的检测

如果电容器正常，则表针应先往右摆动，然后慢慢返回到无穷大处，容量越小向右摆动的幅度越小。表针摆动过程实际上就是万用表内部电池通过表笔对被测电容器充电的过程，被测电容器容量越小，充电越快，表针摆动幅度越小，充电完成后表针就停在无穷大处。

若检测时表针无摆动过程，而是始终停在无穷大处，则说明电容器不能充电，该电容器开路。

若表针能往右摆动，也能返回，但回不到无穷大，则说明电容器能充电，但绝缘电阻小，该电容器漏电。

若表针始终指在阻值小或 0 处不动，则说明电容器不能充电，并且绝缘电阻很小，该电容器短路。

注：对于容量小于 $0.01\mu F$ 的正常电容器，在测量时表针可能不会摆动，故无法用万用表判断是否开路，但可以判别是否短路和漏电。如果怀疑容量小的电容器开路，但万用表又无法检测时，可以找相同容量的电容器替换，如果故障消失，就说明原电容器开路。

2. 有极性电容器的检测

有极性电容器的检测如图 3-32 所示。

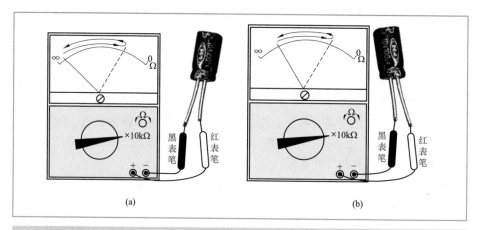

图 3-32　有极性电容器的检测
（a）测正向电阻；（b）测反向电阻

在检测有极性电容器时，将万用表拨至 R×1k 或 R×10k 挡（对于容量很大的电容器，可选择 R×100 挡），测量电容器正、反向电阻。

如果电容器正常，则在测正向电阻（黑表笔接电容器正极引脚，红表笔接负引脚）时，表针先向右作大幅度摆动，然后慢慢返回到无穷大处（用 R×10k 挡测量可能到不了无穷大处，但非常接近也是正常的），如图 3-32（a）所示；在测反向电阻时，表针也是先向右摆动，也能返回，但一般回不到无穷大处，如图 3-32（b）所示。也就是说，正常电解电容器的正向电阻大，反向电阻略小，它的检测过程与判别正负极时的过程是一样的。

若正、反向电阻均为无穷大，则表明电容器开路。

若正、反向电阻都很小，则说明电容器漏电。

若正、反向电阻均为 0，则说明电容器短路。

（五）可变电容器的检测

可变电容器又称可调电容器，是指容量可以调节的电容器。可变电容器主要可分为微调电容器、单联电容器和多联电容器。

1. 微调电容器

（1）外形与符号。**微调电容器又称半可变电容器，其容量不经常调节。**图3-33（a）所示是两种常见微调电容器实物外形，微调电容器用图3-33（b）所示的符号表示。

（2）结构。**微调电容器是由一片动片和一片定片构成的。**微调电容器的典型结构如图3-34所示。动片与转轴连接在一起，当转动转轴时，动片也随之转动，动片、定片的相对面积就会发生变化，电容器的容量就会变化。

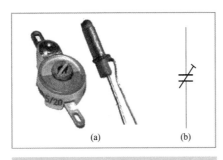

图3-33 微调电容器
（a）外形；（b）符号

图3-34 微调电容器
的结构示意图

（3）检测。检测微调电容器时，将万用表拨至R×10k挡，测量微调电容器两引脚之间的电阻，如图3-35所示。正常测得的阻值应为无穷大。然后调节旋钮，同时观察阻值大小，正常阻值应始终为无穷大，若调节时出现阻值为0或阻值变小的情况，则说明电容器动片、定片之间存在短路或漏电。

2. 单联电容器

（1）外形与符号。**单联电容器是由多个连接在一起的金属片作定片，以多个与金属转轴连接的金属片作动片构成的。**单联电容器的外形和符号如图3-36所示。

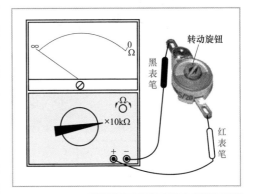

图3-35 微调电容器的检测

（2）结构。单联电容器的结构如图3-37所示。它以多个有连接的金属片作定片，而将多个与金属转轴连接的金属片作为动片，再将定片与动片的金属片交差且相互绝缘叠在一起，当转动转轴时，各个定片与动片之间的相对面积就会发生变化，整个电容器的容量就会变化。

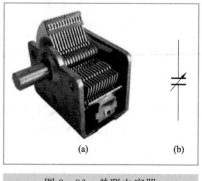 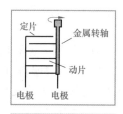

图 3-36　单联电容器
（a）外形；（b）符号

图 3-37　单联电容
器的结构示意图

3. 多联电容器

（1）外形与符号。**多联电容器是指将两个或两个以上的可变电容器结合在一起而构成的电容器。**常见的多联电容器有双联电容器和四联电容器，多联电容器的外形和符号如图 3-38 所示。

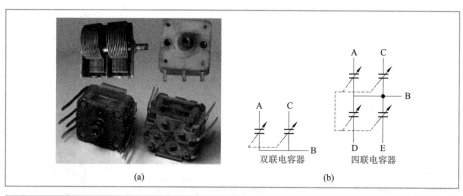

图 3-38　多联电容器
（a）外形；（b）符号

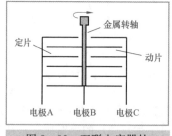

图 3-39　双联电容器的
结构示意图

（2）结构。虽然多联电容器种类较多，但结构大同小异，下面以图 3-39 所示的双联电容器为例进行说明。双联电容器有两组动片和两组定片构成，两组动片都与金属转轴相连，而各组定片都是独立的，当转动转轴时，与转轴联动的两组动片都会移动，它们与各自对应定片的相对面积会同时变化，两个电容器的容量被同时调节。

$$\boxed{六\quad 检\;测\;电\;感\;器}$$

（一）外形与符号

将导线在绝缘支架上绕制一定的匝数（圈数）就构成了电感器。常见电感器的实物外形如图3-40（a）所示。**根据绕制的支架不同，电感器可分为空芯电感器（无支架）、磁芯电感器（磁性材料支架）和铁芯电感器（硅钢片支架）**，它们的电路符号如图3-40（b）所示。

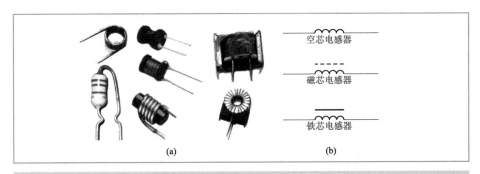

空芯电感器

磁芯电感器

铁芯电感器

图3-40　电感器
(a) 实物外形；(b) 电路符号

（二）主要参数与标注方法

1. 主要参数

电感器的主要参数有电感量、误差、品质因数和额定电流等。

（1）电感量。电感器由线圈组成，当电感器通过电流时就会产生磁场，电流越大，产生的磁场越强，穿过电感器的磁场（又称为磁通量 Φ）就越大。实验证明，通过电感器的磁通量 Φ 和通入的电流 I 呈正比关系。磁通量 Φ 与电流的比值称为自感系数，又称电感量 L，用公式表示为

$$L = \frac{\Phi}{I}$$

电感量的基本单位为亨利（简称亨），用字母"H"表示，此外还有毫亨（mH）和微亨（μH），它们之间的关系是

$$1\text{H} = 10^3\,\text{mH} = 10^6\,\mu\text{H}$$

电感器的电感量大小主要与线圈的匝数（圈数）、绕制方式和磁芯材料等有关。线圈匝数越多、绕制的线圈越密集，电感量就越大；有磁芯的电感器比无磁芯的电感量大；电感器的磁芯磁导率越高，电感量也就越大。

（2）误差。误差是指电感器上标称电感量与实际电感量的差距。对于精度要求高

的电路，电感器的允许误差范围通常为±0.2%～±0.5%，一般的电路可采用误差为±10%～±15%的电感器。

（3）品质因数（Q值）。**品质因数也称 Q 值，是衡量电感器质量的主要参数。品质因数是指当电感器两端加某一频率的交流电压时，其感抗 X_L（$X_L = 2\pi fL$）与直流电阻 R 的比值。**用公式表示为

$$Q = \frac{X_L}{R}$$

从上式可以看出，感抗越大或直流电阻越小，品质因数就越大。电感器对交流信号的阻碍称为感抗，其单位为欧姆（Ω）。电感器的感抗大小与电感量有关，电感量越大，感抗越大。

提高品质因数既可通过提高电感器的电感量来实现，也可通过减小电感器线圈的直流电阻来实现。例如，粗线圈绕制而成的电感器，直流电阻较小，其 Q 值高；有磁芯的电感器较空芯电感器的电感量大，其 Q 值也高。

（4）额定电流。额定电流是指电感器在正常工作时允许通过的最大电流值。电感器在使用时，流过的电流不能超过额定电流，否则电感器就会因发热而使性能参数发生改变，甚至会因过流而烧坏。

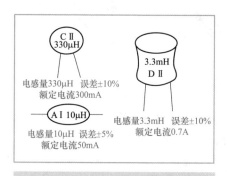

图 3-41　电感器的直标法例图

2. 参数标注方法

电感器的参数标注方法主要有直标法和色标法。

（1）直标法。电感器采用直标法标注时，一般会在外壳上标注电感量、误差和额定电流值。图 3-41 所示列出了几个采用直标法标注的电感器。

在标注电感量时，通常会将电感量值及单位直接标出。在标注误差时，分别用Ⅰ、Ⅱ、Ⅲ表示±5%、±10%、±20%。在标注额定电流时，用 A、B、C、D、E 分别表示 50mA、150mA、300mA、0.7A 和 1.6A。

（2）色标法。色标法是采用色点或色环标在电感器上来表示电感量和误差的方法。色码电感器采用色标法标注，其电感量和误差标注方法同色环电阻器，单位为 μH。色码电感器的各种颜色含义及代表的数值与色环电阻器相同，具体可见表 3-2。色码电感器颜色的排列顺序方法也与色环电阻器相同。色码电感器与色环电阻器识读时的不同之处仅在于单位不同，色码电感器单位为 μH。色码电感器的识别如图 3-42 所示。图 3-42 中的色码电感器上标注"红棕黑银"表示电感量为 21μH，误差为±10%。

（三）检测

电感器的电感量和 Q 值一般用专门的电感测量仪和 Q 表来测量，一些功能齐全的万用表也具有电感量测量功能。

电感器常见的故障有开路和线圈匝间短路。电感器实际上就是线圈，由于线圈的电阻一般比较小，因此测量时一般用万用表的 $R\times1\Omega$ 挡，电感器的检测如图 3-43 所示。

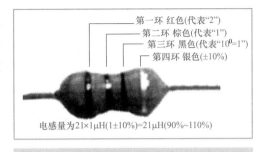

第一环 红色(代表"2")
第二环 棕色(代表"1")
第三环 黑色(代表"10^0=1")
第四环 银色($\pm10\%$)

电感量为 $21\times1\mu H(1\pm10\%)=21\mu H(90\%\sim110\%)$

图 3-42 色码电感器参数的识别

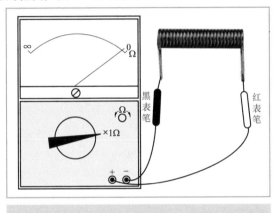

图 3-43 电感器的检测

自学成才
第 3 日

线径粗、匝数少的电感器电阻小（接近于 0Ω），线径细、匝数多的电感器阻值较大。在测量电感器时，万用表可以很容易检测出是否开路（开路时测出的电阻为无穷大），但很难判断它是否为匝间短路，因为电感器匝间短路时电阻减小很少，解决方法是：当怀疑电感器匝间有短路，万用表又无法检测出来时，可以更换新的同型号电感器，若故障排除则说明原电感器已损坏。

七 检测变压器

（一）外形与符号

变压器可以改变交流电压或交流电流的大小。常见变压器的实物外形及电路符号如图 3-44 所示。

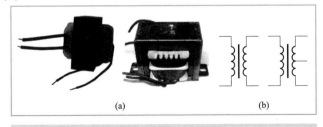

(a)　　　　　　　(b)

图 3-44 变压器
(a)实物外形；(b)电路符号

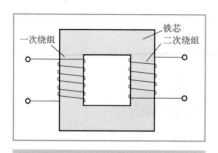

图 3-45 变压器的结构示意图

（二）结构与工作原理

1.结构

两组相距很近、又相互绝缘的线圈就构成了变压器。变压器的结构如图 3-45 所示。从图 3-45 中可以看出，**变压器主要是由绕组和铁芯组成。**绕组通常是由漆包线（在表面涂有绝缘层的导线）或纱包线绕制而成，**与输入信号连接的绕组称为一次绕组（或称为初级线圈），输出信号的绕组称为二次绕组（或称为次级线圈）。**

2.工作原理

变压器是利用电—磁和磁—电转换原理工作的。下面以图 3-46 所示电路来说明变压器的工作原理。

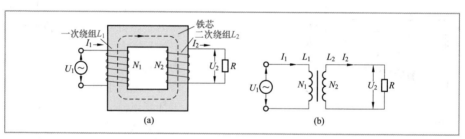

(a)　　　　　　　　　　　(b)

图 3-46　变压器工作原理说明图

（a）结构图形式；（b）电路图形式

当交流电压 U_1 送到变压器的一次绕组 L_1 两端时（L_1 的匝数为 N_1），有交流电流 I_1 流过 L_1，L_1 马上产生磁场，磁场的磁感线沿着导磁良好的铁芯穿过二次绕组 L_2（其匝数为 N_2），有磁感线穿过 L_2，L_2 上马上产生感应电动势，此时 L_2 相当一个电源，由于 L_2 与电阻 R 连接成闭合电路，因此 L_2 就有交流电流 I_2 输出并流过电阻 R，R 两端的电压为 U_2。

变压器的一次绕组进行电—磁转换，而二次绕组进行磁—电转换。

（三）特殊绕组变压器

前面介绍的变压器一、二次绕组分别只有一组绕组，实际应用中经常会遇到一些其他形式绕组的变压器。图 3-47 所示列出了一些特殊绕组变压器。

1.多绕组变压器

多绕组变压器的一、二次绕组由多个绕组组成。图 3-47（a）所示是一种典型的多个绕组的变压器，如果将 L_1 作为一次绕组，那么 L_2、L_3、L_4 都是二次绕组，L_1

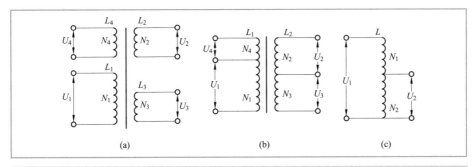

图 3-47　特殊绕组变压器

(a) 多绕组变压器；(b) 多抽头变压器；(c) 单绕组变压器

绕组上的电压与其他绕组的电压关系都满足 $\dfrac{U_1}{U_2}=\dfrac{N_1}{N_2}$。

例如，$N_1=1000$、$N_2=200$、$N_3=50$、$N_4=10$，当 $U_1=220V$ 时，U_2、U_3、U_4 电压分别是 44V、11V 和 2.2V。

对于多绕组变压器，各绕组的电流不能按 $\dfrac{U_1}{U_2}=\dfrac{I_2}{I_1}$ **来计算**，而遵循 $P_1=P_2+P_3+P_4$，即 $U_1I_1=U_2I_2+U_3I_3+U_4I_4$，当某个二次绕组接的负载电阻很小时，该绕组流出的电流会很大，其输出功率就增大，其他二次绕组的输出电流就会减小，功率也会相应减小。

2. 多抽头变压器

多抽头变压器的一、二次绕组由两个绕组构成。除了本身具有四个引出线外，还在绕组内部接出抽头，将一个绕组分成多个绕组。图 3-47 (b) 所示是一种多抽头变压器。从图 3-47 (b) 中可以看出，多抽头变压器由抽头分出的各绕组之间在电气上是连通的，并且两个绕组之间共用一个引出线，而多绕组变压器各个绕组之间在电气上是隔离的。如果将输入电压加到匝数为 N_1 的绕组两端，则该绕组称为一次绕组，其他绕组就都是二次绕组，各绕组之间的电压关系都满足 $\dfrac{U_1}{U_2}=\dfrac{N_1}{N_2}$。

3. 单绕组变压器

单绕组变压器又称自耦变压器，它只有一个绕组，通过在绕组中引出抽头而产生一、二次绕组。单绕组变压器如图 3-47 (c) 所示。如果将输入电压 U_1 加到整个绕组上，那么整个绕组就为一次绕组，其匝数为（N_1+N_2），匝数为 N_2 的绕组为二次绕组，U_1、U_2 的电压关系满足 $\dfrac{U_1}{U_2}=\dfrac{N_1+N_2}{N_2}$。

(四) 检测

在检测变压器时，通常要测量各绕组的电阻、绕组间的绝缘电阻、绕组与铁芯之

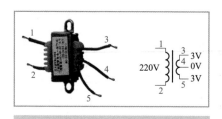

图 3-48 一种常见的电源变压器

间的绝缘电阻。下面以图 3-48 所示的电源变压器为例来说明变压器的检测方法（注：该变压器输入电压为 220V、输出电压为 3V-0V-3V、额定功率为 3VA）。

变压器的检测如图 3-49 所示。**变压器的检测步骤如下。**

第一步：测量各绕组的电阻。将万用表拨至 R×100Ω 挡，红、黑表笔分别接变压器的 1、2 端，测量一次绕组的电阻，如图 3-49（a）所示。然后在刻度盘上读出阻值大小。图 3-49（a）中显示的是一次绕组的正常阻值，为 1.7kΩ。

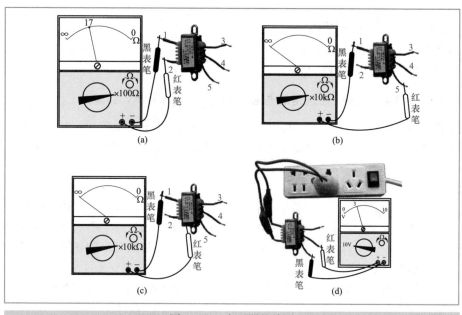

图 3-49 变压器的检测
（a）测量各绕组的电阻；（b）测量绕组间绝缘电阻；（c）测量绕组与铁芯间的绝缘电阻；
（d）测量空载二次电压

若测得的阻值为 ∞，则说明一次绕组开路。

若测得的阻值为 0，则说明一次绕组短路。

若测得的阻值偏小，则可能是一次绕组匝间出现短路。

然后将万用表拨至 R×1Ω 挡，用同样的方法测量变压器的 3、4 端和 4、5 端的电阻，正常值约几欧姆。

　　一般来说，变压器的额定功率越大，一次绕组的电阻越小，变压器的输出电压越高，其二次绕组电阻越大（因匝数多）。

　　第二步：测量绕组间绝缘电阻。将万用表拨至 R×10kΩ 挡，红、黑表笔分别接变压器一、二次绕组的一端，如图3-49（b）所示，然后在刻度盘上读出阻值大小。图3-49（b）中显示的是阻值为无穷大，说明一、二次绕组间绝缘良好。

　　若测得的阻值小于无穷大，则说明一、二次绕组间存在短路或漏电。

　　第三步：测量绕组与铁芯间的绝缘电阻。将万用表拨至 R×10kΩ 挡，用红表笔接变压器铁芯或金属外壳，黑表笔接一次绕组的一端，如图3-49（c）所示。然后在刻度盘上读出阻值大小。图3-49（c）中显示的是阻值为无穷大，说明绕组与铁芯间绝缘良好。

　　若测得的阻值小于无穷大，则说明一次绕组与铁芯间存在短路或漏电。

　　再用同样的方法测量二次绕组与铁芯间的绝缘电阻。

　　对于电源变压器，一般还要按图3-49（d）所示的方法测量其空载二次电压。先给变压器的一次绕组接220V交流电压，然后用万用表的10V交流挡测量二次绕组某两端的电压，测出的电压值应与变压器标称二次绕组电压相同或相近，允许有5%～10%的误差。若二次绕组所有接线端间的电压都偏高，则一次绕组局部有短路。若二次绕组某两端电压偏低，则该两端间的绕组有短路。

85

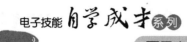

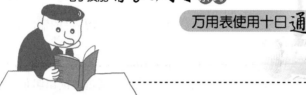

第 **4** 日

用万用表检测半导体器件

一 检测二极管

(一) 普通二极管的检测

1. 结构、符号和外形

二极管的内部结构、电路符号和实物外形如图4-1所示。

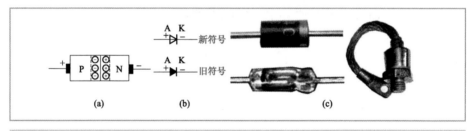

图4-1 二极管
(a) 结构；(b) 电路符号；(c) 实物外形

2. 性质

下面通过分析图4-2所示的两个电路来说明二极管的性质。

在图4-2(a)所示电路中，当闭合开关S后，发现灯泡会发光，表明有电流流过二极管，二极管导通；而在图4-2(b)所示电路中，当开关S闭合后灯泡不亮，说明无电流流过二极管，二极管不导通。通过观察这两个电路中二极管的接法可以发现：在图4-2(a)中，二极管的正极通过开关S与电源的正极连接，二极管的负极通过灯泡与电源负极相连；而在图4-2(b)中，二极管的负极通过开关S与电源的正极连接，二极管的正极通过灯泡与电源负极相连。

由此可以得出这样的结论：**当二极管正极与电源正极连接，负极与电源负极相连时，二极管能导通，反之二极管不能导通。二极管这种单方向导通的性质称为二极管的单向导电性。**

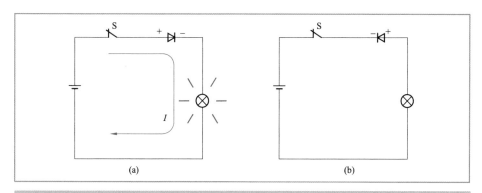

图 4-2　二极管的性质说明图

（a）二极管正向导通；（b）二极管反向截止

3. 极性的识别与检测

二极管引脚有正、负之分，若在电路中乱接，轻则二极管不能正常工作，重则可能导致二极管损坏。二极管极性判别可采用下面的一些方法。

（1）根据标注或外形判断极性。为了让人们能更好地区分出二极管正、负极，有些二极管会在表面作一定的标志来指示正、负极，有些特殊的二极管，从外形上也可以判断出正、负极。

在图 4-3 中，左上方的二极管表面标有二极管符号，其中三角形端对应的电极为正极，另一端为负极；左下方的二极管标有白色圆环的一端为负极；右方的二极管金属螺栓为负极，另一端为正极。

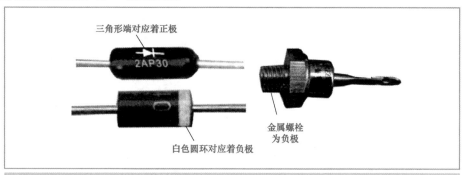

图 4-3　根据标注或外形判断二极管的极性

（2）用指针万用表判断极性。对于没有标注极性或无明显外形特征的二极管，可用指针万用表的欧姆挡来判断极性。将万用表拨至 R×100 或 R×1k 挡，测量二极管两个引脚之间的阻值，正、反向各测一次，会出现一大一小的两个阻值，如图 4-4所示。以阻值小的一次为准，如图 4-4（a）所示。此时黑表笔接的为二极管的正极，

红表笔接的为二极管的负极。

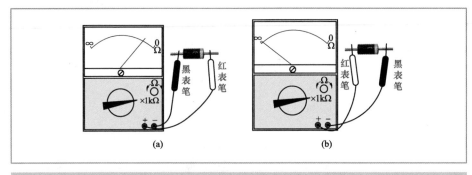

图4-4　用指针万用表判断二极管的极性
(a) 阻值小；(b) 阻值大

（3）用数字万用表判别极性。数字万用表与指针万用表一样，也有欧姆挡，但由于两者测量原理不同，数字万用表欧姆挡无法判断二极管的正、负极（数字万用表测量正、反向电阻时阻值都显示无穷大符号"1"），不过数字万用表有一个二极管专用测量挡，可以用该挡来判断二极管的极性。用数字万用表判断二极管极性的过程如图4-5所示。

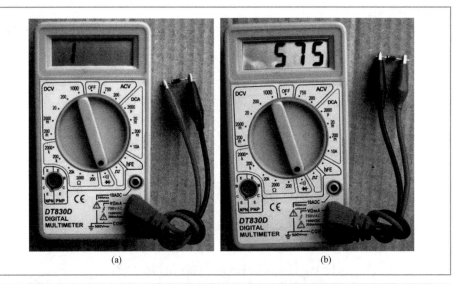

图4-5　用数字万用表判断二极管的极性
(a) 未导通；(b) 导通

在检测判断时，将数字万用表拨至"→卜"挡（二极管测量专用挡），然后用红、黑表笔分别接被测二极管的两极，正反各测一次，测量会出现一次显示"1"，如

图 4-5（a）所示；另一次显示 100～800 的数字，如图 4-5（b）所示。以显示 100～800 数字的那次测量为准，红表笔接的为二极管的正极，黑表笔接的为二极管的负极。在图中，显示"1"表示二极管未导通，显示"575"表示二极管已导通，并且二极管当前的导通电压为 575mV（即 0.575V）。

4. 常见故障及检测

二极管的常见故障有开路、短路和性能不良。

在检测二极管时，将万用表拨至 R×1k 挡，测量二极管正、反向电阻，测量方法与极性判断时的测量方法相同，可参见图 4-5。正常锗材料二极管的正向阻值在 1kΩ 左右，反向阻值在 500kΩ 以上；正常硅材料二极管的正向电阻在 1～10kΩ，反向电阻为无穷大（注：不同型号万用表的测量值略有差距）。也就是说，正常二极管的正向电阻小、反向电阻很大。

若测得二极管正、反电阻均为 0，则说明二极管短路。

若测得二极管正、反向电阻均为无穷大，则说明二极管开路。

若测得正、反向电阻差距小（即正向电阻偏大，反向电阻偏小），则说明二极管性能不良。

（二）稳压二极管的检测

1. 外形与符号

稳压二极管又称齐纳二极管或反向击穿二极管，它在电路中起稳压作用。稳压二极管的实物外形和电路符号如图 4-6 所示。

2. 工作原理

在电路中，稳压二极管可以稳定电压。要让稳压二极管起稳压作用，须将它反接在电路中（即稳压二极管的负极接电路中的高电位，正极接低电位），稳压二极管在电路中正接时的性质与普通二极管相同。下面以图 4-7 所示的电路来说明稳压二极管的稳压原理。

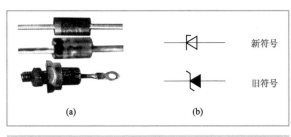

图 4-6　稳压二极管
(a) 实物外形；(b) 符号

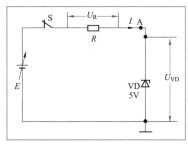

图 4-7　稳压二极管的
稳压原理说明图

图 4-7 中的稳压二极管 VD 的稳压值为 5V，若电源电压低于 5V，则当闭合开关 S 时，VD 反向不能导通，无电流流过限流电阻 R，$U_R = IR = 0$，电源电压途经 R 时，

R 上没有压降，故 A 点电压与电源电压相等，VD 两端的电压 U_{VD} 与电源电压也相等，例如，$E=4V$ 时，U_{VD} 也为 4V，电源电压在 5V 范围内变化时，U_{VD} 也随之变化。也就是说，当加到稳压二极管两端的电压低于它的稳压值时，稳压二极管处于截止状态，无稳压功能。

若电源电压超过稳压二极管的稳压值，如 $E=8V$，当闭合开关 S 时，8V 电压通过电阻 R 送到 A 点，该电压超过稳压二极管的稳压值，VD 反向击穿导通，马上有电流流过电阻 R 和稳压管 VD，电流在流过电阻 R 时，在 R 上产生 3V 的压降（即 $U_R=3V$），稳压管 VD 两端的电压 $U_{VD}=5V$。

若调节电源 E 使电压由 8V 上升到 10V 时，由于电压的升高，流过 R 和 VD 的电流都会增大，因流过 R 的电流增大，R 上的电压 U_R 也随之增大（由 3V 上升到 5V），而稳压二极管 VD 上的电压 U_{VD} 维持 5V 不变。

稳压二极管的稳压原理可以概括为：当外加电压低于稳压二极管稳压值时，稳压二极管不能导通，无稳压功能；当外加电压高于稳压二极管稳压值时，稳压二极管反向击穿，两端电压保持不变，其大小等于稳压值（注：为了保护稳压二极管并使它有良好的稳压效果，需要给稳压二极管串接限流电阻）。

3. 检测

稳压二极管的检测包括极性判断、好坏检测和稳定电压检测。稳压二极管具有普通二极管的单向导电性，故极性检测与普通二极管相同，这里仅介绍稳压二极管的好坏检测和稳定电压检测。

（1）好坏检测。将万用表拨至 R×100 或 R×1k 挡，测量稳压二极管正、反向电阻，如图 4-8 所示。正常的稳压二极管正向电阻小，反向电阻很大。

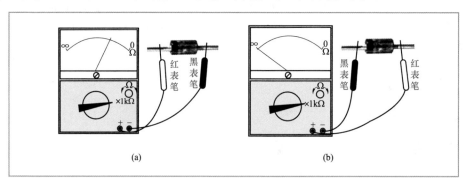

图 4-8　稳压二极管的好坏检测
（a）测正向电阻；（b）测反向电阻

若测得的正、反向电阻均为 0，则说明稳压二极管短路。
若测得的正、反向电阻均为无穷大，则说明稳压二极管开路。
若测得的正、反向电阻差距不大，则说明稳压二极管性能不良。

注：对于稳压值小于9V的稳压二极管，用万用表R×10k挡（此挡位万用表内接9V电池）测反向电阻时，稳压二极管会被反向击穿，此时测出的反向阻值较小，这属于正常现象。

（2）稳压值检测。检测稳压二极管的稳压值时可按下面两个步骤进行。

第一步：按图4-9所示的方法将稳压二极管与电容、电阻和耐压大于300V的二极管接好，再与220V市电连接。

第二步：将万用表拨至直流50V挡，用红、黑表笔分别接被测稳压二极管的负、正极，然后在表盘上读出测得的电压值，该值即为稳压二极管的稳定电压值。图中测得稳压二极管的稳压值为15V。

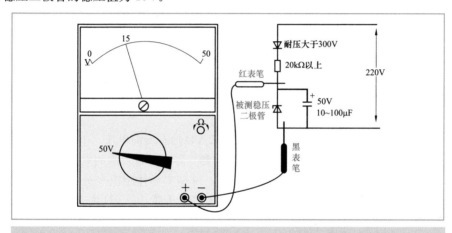

图4-9　稳压二极管稳压值的检测

（三）变容二极管的检测

1. 外形与符号

变容二极管在电路中相当于电容，并且容量可调。 变容二极管的实物外形和电路符号如图4-10所示。

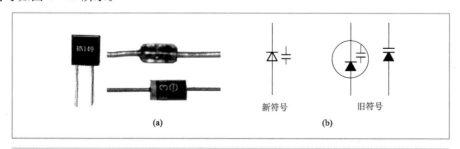

图4-10　变容二极管

（a）实物外形；（b）符号

2. 性质说明

变容二极管加反向电压时相当于电容器，当反向电压改变时，其容量就会发生变化。下面以图 4-11 所示的电路和曲线来说明变容二极管容量的调节规律。

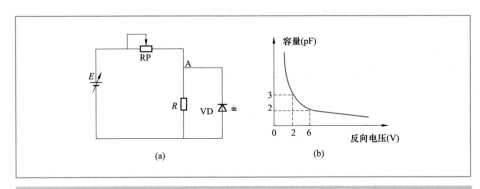

图 4-11 变容二极管的容量变化规律
（a）电路图；（b）特性曲线

在图 4-11（a）所示电路中，变容二极管 VD 加有反向电压，电位器 RP 用来调节反向电压的大小。当 RP 滑动端右移时，加到变容二极管负端的电压升高，即反向电压增大，VD 内部的 PN 结变厚，内部的 P、N 型半导体距离变远，形成的电容容量变小；当 RP 滑动端左移时，变容二极管反向电压减小，VD 内部的 PN 结变薄，内部的 P、N 型半导体距离变近，形成的电容容量增大。

也就是说，当调节变容二极管反向电压大小时，其容量会发生变化，反向电压越高；容量越小，反向电压越低，容量越大。

图 4-11（b）所示为变容二极管的特性曲线，它直观地表示出了变容二极管两端反向电压与容量变化的规律。例如，当反向电压为 2V 时，容量为 3pF；当反向电压增大到 6V 时，容量减小到 2pF。

3. 检测

变容二极管的检测方法与普通二极管基本相同。检测时将万用表拨至 R×10k 挡，测量变容二极管的正、反向电阻，正常的变容二极管反向电阻为无穷大，正向电阻一般在 200kΩ 左右（不同型号下该值略有差距）。

若测得正、反向电阻均很小或为 0，则说明变容二极管漏电或短路。

若测得正、反向电阻均为无穷大，则说明变容二极管开路。

(四) 双向触发二极管的检测

1. 外形与符号

双向触发二极管简称双向二极管，它在电路中可以双向导通。双向触发二极管的实物外形和电路符号如图 4-12 所示。

2. 性质说明

普通二极管有单向导电性，而双向触发二极管具有双向导电性，但它的导通电压通常比较高。 下面通过图4-13所示的电路来说明双向触发二极管的性质。

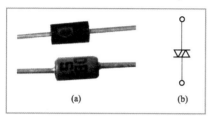

图4-12 双向触发二极管
(a) 实物外形；(b) 符号

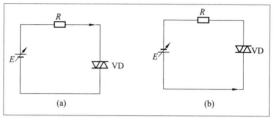

图4-13 双向触发二极管的性质说明
(a) 正向导通；(b) 反向导通

（1）两端加正向电压。在图4-13（a）所示电路中，将双向触发二极管VD与可调电源 E 连接起来。当电源电压较低时，VD并不能导通，随着电源电压的逐渐升高，当调节到某一值时（如30V），VD马上导通，有从上往下的电流流过双向触发二极管。

（2）两端加反向电压。在图4-13（b）所示电路中，将电源的极性调换后再与双向触发二极管VD连接起来。当电源电压较低时，VD不能导通，随着电源电压的逐渐升高，当调节到某一值时（如30V），VD马上导通，有从下向上的电流流过双向触发二极管。

综上所述，不管加正向电压还是反向电压，只要电压达到一定值，双向触发二极管就能导通。

双向触发二极管正、反向特性相同，具有对称性，故双向触发二极管极性没有正、负之分。 双向触发二极管的触发电压较高，30V左右最为常见，双向触发二极管的触发电压一般有 $20\sim60$V、$100\sim150$V 和 $200\sim250$V 三个等级。

3. 检测

双向触发二极管的检测包括好坏检测和触发电压检测。

（1）好坏检测。将万用表拨至 $R\times1k$ 挡，测量双向触发二极管正、反向电阻，如图4-14所示。

若双向触发二极管正常，则正、反向电阻均应为无穷大。

若测得的正、反向电阻很小或为0，则说明双向触发二极管漏电或短路，不能使用。

（2）触发电压检测。检测双向触发二极管的触发电压可按下面三个步骤进行。

第一步：按图4-15所示的方法将双向触发二极管与电容、电阻和耐压大于300V的二极管接好，再与220V市电连接。

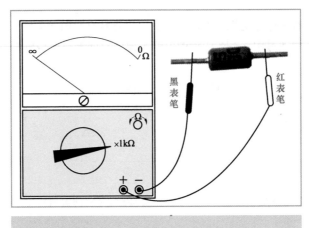

图 4-14 双向触发二极管的好坏检测

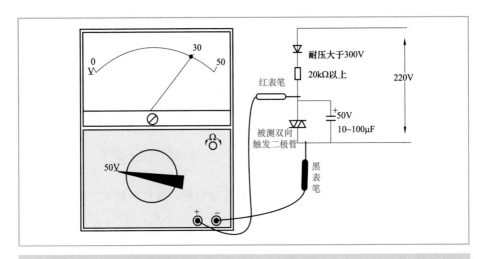

图 4-15 触发二极管触发电压的检测

　　第二步：将万用表拨至直流50V挡，用红、黑表笔分别接被测双向触发二极管的两极，然后观察表针位置，如果表针在表盘上摆动（时大时小），则表针所指最大电压即为触发二极管的触发电压。图4-15中表针指的最大值为30V，则触发二极管的触发电压值约为30V。

　　第三步：将双向触发二极管的两极对调，再测两端电压，正常该电压值应与第二步测得的电压值相等或相近。两者差值越小，表明触发二极管对称性越好，即性能越好。

(五) 双基极二极管 (单结晶体管) 的检测

双基极二极管又称单结晶体管，内部只有一个 PN 结，它有三个引脚，分别为发射极 E、基极 B1 和基极 B2。

1. 外形、符号、结构和等效图

双基极二极管的外形、符号、结构和等效图如图 4-16 所示。

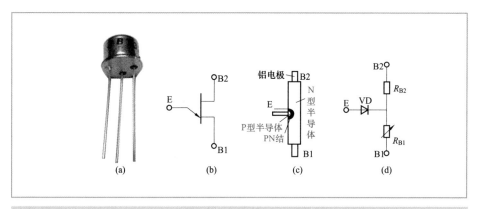

图 4-16　双基极二极管
(a) 外形；(b) 符号；(c) 结构；(d) 等效图

双基极二极管的制作过程：在一块高阻率的 N 型半导体基片的两端各引出一个铝电极，如图 4-16 (c) 所示。这两个电极分别称作第一基极 B1 和第二基极 B2，然后在 N 型半导体基片一侧埋入 P 型半导体，在两种半导体的结合部位就形成了一个 PN 结，再在 P 型半导体端引出一个电极，称为发射极 E。

双基极二极管的等效图如图 4-16 (d) 所示。双基极二极管 B1、B2 之间为高阻率的 N 型半导体，故两极之间的电阻 R_{BB} 较大 (约 4～12kΩ)，以 PN 结为中心，将 N 型半导体分作两部分，PN 结与 B1 极之间的电阻用 R_{B1} 表示，PN 结与 B2 极之间的电阻用 R_{B2} 表示，$R_{BB}=R_{B1}+R_{B2}$，E 极与 N 型半导体之间的 PN 结可以等效为一个二极管，用 VD 表示。

2. 性质说明

为了分析双基极二极管的工作原理，在发射极 E 和第一基极 B1 之间加 U_E 电压，在第二基极 B2 和第一基极 B1 之间加 U_{BB} 电压，如图 4-17 所示。

双基极二极管具有以下特点。

(1) 当发射极 U_E 电压小于峰值电压 U_P (也即小于 $U_{VD}+U_{RB1}$) 时，双基极二极管 E、B1 极之间不能导通。

(2) 当发射极 U_E 电压等于峰值电压 U_P 时，双基极二极管 E、B1 极之间导通，两极之间的电阻变得很小，U_E 电压的大小马上由峰值电压 U_P 下降至谷值电压 U_V。

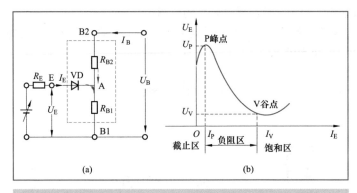

图 4-17　双基极二极管性质说明图

（a）原理说明图；（b）特性曲线

（3）双基极二极管导通后，若$U_E<U_V$，则双基极二极管会由导通状态进入截止状态。

（4）双基极二极管内部等效电阻R_{B1}的阻值随I_E电流变化而变化，而R_{B2}的阻值则与I_E电流无关。

（5）不同的双基极二极管具有不同的U_P、U_V值，对于同一个双基极二极管，若其U_{BB}电压变化，则其U_P、U_V值也会发生变化。

3. 检测

双基极二极管的检测包括极性检测和好坏检测。

（1）极性检测。双基极二极管有 E、B1、B2 三个电极，从图 4-16（d）所示的内部等效图可以看出，双基极二极管的 E、B1 极之间和 E、B2 极之间都相当于一个二极管与电阻串联，B2、B1 极之间相当于两个电阻串联。

双基极二极管的极性检测过程如下。

1）检测出 E 极。将万用表拨至 R×1kΩ 挡，用红、黑表笔测量双基极二极管任意两极之间的阻值，每两极之间都正反各测一次。若测得某两极之间的正反向电阻相等或接近时（阻值一般在 2kΩ 以上），这两个电极就为 B1、B2 极，余下的电极为 E极；若测得某两极之间的正反向电阻时，出现一次阻值小，另一次无穷大的情况，以阻值小的那次测量为准，黑表笔接的为 E 极，余下的两个电极就为 B1、B2 极。

2）检测出 B1、B2 极。万用表仍置于 R×1kΩ 挡，黑表笔接已判断出的 E 极，红表笔依次接另外两极，两次测得阻值会出现一大一小的情况，以阻值小的那次为准，红表笔接的电极通常为 B1 极，余下的电极为 B2 极。由于不同型号双基极二极管的R_{B1}、R_{B2}阻值会有所不同，因此这种检测 B1、B2 极的方法并不适合所有的双基极二极管，如果在使用时发现双基极二极管工作不理想，则可以将 B1、B2 极对换。

对于一些外形有规律的双基极二极管，其电极也可以根据外形判断，具体如图 4-18 所示。双基极二极管引脚朝上，最接近管子管键（突出部分）的引脚为 E极，按顺时针方向旋转依次为 B1、B2 极。

(2) 好坏检测。双基极二极管的好坏检测过程如下。

1) 检测 E、B1 极和 E、B2 极之间的正反向电阻。将万用表拨至 R×1kΩ 挡，用黑表笔接双基极二极管的 E 极，红表笔依次接 B1、B2 极，测量 E、B1 极和 E、B2 极之间的正向电阻，正常时正向电阻较小，然后用红表笔接 E 极，黑表笔依次接 B1、B2 极，测量 E、B1 极和 E、B2 极之间的反向电阻，正常时反向电阻应为无穷大或接近无穷大。

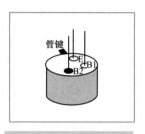

图 4 - 18　从双基极二极管的外形判别电极

2) 检测 B1、B2 极之间的正反向电阻。将万用表拨至 R×1kΩ 挡，用红、黑表笔分别接双基极二极管的 B1、B2 极，正反各测一次，正常时 B1、B2 极之间的正反向电阻通常在 2~200kΩ。

若测量结果与上述情况不符，则表明双基极二极管损坏或性能不良。

（六）肖特基二极管的检测

1. 外形与图形符号

肖特基二极管又称肖特基势垒二极管（SBD），其图形符号与普通二极管相同。常见的肖特基二极管实物外形如图 4 - 19（a）所示。三引脚的肖特基二极管内部由两个二极管组成，其连接有多种方式，如图 4 - 19（b）所示。

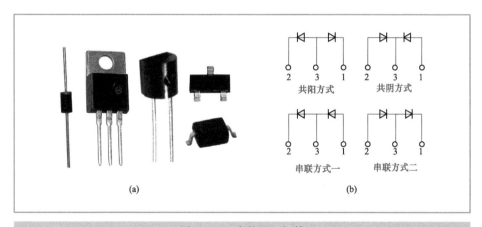

图 4 - 19　肖特基二极管
（a）外形；（b）内部连接方式

2. 特点、应用和检测

肖特基二极管是一种低功耗、大电流、超高速的半导体整流二极管，其工作电流可达几千安，而反向恢复时间可短至几纳秒。二极管的反向恢复时间越短，从截止转为导通的切换速度就越快，普通整流二极管的反向恢复时间长，无法在高速整流电路中正常工作。另外，肖特基二极管的正向导通电压较普通硅二极管低，0.4V 左右。

由于肖特基二极管导通、截止状态可高速切换，故主要用在高频电路中。由于面接触型的肖特基二极管工作电流大，故变频器、电动机驱动器、逆变器和开关电源等设备中整流二极管、续流二极管和保护二极管常采用面接触型的肖特基二极管；对于点接触型的肖特基二极管，其工作电流稍小，常在高频电路中用作检波或小电流整流。**肖特基二极管的缺点是反向耐压低，一般在100V以下，因此不能用在高电压电路中。**

肖特基二极管与普通二极管一样具有单向导电性，其极性与好坏检测方法与普通二极管相同。

（七）快恢复二极管的检测

1. 外形与图形符号

快恢复二极管（FRD)、超快恢复二极管（SRD）的图形符号与普通二极管相同。常见的快恢复二极管实物外形如图4-20（a）所示。三引脚的快恢复二极管内部由两个二极管组成，其连接有共阳和共阴两种方式，如图4-20（b）所示。

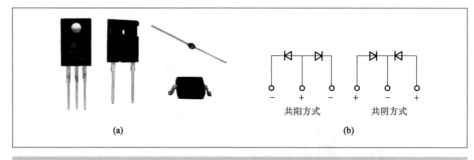

图4-20　快恢复二极管
（a）外形；（b）内部连接方式

2. 特点、应用和检测

快恢复二极管是一种反向工作电压高、工作电流较大的高速半导体二极管，其反向击穿电压可达几千伏，反向恢复时间一般为几百纳秒。快恢复二极管广泛应用于开关电源、不间断电源、变频器和电动机驱动器中，主要用作高频、高压和大电流整流或续流。

快恢复二极管与肖特基二极管的区别主要有以下几点。

（1）快恢复二极管的反向恢复时间为几百纳秒，肖特基二极管更快，可达几纳秒。

（2）快恢复二极管的反向击穿电压高（可达几千伏），肖特基二极管的反向击穿电压低（一般在100V以下）。

（3）快恢复二极管的功耗较大，而肖特基二极管功耗相对较小。

因此，快恢复二极管主要用在高电压小电流的高频电路中，肖特基二极管主要用在低电压大电流的高频电路中。

快恢复二极管与普通二极管一样具有单向导电性，其极性与好坏检测方法与普通二极管相同。

（八）瞬态电压抑制二极管的检测

1. 外形与图形符号

瞬态电压抑制二极管又称瞬态抑制二极管，简称 TVS。常见的瞬态抑制二极管实物外形如图 4-21（a）所示。瞬态抑制二极管有单极型和双极性之分，其图形符号如图 4-21（b）所示。

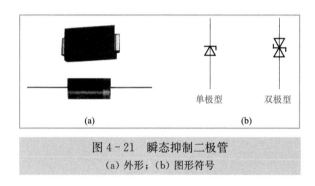

图 4-21　瞬态抑制二极管
(a) 外形；(b) 图形符号

2. 性质

瞬态抑制二极管是一种二极管形式的高效能保护器件，当它两极间的电压超过一定值时，能以极快的速度导通，将两极间的电压固定在一个预定值上，从而有效地保护电子线路中的精密元器件。

单极性瞬态抑制二极管用来抑制单向瞬间高压，如图 4-22（a）所示。当大幅度正脉冲的尖峰到来时，单极性 TVS 反向导通，正脉冲被钳在固定值上；在大幅度负脉冲到来时，若 B 点电压低于 $-0.7V$，则单极性 TVS 正向导通，B 点电压被钳在 $-0.7V$。

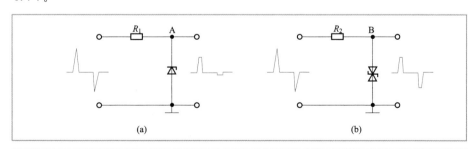

图 4-22　瞬态抑制二极管性质说明
（a）单极性瞬态抑制二极管；（b）双极性瞬态抑制二极管

　　双极性瞬态抑制二极管可抑制双向瞬间高压，如图 4－22（b）所示。当大幅度正脉冲的尖峰到来时，双极性 TVS 导通，正脉冲被钳在固定值上；当大幅度负脉冲的尖峰到来时，双极性 TVS 导通，负脉冲被钳在固定值上。在实际电路中，双极性瞬态抑制二极管更为常用，如无特别说明，瞬态抑制二极管均是指双极性。

　　3. 检测

　　单极性瞬态抑制二极管具有单向导电性，极性与好坏检测方法与稳压二极管相同。

　　双极性瞬态抑制二极管的两引脚无极性之分，用万用表 R×1kΩ 挡检测时正反向阻值均应为无穷大。双极性瞬态抑制二极管击穿电压的检测如图 4－23 所示。二极管 VD 为整流二极管，白炽灯用于降压限流，在 220V 电压正半周时 VD 导通，对电容充得上正下负的电压，当电容两端电压上升到 TVS 的击穿电压时，TVS 击穿导通，两端电压不再升高，万用表测得电压近似为 TVS 的击穿电压。该方法适用于检测击穿电压小于 300V 的瞬态抑制二极管，因为 220V 电压对电容充电最高达 300 多伏。

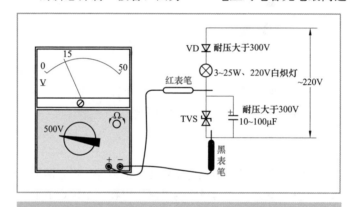

图 4－23　双极性瞬态抑制二极管的检测

（九）整流桥的检测

整流桥又称整流桥堆，它内部含有多个整流二极管，整流桥有半桥和全桥之分。

　　1. 整流半桥

　　半桥内部有两个二极管，根据二极管连接方式的不同，半桥可分为共阴极半桥、共阳极半桥和独立二极管半桥，共阴极半桥、共阳极半桥有三个引脚，而独立二极管半桥有四个引脚，如图 4－24 所示。

　　在检测三引脚整流半桥类型时，将万用表拨至 R×1kΩ 挡，测量任意两引脚之间的阻值，当出现阻值小时，黑表笔接的为一个二极管正极，红表笔接的为该二极管的负极。然后黑表笔不动，用红表笔接余下的引脚，如果测得阻值也很小，则所测整流半桥为共阳极，黑表笔接的为公共极；如果测得阻值为无穷大，则所测整流半桥为共阴极，红表笔先前接的引脚为公共极。

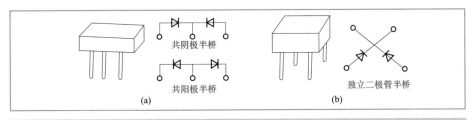

图 4 - 24　整流半桥
(a) 三引脚；(b) 四引脚

2. 整流全桥

全桥内部有四个整流二极管，其外形与内部连接如图 4 - 25 所示。**全桥有四个引脚，标有"～"的两个引脚为交流电压输入端，标有"＋"和"－"的分别为直流电压"＋"和"－"输出端。**

图 4 - 25　整流桥堆
(a) 外形；(b) 内部连接

3. 整流全桥的检测

(1) 引脚极性检测。整流全桥有四个引脚，两个为交流电压输入引脚（两引脚不用区分），另外两个为直流电压输出引脚（分正引脚和负引脚），在使用时需要区分出各引脚，如果整流全桥上无引脚极性标注，则可以使用万用表欧姆挡来测量判别。

在判别引脚极性时，万用表选择 R×1kΩ 挡，黑表笔固定接某个引脚不动，红表笔分别接其他三个引脚，有以下几种情况。

1) 如果测得三个阻值均为无穷大，则黑表笔接的为"＋"引脚，如图 4 - 26 (a) 所示。再将红表笔接已识别的"＋"引脚不动，用黑表笔分别接其他三个引脚，测得三个阻值会出现两小一大（略大）的情况，测得阻值稍大的那次时黑表笔接的为"－"引脚，测得阻值略小的两次时黑表笔接的均为"～"引脚。

2) 如果测得三个阻值一小两大（无穷大），则黑表笔接的为一个"～"引脚，在测得阻值小的那次时红表笔接的为"＋"引脚，如图 4 - 26 (b) 所示。再用红表笔接已识别出的"～"引脚，黑表笔分别接另外两个引脚，测得阻值一小一大（无穷大），

在测得阻值小的那次时黑表笔接的为"－"引脚，余下的那个引脚为另一个"～"引脚。

3）如果测得阻值两小一大（略大），则黑表笔接的为"－"引脚，在测得阻值略大的那次时红表笔接的为"＋"引脚，测得阻值略小的两次时黑表笔接的均为"～"引脚，如图 4－26（c）所示。

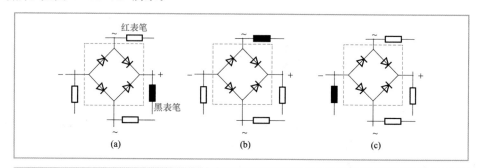

图 4－26　整流全桥引脚极性检测
（a）情况一；（b）情况二；（c）情况三

（2）好坏检测。整流全桥内部由四个整流二极管组成，在检测整流全桥的好坏时，应先判明各引脚的极性（如查看全桥上的引脚极性标记），然后用万用表 R×10kΩ 挡通过外部引脚测量四个二极管的正反向电阻，如果四个二极管均为正向电阻小、反向电阻无穷大，则整流全桥正常。

二　检 测 三 极 管

三极管是一种电子电路中应用最广泛的半导体元器件，它有放大、饱和和截止三种状态，因此三极管不但可在电路中用来放大，还可当作电子开关使用。

（一）外形与符号

三极管又称晶体三极管，是一种具有放大功能的半导体器件。图 4－27（a）所示是一些常见的三极管实物外形，三极管的电路符号如图 4－27（b）所示。

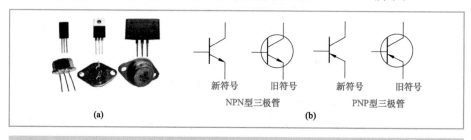

图 4－27　三极管
（a）实物外形；（b）电路符号

（二）结构

三极管有 PNP 型和 NPN 型两种。PNP 型三极管的构成如图 4 - 28 所示。

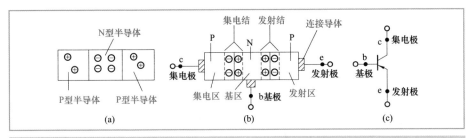

图 4 - 28　PNP 型三极管的构成
（a）形成前；（b）形成后；（c）电路符号

　　将两个 P 型半导体和一个 N 型半导体按图 4 - 28（a）所示的方式结合在一起，两个 P 型半导体中的正电荷会向中间的 N 型半导体中移动，N 型半导体中的负电荷会向两个 P 型半导体移动，结果在 P、N 型半导体的交界处形成 PN 结，如图 4 - 28（b）所示。

　　在两个 P 型半导体和一个 N 型半导体上通过连接导体各引出一个电极，然后封装起来就构成了三极管。三极管三个电极分别称为集电极（用 c 或 C 表示）、基极（用 b 或 B 表示）和发射极（用 e 或 E 表示）。PNP 型三极管的电路符号如图 4 - 28（c）所示。

　　三极管内部有两个 PN 结，其中基极和发射极之间的 PN 结称为发射结，基极与集电极之间的 PN 结称为集电结。两个 PN 结将三极管内部分作三个区，与发射极相连的区称为发射区，与基极相连的区称为基区，与集电极相连的区称为集电区。因为发射区的半导体掺入杂质多，故发射区有大量的电荷，便于发射电荷；集电区掺入的杂质少且面积大，便于收集发射区送来的电荷；基区处于两者之间，发射区流向集电区的电荷要经过基区，故基区可以控制发射区流向集电区电荷的数量，基区就像设在发射区与集电区之间的关卡。

　　NPN 型三极管的构成与 PNP 型三极管类似，它是由两个 N 型半导体和一个 P 型半导体构成的。具体如图 4 - 29 所示。

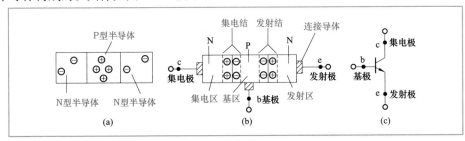

图 4 - 29　NPN 型三极管的构成
（a）形成前；（b）形成后；（c）电路符号

（三）类型检测

三极管类型有 NPN 型和 PNP 型，三极管的类型可用万用表欧姆挡进行检测。

1. 检测规律

NPN 型和 PNP 型三极管的内部都有两个 PN 结，故三极管可视为两个二极管的组合，万用表在测量三极管任意两个引脚之间时有六种情况，如图 4-30 所示。

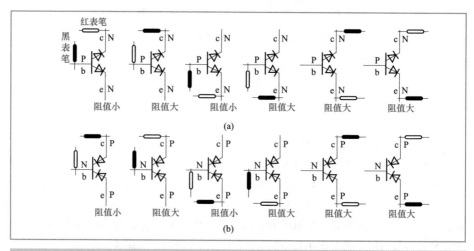

图 4-30　万用表测三极管任意两脚的六种情况

（a）NPN 型三极管；（b）PNP 型三极管

从图 4-30 中不难得出这样的规律：**当黑表笔接 P 端、红表笔接 N 端时，测得的是 PN 结的正向电阻，该阻值小；当黑表笔接 N 端，红表笔接 P 端时，测得的是 PN 结的反向电阻，该阻值很大（接近无穷大）；当黑、红表笔接的两极都为 P 端（或两极都为 N 端）时，测得阻值大（两个 PN 结不会导通）。**

2. 类型检测

三极管的类型检测如图 4-31 所示。在检测时，将万用表拨至 R×100 或 R×1k 挡，测量三极管任意两脚之间的电阻，当测量出现一次阻值小的情况时，黑表笔接的为 P 极，红表笔接的为 N 极，如图 4-31（a）所示；然后黑表笔不动（即让黑表笔仍接 P 极），将红表笔接到另外一个极，此时有两种可能：若测得阻值很大，则红表笔接的极一定是 P 极，该三极管为 PNP 型，红表笔先前接的极为基极，如图 4-31（b）所示；若测得阻值小，则红表笔接的为 N 极，则该三极管为 NPN 型，黑表笔所接的为基极。

（四）集电极与发射极的检测

三极管有发射极、基极和集电极三个电极，在使用时不能混用，由于在检测类型时已经找出基极，因此下面只介绍如何用万用表欧姆挡检测出发射极和集电极。

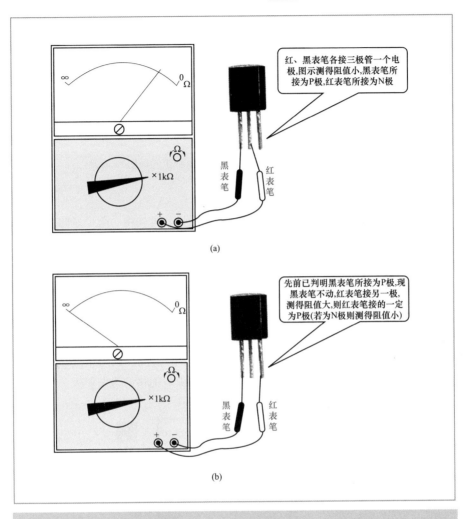

图4-31 三极管类型的检测

1. NPN型三极管集电极和发射极的判别

NPN型三极管集电极和发射极的判别如图4-32所示。将万用表置于R×1k或R×100挡，用黑表笔接基极以外任意一个极，再用手接触该极与基极（手相当于一个电阻，即在该极与基极之间接一个电阻），红表笔接另外一个极，测量并记下阻值的大小，该过程如图4-32（a）所示；然后红、黑表笔互换，手再捏住基极与对换后黑表笔所接的极，测量并记下阻值大小，该过程如图4-32（b）所示。两次测量会出现阻值一大一小的情况，以阻值小的那次为准，如图4-32（a）所示，此时黑表笔接的为集电极，红表笔接的为发射极。

105

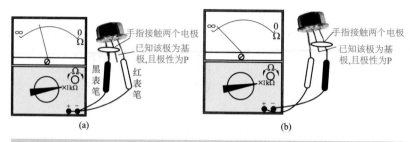

图 4 - 32　NPN 型三极管的发射极和集电极的判别
（a）测得的阻值小；（b）测得的阻值大

注意：如果两次测量出来的阻值大小区别不明显，可先将手蘸少量的水，让手的电阻减小，再用手接触两个电极进行测量。

2. PNP 型三极管集电极和发射极的判别

PNP 型三极管集电极和发射极的判别如图 4 - 33 所示。将万用表置于 R×1k 或 R×100 挡，红表笔接基极以外的任意一个极，再用手接触该极与基极，黑表笔接余下的一个极，测量并记下阻值的大小，该过程如图 4 - 33（a）所示；然后红、黑表笔互换，手再接触基极与对换后红表笔所接的极，测量并记下阻值大小，该过程如图 4 - 33（b）所示。两次测量会出现阻值一大一小的情况，以阻值小的那次为准，如图 4 - 33（a）所示，此时红表笔接的为集电极，黑表笔接的为发射极。

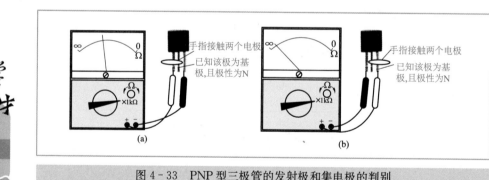

图 4 - 33　PNP 型三极管的发射极和集电极的判别
（a）测得的阻值小；（b）测得的阻值大

3. 利用 "hFE" 挡来判别发射极和集电极

如果万用表有 "hFE" 挡（三极管放大倍数测量挡），可利用该挡判别三极管的电极，这种方法应在已检测出三极管的类型和基极时使用。

利用万用表的三极管放大倍数挡来判别极性的测量过程如图 4 - 34 所示。将万用表拨至 "hFE" 挡（三极管放大倍数测量挡），再根据三极管类型选择相应的插孔，并将基极插入基极插孔中，另外两个未知极分别插入另外两个插孔中，记下此时测得的放大倍数值，如图 4-34（a）所示；然后让三极管的基极不动，将另外两个未知极互换插孔，观察这次测得的放大倍数，如图 4-34（b）所示。两次测得的放大倍数会出现一大一小的情况，以放大倍数大的为准，如图 4-34（b）所示，此时 c 极插孔对应的电极是集电极，e 极插孔对应的电极为发射极。

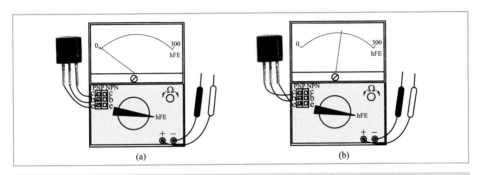

图 4-34　利用万用表的"hFE"挡来判别发射极和集电极
(a) 测得的放大倍数小；(b) 测得的放大倍数大

（五）好坏检测

三极管的好坏检测具体包括以下内容。

（1）测量集电结和发射结的正、反向电阻。三极管内部有两个 PN 结，只要任意一个 PN 结损坏，三极管就不能使用，所以三极管检测先要测量两个 PN 结是否正常。检测时将万用表拨至 R×100 或 R×1k 挡，测量 PNP 型或 NPN 型三极管集电极和基极之间的正、反向电阻（即测量集电结的正、反向电阻），然后再测量发射极与基极之间的正、反向电阻（即测量发射结的正、反向电阻）。正常时，集电结和发射结的正向电阻都比较小，约几百欧至几千欧；反向电阻都很大，约几百千欧至无穷大。

（2）测量集电极与发射极之间的正、反向电阻。对于 PNP 管，用红表笔接集电极，黑表笔接发射极时测得的为正向电阻，正常约十几千欧至几百千欧（用 R×1k 挡测得），互换表笔测得的为反向电阻，与正向电阻阻值相近；对于 NPN 型三极管，黑表笔接集电极，红表笔接发射极时，测得为正向电阻，互换表笔测得为反向电阻。正常时正、反向电阻阻值相近，约几百千欧至无穷大。

如果三极管任意一个 PN 结的正、反向电阻不正常，或发射极与集电极之间的正、反向电阻不正常，则说明三极管损坏。如果发射结正、反向电阻阻值均为无穷大，说明发射结开路；如果集、射之间阻值为 0，则说明集射极之间击穿短路。

综上所述，一个三极管的好坏检测需要进行六次测量：其中测发射结正、反向电阻各一次（两次），集电结正、反向电阻各一次（两次）和集射极之间的正、反向电阻各一次（两次）。只有这六次检测都正常才能说明三极管是正常的，只要有一次测量发现不正常，该三极管就不能使用。

（六）带阻三极管的检测

1. 外形与符号

带阻三极管是指基极和发射极接有电阻并封装为一体的三极管。 带阻三极管常用在电路中作为电子开关使用。带阻三极管的外形和符号如图4-35所示。

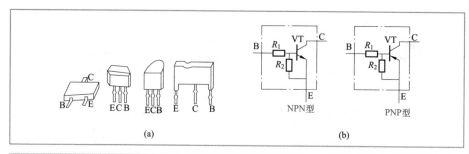

图4-35　带阻三极管

（a）外形；（b）符号

2. 检测

带阻三极管的检测与普通三极管基本类似，但由于内部接有电阻，故检测出来的阻值大小稍有不同。以图4-35（b）中的NPN型带阻三极管为例，检测时万用表选择R×1kΩ挡，测量B、E、C极任意两极之间的正反电阻，若带阻三极管正常，则有下面的规律。

（1）B、E极之间的正反向电阻都比较小（具体大小与R_1、R_2值有关），但B、E极之间的正向电阻（黑表笔接B极、红表笔接E极测得）会略小一点，因为测正向电阻时发射结会导通。

（2）B、C极之间正向电阻（黑表笔接B极，红表笔接C极）小，反向电阻接近于无穷大。

（3）C、E极之间正反向电阻都接近于无穷大。

检测时如果与上述结果不符，则表明带阻三极管损坏。

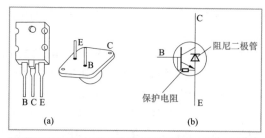

图4-36　带阻尼三极管

（a）外形；（b）符号

（七）带阻尼三极管的检测

1. 外形与符号

带阻尼三极管是指在集电极和发射极之间接有二极管并封装为一体的三极管。 带阻尼三极管功率很大，常用在彩电和电脑显示器的扫描输出电路中。带阻尼三极管的外形和符号如图4-36所示。

2. 检测

在检测带阻尼三极管时，万用表选择 R×1kΩ 挡，测量 B、E、C 极任意两极之间的正反向电阻，若带阻尼三极管正常，则有下面的规律。

（1）B、E 极之间正反向电阻都比较小，但 B、E 极之间的正向电阻（黑表笔接 B 极，红表笔接 E 极）会略小一点。

（2）B、C 极之间正向电阻（黑表笔接 B 极，红表笔接 C 极）小，反向电阻接近于无穷大。

（3）C、E 极之间正向电阻（黑表笔接 C 极，红表笔接 E 极）接近于无穷大，反向电阻很小（因为阻尼二极管会导通）。

检测时如果与上述结果不符，则表明带阻尼三极管损坏。

（八）达林顿三极管的检测

1. 外形与符号

达林顿三极管又称复合三极管，它是由两只或两只以上三极管组成并封装为一体的三极管。达林顿三极管的外形如图 4-37（a）所示。图 4-37（b）所示是两种常见的达林顿三极管电路符号。

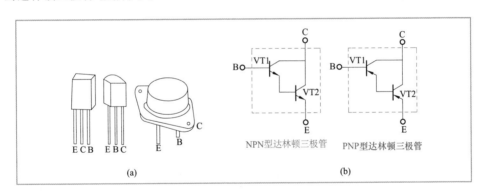

图 4-37　达林顿三极管

(a) 外形；(b) 符号

2. 工作原理

与普通三极管一样，达林顿三极管也需要给各极提供电压，让各极有电流流过，才能正常工作。达林顿三极管具有放大倍数高、热稳定性好和简化放大电路等优点。图 4-38 所示是一种典型的达林顿三极管偏置电路。

接通电源后，达林顿三极管 C、B、E 极得到供电，内部的 VT1、VT2 均导通，VT1 的 I_{b1}、I_{c1}、I_{e1} 电流和 VT2 的 I_{b2}、I_{c2}、I_{e2} 电流途径如图 4-38 中箭头所示。达林顿三极管的放大倍数 β 与 VT1、VT2 的放大倍数 β_1、β_2 的关系为

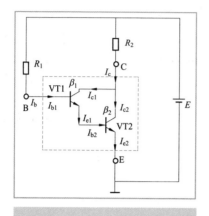

$$\beta = \frac{I_c}{I_b} = \frac{I_{c1} + I_{c2}}{I_{b1}} = \frac{\beta_1 \cdot I_{b1} + \beta_2 \cdot I_{b2}}{I_{b1}}$$

$$= \frac{\beta_1 \cdot I_{b1} + \beta_2 \cdot I_{e1}}{I_{b1}}$$

$$= \frac{\beta_1 \cdot I_{b1} + \beta_2 (I_{b1} + \beta_1 \cdot I_{b1})}{I_{b1}}$$

$$= \frac{\beta_1 \cdot I_{b1} + \beta_2 \cdot I_{b1} + \beta_2 \beta_1 \cdot I_{b1}}{I_{b1}}$$

$$= \beta_1 + \beta_2 + \beta_2 \beta_1$$

$$\approx \beta_2 \beta_1$$

图 4-38 达林顿三极管的偏置电路 即达林顿三极管的放大倍数为

$$\beta = \beta_1 \cdot \beta_2 \cdots \beta_n$$

3. 检测

以检测图 4-37 （b）所示的 NPN 型达林顿三极管为例，在检测时，万用表选择 R×10kΩ 挡，测量 B、E、C 极任意两极之间的正反电阻，若达林顿三极管正常，则有下面的规律。

（1）B、E 极之间正向电阻（黑表笔接 B 极，红表笔接 E 极）小，反向电阻接近于无穷大。

（2）B、C 极之间正向电阻（黑表笔接 B 极，红表笔接 C 极）小，反向电阻接近于无穷大。

（3）C、E 极之间正反向电阻都接近于无穷大。

检测时如果与上述结果不符，则表明达林顿三极管损坏。

三 检测晶闸管

（一）单向晶闸管的检测

1. 实物外形与符号

单向晶闸管又称单向可控硅，它有三个电极，分别是阳极（A）、阴极（K）和门极（G）。图 4-39（a）所示是一些常见的单向晶闸管的实物外形，图 4-39（b）所示为单向晶闸管的电路符号。

图 4-39 单向晶闸管
(a) 实物外形；(b) 电路符号

2. 结构

单向晶闸管的内部结构和等效图如图4-40所示。

单向晶闸管有三个极：A极（阳极）、G极（门极）和K极（阴极）。单向晶闸管的内部结构如图4-40（a）所示。它相当于PNP型三极管和NPN型三极管以图4-40（b）所示的方式连接而成。

3. 引脚极性检测

单向晶闸管有A、G、K三个电极，三者不能混用，在使用单向晶闸管前要先检测出各个电极。单向晶闸管的G、K极之间有一个PN结，它具有单向导电性（即正向电阻小、反向电阻大），而A、K极与A、G极之间的正反向电阻都是很大的。根据这个原则，可以采用下面的方法来判别单向晶闸管的电极：将万用表拨至R×100Ω或R×1kΩ挡，测量任意两个电极之间的阻值，如图4-41所示。当测量出现的阻值小时，以这次测量为准，黑表笔接的电极为G极，红表笔接的电极为K极，剩下的一个电极为A极。

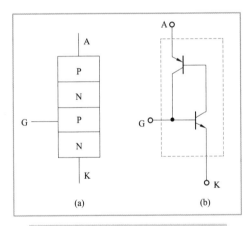

图4-40 单向晶闸管的内部结构与等效图
（a）内部结构；（b）等效图

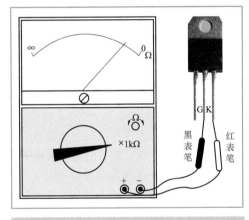

图4-41 单向晶闸管的电极检测

4. 好坏检测

正常的单向晶闸管除了G、K极之间的正向电阻小、反向电阻大外，其他各极之间的正、反向电阻均接近于无穷大。在检测单向晶闸管时，将万用表拨至R×1kΩ挡，测量单向晶闸管任意两极之间的正、反向电阻。

若出现两次或两次以上阻值小的情况，则说明单向晶闸管内部有短路。

若G、K极之间的正、反向电阻均为无穷大，则说明单向晶闸管G、K极之间开路。

若测量时只出现一次阻值小的情况，并不能确定单向晶闸管一定正常（如G、K极之间正常，A、G极之间出现开路），在这种情况下，需要进一步测量单向晶闸管的触发能力。

5. 触发能力检测

检测单向晶闸管的触发能力实际上就是检测 G 极控制 A、K 极之间导通的能力。单向晶闸管的触发能力检测过程如图 4-42 所示。测量过程说明如下。

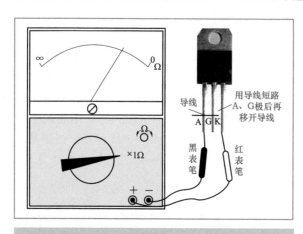

导线
用导线短路
A、G极后再
移开导线
A G K
黑表笔
红表笔
×1Ω

图 4-42　单向晶闸管触发能力的检测

将万用表拨至 R×1Ω 挡，测量单向晶闸管 A、K 极之间的正向电阻（黑表笔接 A 极，红表笔接 K 极），A、K 极之间的阻值正常应接近于无穷大，然后用一根导线将 A、G 极短路，为 G 极提供触发电压，如果单向晶闸管良好，则 A、K 极之间应导通，A、K 极之间的阻值马上变小，再将导线移开，让 G 极失去触发电压，此时单向晶闸管还应处于导通状态，A、K 极之间阻值仍应很小。

在上面的检测中，若导线短路 A、G 极前后，A、K 极之间的阻值变化不大，则说明 G 极失去触发能力，单向晶闸管损坏；若移开导线后，单向晶闸管 A、K 极之间阻值又变大，则表明单向晶闸管开路（注：即使单向晶闸管正常，如果使用万用表高阻挡测量，由于在高阻挡时万用表提供给单向晶闸管的维持电流比较小，因此有可能不足以维持单向晶闸管继续导通，也会出现移开导线后 A、K 极之间阻值变大的情况，为了避免检测判断失误，应采用 R×1Ω 或 R×10Ω 挡进行测量）。

（二）门极可关断晶闸管的检测

门极可关断晶闸管是晶闸管的一种派生器件，简称 GTO，它除了具有普通晶闸管的触发导通功能外，还可以通过在 G、K 极之间加反向电压的方式将晶闸管关断。

1. 外形、结构与符号

门极可关断晶闸管（GTO）如图 4-43 所示。从图 4-43 中可以看出，GTO 与普通的晶闸管（SCR）结构相似，但为了实现关断功能，GTO 的两个等效三极管的放大倍数较 SCR 的小，另外 GTO 在制造工艺上也有所改进。

2. 引脚极性检测

由于 GTO 的结构与普通晶闸管相似，G、K 极之间都有一个 PN 结，故两者的极性检测方法与普通晶闸管相同。检测时，万用表选择 R×100 挡，测量 GTO 各引脚之间的正、反向电阻，当出现一次阻值小的情况时，以这次测量为准，黑表笔接的是门极 G，红表笔接的是阴极 K，剩下的一只引脚为阳极 A。

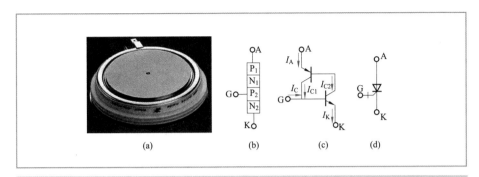

图 4-43 门极可关断晶闸管
(a) 外形；(b) 结构；(c) 等效电路；(d) 符号

3. 好坏检测

GTO 的好坏检测可按下面的步骤进行。

第一步：检测各引脚间的阻值。用万用表 R×1kΩ 挡检测 GTO 各引脚之间的正反向电阻，正常时只会出现一次阻值小的情况。若出现两次或两次以上阻值小的情况，则可以确定 GTO 一定损坏；若只出现一次阻值小的情况，则还不能确定 GTO 一定正常，需要进行触发能力和关断能力的检测。

第二步：检测触发能力和关断能力。将万用表拨至 R×1Ω 挡，用黑表笔接 GTO 的 A 极，红表笔接 K 极，此时表针指示的阻值为无穷大，然后用导线瞬间将 A、G 极短接，让万用表的黑表笔为 G 极提供正向触发电压，如果表针指示的阻值马上由大变小，则表明 GTO 被触发导通，GTO 触发能力正常。然后按图 4-44 所示的方法将一节 1.5V 电池与

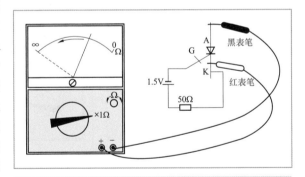

图 4-44 检测 GTO 的关断能力

50Ω 的电阻串联，再反接在 GTO 的 G、K 极之间，给 GTO 的 G 极提供负压，如果表针指示的阻值马上由小变大（无穷大），则表明 GTO 被关断，GTO 关断能力正常。

检测时，如果测量结果与上述情况不符，则表示 GTO 损坏或性能不良。

（三）双向晶闸管的检测

1. 符号与结构

双向晶闸管的符号与结构如图 4-45 所示。**双向晶闸管有三个电极：主电极 T1、**

主电极 T2 和控制极 G。

2. 引脚极性检测

双向晶闸管的电极检测分以下两步。

第一步：找出 T2 极。从图 4-45 所示的双向晶闸管内部结构可以看出，T1、G 极之间为 P 型半导体，而 P 型半导体的电阻很小，为几十欧姆，而 T2 极距离 G 极和 T1 极都较远，故它们之间的正反向阻值都接近于无穷大。在检测时，将万用表拨至 R×1Ω 挡，测量任意两个电极之间的正反向电阻，若测得某两个极之间的正反向电阻均很小（为几十欧姆），则这两个极为 T1 和 G 极，另一个电极为 T2 极。

第二步：判断 T1 极和 G 极。找出双向晶闸管的 T2 极后，才能判断 T1 极和 G 极。在测量时，将万用表拨至 R×10Ω 挡，先假定一个电极为 T1 极，另一个电极为 G 极，用黑表笔接假定的 T1 极，红表笔接 T2 极，测量的阻值应为无穷大。接着用红表笔尖把 T2 与 G 短路，如图 4-46 所示。给 G 极加上负触发信号，阻值应为几十欧左右，说明管子已经导通，再将红表笔尖与 G 极脱开（但仍接 T2），如果阻值变化不大，仍很小，则表明管子在触发之后仍能维持导通状态，先前的假设正确，即黑表笔接的电极为 T1 极，红表笔接的为 T2 极（先前已判明），另一个电极为 G 极。如果红表笔尖与 G 极脱开后，阻值马上由小变为无穷大，则说明先前假设错误，即先前假定的 T1 极实为 G 极，假定的 G 极实为 T1 极。

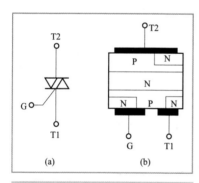

图 4-45　双向晶闸管
（a）电路符号；（b）结构

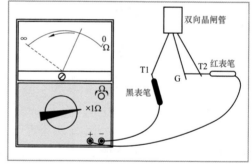

图 4-46　检测双向晶闸管的 T1 极和 G 极

3. 好坏检测

正常的双向晶闸管除了 T1、G 极之间的正反向电阻较小外，T1、T2 极和 T2、G 极之间的正反向电阻均接近于无穷大。双向晶闸管的好坏检测分以下两步。

第一步：测量双向晶闸管 T1、G 极之间的电阻。将万用表拨至 R×10Ω 挡，测量晶闸管 T1、G 极之间的正反向电阻，正常时正反向电阻都很小，为几十欧姆；若正反向电阻均为 0，则 T1、G 极之间短路；若正反向电阻均为无穷大，则 T1、G 极之间开路。

第二步:测量 T2、G 极和 T2、T1 极之间的正反向电阻。将万用表拨至 R×1kΩ 挡,测量晶闸管 T2、G 极和 T2、T1 极之间的正反向电阻,正常情况下它们之间的电阻均接近于无穷大,若某两极之间出现阻值小的情况,则表明它们之间有短路。

如果检测时发现 T1、G 极之间的正反向电阻小,T1、T2 极和 T2、G 极之间的正反向电阻均接近于无穷大,此时不能说明双向晶闸管一定正常,还应检测它的触发能力。

4. 触发能力检测

双向晶闸管的触发能力检测分以下两步。

第一步:将万用表拨至 R×10Ω 挡,用红表笔接 T1 极,黑表笔接 T2 极,测量的阻值应为无穷大,再用导线将 T1 极与 G 极短路,如图 4-47(a)所示。给 G 极加上触发信号,若晶闸管触发能力正常,则晶闸管应马上导通,T1、T2 极之间的阻值应为几十欧左右,移开导线后,晶闸管应维持导通状态。

第二步:将万用表拨至 R×10Ω 挡,用黑表笔接 T1 极,红表笔接 T2 极,测量的阻值应为无穷大,再用导线将 T2 极与 G 极短路,如图 4-47(b)所示。给 G 极加上触发信号,若晶闸管触发能力正常,则晶闸管应马上导通,T1、T2 极之间的阻值应为几十欧左右,移开导线后,晶闸管应维持导通状态。

对双向晶闸管进行两步测量后,若测量结果都表现正常,则说明晶闸管触发能力正常,否则表明晶闸管损坏或性能不良。

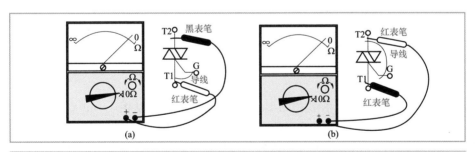
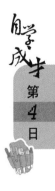

图 4-47 检测双向晶闸管的触发能力
(a)导线短路 T1、G 极;(b)导线短路 T2、G 极

四 检测场效应管

场效应管与三极管一样具有放大能力,三极管是电流控制型元器件,而场效应管是电压控制型器件。场效应管主要有结型场效应管和绝缘栅型场应管,它们除了可以参与构成放大电路外,还可以当作电子开关使用。

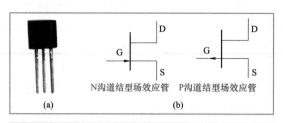

图 4-48 结型场效应管
(a) 实物外形;(b) 电路符号

(一) 结型场效应管的检测

1. 外形与符号

结型场效应管的外形与符号如图 4-48 所示。

2. 结构说明

与三极管一样,结型场效应管也是由 P 型半导体和 N 型半导体组成的,三极管有 PNP 型和 NPN 型两种,场效应管则分为 P 沟道和 N 沟道两种。 两种沟道的结型场效应管的结构如图 4-49 所示。

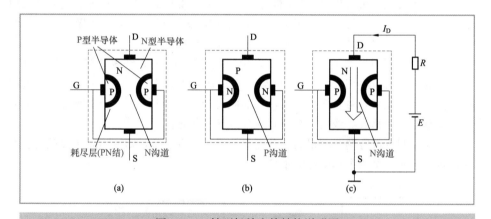

图 4-49 结型场效应管结构说明图
(a) N 沟通;(b) P 沟通;(c) D、S 极之间加有电压

图 4-49 (a) 所示为 N 沟道结型场效应管的结构图。从图 4-49 (a) 中可以看出,场效应管内部有两块 P 型半导体,它们通过导线内部相连,再引出一个电极,该电极称为栅极 G,两块 P 型半导体以外的部分均为 N 型半导体,在 P 型半导体与 N 型半导体交界处形成两个耗尽层(即 PN 结),耗尽层中间的区域为沟道,由于沟道由 N 型半导体构成,所以称为 N 沟道,漏极 D 与源极 S 分别接在沟道两端。

图 4-49 (b) 所示为 P 沟道结型场效应管的结构图。P 沟道场效应管内部有两块 N 型半导体,栅极 G 与它们连接,两块 N 型半导体与邻近的 P 型半导体在交界处形成两个耗尽层,耗尽层的中间区域为 P 沟道。

如果在 N 沟道场效应管 D、S 极之间加电压,如图 4-49 (c) 所示,则电源正极输出的电流就会由场效应管 D 极流入,在内部通过沟道从 S 极流出,回到电源的负极。场效应管流过电流的大小与沟道的宽窄有关,沟道越宽,能通过的电流就越大。

3. 类型与引脚极性的检测

结型场效应管的源极和漏极在制造工艺上是对称的，故两极可以互换使用，并不影响正常工作，所以一般不判别漏极和源极（漏源之间的正反向电阻相等，均为几十至几千欧姆），只判断栅极和沟道的类型。

在判断栅极和沟道的类型前，首先要了解以下几点。

(1) 与D、S极连接的半导体类型总是相同的（或者都是P，或者都是N），如图 4 - 2 所示。D、S极之间的正反向电阻相等并且比较小。

(2) **G极连接的半导体类型与D、S极连接的半导体类型总是不同的**，如G极连接的为P型半导体时，D、S极连接的肯定是N型半导体。

(3) **G极与D、S极之间有PN结，PN结的正向电阻小、反向电阻大。**

结型场效应管栅极与沟道的类型判别方法是：将万用表拨至 R×100 挡，测量场效应管任意两极之间的电阻，正反向各测一次，两次测量阻值有以下情况。

若两次测得阻值相同或相近，则这两极是D、S极，剩下的极为栅极，然后红表笔不动，用黑表笔接已判断出的G极。如果阻值很大，则此时测得的为PN结的反向电阻，黑表笔接的应为N极，红表笔接的为P极，由于前面测量已确定黑表笔接的是G极，而现测量又确定G极为N极，故沟道应为P极，所以该管子为P沟道场效应管；如果测得的阻值小，则为N沟道场效应管。

若两次阻值一大一小，则以阻值小的那次为准，红表笔不动，用黑表笔接另一个极，如果阻值小，并且与黑表笔换极前测得的阻值相等或相近，则红表笔接的为栅极，该管子为P沟道场效应管；如果测得的阻值与黑表笔换极前测得的阻值有较大差距，则黑表笔换极前接的极为栅极，该管子为N沟道场效应管。

4. 放大能力的检测

万用表没有专门测量场效应管跨导的挡位，所以无法准确检测场效应管放大能力，但可用万用表大致估计其放大能力大小。结型场效应管放大能力的估测方法如图 4 - 50 所示。

将万用表拨至 R×100Ω 挡，用红表笔接源极 S，黑表笔接漏极 D，由于测量阻值时万用表内接 1.5V 电池，这样相当于给场效应管 D、S 极加上了一个正向电压。然后用手接触栅极 G，将人体的感应电压作为输入信号加到栅极上。由于场效应管的放大作用，

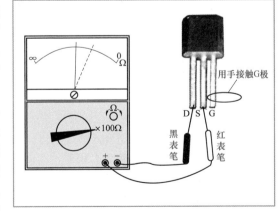

图 4 - 50 结型场效应管放大能力的估测方法

117

表针会摆动（I_D电流变化引起），表针摆动幅度越大（不论向左或向右摆动均正常），表明场效应管的放大能力越强，若表针不动则说明场效应管已经损坏。

5. 好坏检测

结型场效应管的好坏检测包括漏源极之间的正反向电阻、栅漏极之间的正反向电阻和栅源之间的正反向电阻。这些检测共有六步，只有每步检测都通过才能确定场效应管是正常的。

在检测漏源之间的正、反向电阻时，将万用表置于 R×10Ω 或 R×100Ω 挡，测量漏源之间的正反向电阻，其正常阻值应在几十至几千欧（不同型号有所不同）。若超出这个阻值范围，则可能是漏源之间短路、开路或性能不良。

在检测栅漏极或栅源极之间的正反向电阻时，将万用表置于 R×1kΩ 挡，测量栅漏或栅源之间的正反向电阻，正常时正向电阻小，反向电阻为无穷大或接近于无穷大。若不符合，则可能是栅漏极或栅源之间短路、开路或性能不良。

（二）绝缘栅型场效应管（MOS管）的检测

绝缘栅型场效应管（MOSFET）简称 MOS 管，绝缘栅型场效应管分为耗尽型和增强型，每种类型又分为 P 沟道和 N 沟道。

1. 增强型 MOS 管的外形与符号

增强型 MOS 管分为 N 沟道 MOS 管和 P 沟道 MOS 管，增强型 MOS 管的外形与符号如图 4-51 所示。

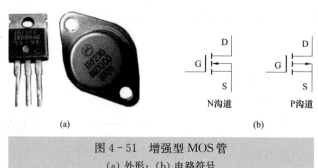

图 4-51　增强型 MOS 管

（a）外形；（b）电路符号

2. 增强型 MOS 管的结构与工作原理

增强型 MOS 管有 N 沟道和 P 沟道之分，分别称作增强型 NMOS 管和增强型 PMOS 管，其结构与工作原理基本相似，在实际应用中增强型 NMOS 管更为常用。下面以增强型 NMOS 管为例来说明增强型 MOS 管的结构与工作原理。

（1）结构。增强型 NMOS 管的结构与等效电路符号如图 4-52 所示。

增强型 NMOS 管是以 P 型硅片作为基片（又称衬底），在基片上制作两个含很多杂质的 N 型材料，再在上面制作一层很薄的二氧化硅（SiO_2）绝缘层，在两个 N 型材料上引出两个铝电极,分别称为漏极(D)和源极(S),在两极中间的二氧化硅绝缘层上制作一层铝制导电层,从该导电层上引出的电极称为G极。**P型衬底与D极连接的N型半导体会形成二极管结构(称之为寄生二极管)**,由于P型衬底通常与S极连接在一起,所以增强型NMOS管又可用图4-52(b)所示的符号表示。

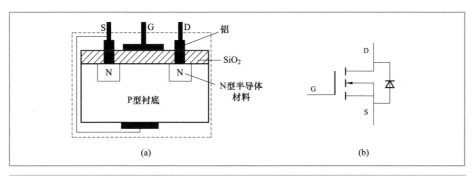

图4-52 N沟道增强型绝缘栅场效应管
(a)结构;(b)等效电路符号

(2)工作原理。**增强型NMOS场应管需要加合适的电压才能工作。**加有电压的增强型NMOS场效应管如图4-53所示。图4-53(a)所示为结构图形式,图4-53(b)所示为电路图形式。

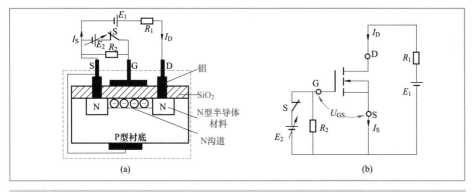

图4-53 加有电压的增强型NMOS场效应管
(a)结构图形式;(b)电路图形式

如图4-53(a)所示,电源E_1通过R_1接场效应管D、S极,电源E_2通过开关S接场效应管的G、S极。在开关S断开时,场效应管的G极无电压,D、S极所接的两个N区之间没有导电沟道,所以两个N区之间不能导通,I_D电流为0;如果将开关S闭合,场效应管的G极获得正电压,与G极连接的铝电极有正电荷,它产生的

电场穿过 SiO_2 层，将 P 衬底很多电子吸引靠近 SiO_2 层，从而在两个 N 区之间出现导电沟道，由于此时 D、S 极之间加上了正向电压，因此就有 I_D 电流从 D 极流入，再经导电沟道从 S 极流出。

如果改变 E_2 电压的大小，也即是改变 G、S 极之间的电压 U_{GS}，则与 G 极相通的铝层产生的电场大小就会变化，SiO_2 下面的电子数量就会变化，两个 N 区之间沟道宽度就会变化，流过的 I_D 电流大小就会变化。U_{GS} 电压越高，沟道就会越宽，I_D 电流就会越大。

由此可见，改变 G、S 极之间的电压 U_{GS}，D、S 极之间的内部沟道宽窄就会发生变化，从 D 极流向 S 极的 I_D 电流大小也就发生变化，并且 I_D 电流变化较 U_{GS} 电压变化大得多，这就是场效应管的放大原理（即电压控制电流变化原理）。为了表示场效应管的放大能力，引入一个参数——跨导 g_m，g_m 用下面公式计算

$$g_m = \frac{\Delta I_D}{\Delta U_{GS}}$$

g_m 反映了栅源电压 U_{GS} 对漏极电流 I_D 的控制能力，是表述场效应管放大能力的一个重要的参数（相当于三极管的 β），g_m 的单位是西门子（S），也可以用 A/V 表示。

增强型绝缘栅场效应管具有的特点是：在 G、S 极之间未加电压（即 $U_{GS}=0$）时，D、S 极之间没有沟道，$I_D=0$；当 G、S 极之间加上合适的电压（大于开启电压 U_T）时，D、S 极之间有沟道形成，U_{GS} 电压变化时，沟道宽窄会发生变化，I_D 电流也会变化。

对于 N 沟道增强型绝缘栅场效应管，G、S 极之间应加正电压（即 $U_G > U_S$，$U_{GS}=U_G-U_S$ 为正压），D、S 极之间才会形成沟道；对于 P 沟道增强型绝缘栅场效应管，G、S 极之间须加负电压（即 $U_G < U_S$，$U_{GS}=U_G-U_S$ 为负压），D、S 极之间才有沟道形成。

3. 增强型 MOS 管的检测

（1）引脚极性检测。正常的增强型 NMOS 管的 G 极与 D、S 极之间均无法导通，它们之间的正反向电阻均为无穷大。在 G 极无电压时，增强型 NMOS 管的 D、S 极之间无沟道形成，故 D、S 极之间也无法导通，但由于 D、S 极之间存在一个反向寄生二极管，如图 4-52 所示，所以 D、S 极间的反向电阻较小。

在检测增强型 NMOS 管的电极时，万用表选择 $R\times 1k\Omega$ 挡，测量 MOS 管各脚之间的正反向电阻，当出现一次阻值小时（测得为寄生二极管正向电阻），红表笔接的引脚为 D 极，黑表笔接的引脚为 S 极，余下的引脚为 G 极，测量如图 4-54 所示。

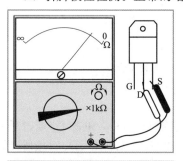

图 4-54　检测增强型 NMOS 管的引极极性

（2）好坏检测。增强型 NMOS 管的好坏检测可按下面的步骤进行。

第一步：用万用表 R×1kΩ 挡检测 MOS 管各引脚之间的正反向电阻，正常只会出现一次阻值小的情况。若出现两次或两次以上阻值小的情况，则可以确定 MOS 管一定损坏；若只出现一次阻值小的情况，则还不能确定 MOS 管一定正常，需要进行第二步测量。

第二步：先用导线将 MOS 管的 G、S 极短接，释放 G 极上的电荷（G 极与其他两极间的绝缘电阻很大，感应或测量充得的电荷很难释放，故 G 极易积累较多的电荷而带有很高的电压），再将万用表拨至 R×10kΩ 挡（该挡内接 9V 电源），红表笔接 MOS 管的 S 极，黑表笔接 D 极，此时表针指示的阻值为无穷大或接近于无穷大，然后用导线瞬间将 D、G 极短接，这样万用表内电池的正电压经黑表笔和导线加给 G 极，如果 MOS 管正常，则在 G 极有正电压时会形成沟道，表针指示的阻值马上由大变小，如图 4-18（a）所示。再用导线将 G、S 极短路，释放 G 极上的电荷来消除 G 极电压，如果 MOS 管正常，则内部沟道会消失，表针指示的阻值马上由小变为无穷大，如图 4-55（b）所示。

在进行以上两步检测时，如果有一次测量不正常，则表示 NMOS 管损坏或性能不良。

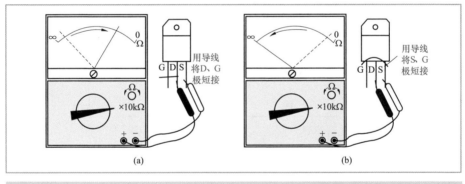

图 4-55　检测增强型 NMOS 管的好坏
(a) 导线短路 G、D 极；(b) 导线短路 G、S 极

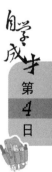

4. 耗尽型 MOS 管介绍

（1）外形与符号。**耗尽型 MOS 管也有 N 沟道和 P 沟道之分。耗尽型 MOS 管的外形与符号**如图 4-56 所示。

（2）结构与原理。P 沟道和 N 沟道耗尽型场效应管的工作原理基本相同，下面以 N 沟道耗尽型 MOS 管（简称耗尽型 NMOS 管）为例来说明耗尽型 MOS 管的结构与原理。耗尽型 NMOS 管的结构与等效符号如图 4-57 所示。

N 沟道耗尽型绝缘栅场效应管是以 P 型硅片作为基片（又称衬底），再在基片上

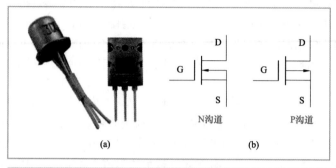

图 4-56　耗尽型 MOS 管

(a) 外形；(b) 电路符号

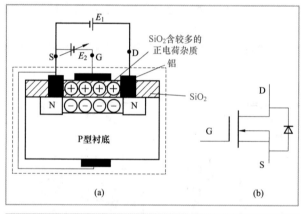

图 4-57　N 沟道耗尽型绝缘栅场效应管

(a) 结构；(b) 等效电路符号

制作两个含很多杂质的 N 型材料，然后在上面制作一层很薄的二氧化硅（SiO_2）绝缘层，在两个 N 型材料上引出两个铝电极，分别称为漏极（D）和源极（S），在两极中间的二氧化硅绝缘层上制作一层铝制导电层，从该导电层上引出电极称为 G 极。

与增强型绝缘栅型场效应管不同的是，在耗尽型绝缘栅场效应管内的二氧化硅中掺入了大量的杂质，其中含有大量的正电荷，它将衬底中大量的电子吸引靠近 SiO_2 层，从而使得在两个 N 区之间出现导电沟道。

当场效应管 D、S 极之间加上电源 E_1 时，由于 D、S 极所接的两个 N 区之间有导电沟道存在，所以有 I_D 电流流过沟道；如果再在 G、S 极之间加上电源 E_2，E_2 的正极除了接 S 极外，还与下面的 P 衬底相连，E_2 的负极则与 G 极的铝层相通，铝层负电荷电场穿过 SiO_2 层，排斥 SiO_2 层下方的电子，从而使导电沟道变窄，流过导电

沟道的 I_D 电流减小。

如果改变 E_2 电压的大小，则与 G 极相通的铝层产生的电场大小就会变化，SiO_2 下面的电子数量就会变化，两个 N 区之间沟道宽度就会变化，流过的 I_D 电流大小就会变化。例如，E2 电压增大，G 极负电压更低，沟道就会变窄，I_D 电流就会减小。

耗尽型绝缘栅场效应管具有特点是：在 G、S 极之间未加电压（即 $U_{GS}=0$）时，D、S 极之间就有沟道存在，I_D 不为 0；当 G、S 极之间加上负电压 U_{GS} 时，如果 U_{GS} 电压变化，沟道宽窄会发生变化，I_D 电流就会变化。

在工作时，N 沟道耗尽型绝缘栅场效应管 G、S 极之间应加负电压，即 $U_G<U_S$，$U_{GS}=U_G-U_S$ 为负压；P 沟道耗尽型绝缘栅场效应管 G、S 极之间应加正电压，即 $U_G>U_S$，$U_{GS}=U_G-U_S$ 为正压。

五　检测绝缘栅双极型晶体管（IGBT）

绝缘栅双极型晶体管是一种由场效应管和三极管组合成的复合元件，简称为 IGBT 或 IGT，它综合了三极管和 MOS 管的优点，具有很好的特性，因此广泛应用在各种中、小功率的电力电子设备中。

（一）外形、结构与符号

IGBT 的外形、结构及等效图和符号如图 4-58 所示。从等效图中可以看出，**IGBT 相当于一个 PNP 型三极管和增强型 NMOS 管以图 4-58（c）所示的方式组合而成。IGBT 有三个极：C 极（集电极）、G 极（栅极）和 E 极（发射极）。**

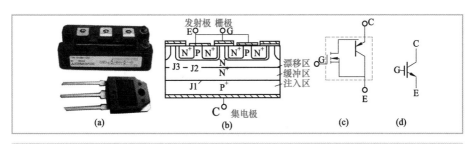

图 4-58　绝缘栅双极型晶体管 IGBT
（a）外形；（b）结构；（c）等效图；（d）电路符号

（二）工作原理

图 4-58 所示的 IGBT 是由 PNP 型三极管和 N 沟道 MOS 管组合而成的，这种 IGBT 称作 N-IGBT，用图 4-58（d）所示的符号表示，相应的还有 P 沟道 IGBT，称作 P-IGBT，将图 4-58（d）符号中的箭头改为由 E 极指向 G 极即为 P-IGBT 的电路符号。

由于电力电子设备中主要采用 N-IGBT，因此下面以图 4-59 所示电路来说明

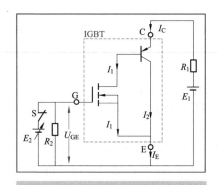

图 4-59 N-IGBT 工作原理说明图

N-IGBT 的工作原理。

电源 E_2 通过开关 S 为 IGBT 提供 U_{GE} 电压，电源 E_1 经 R_1 为 IGBT 提供 U_{CE} 电压。当开关 S 闭合时，IGBT 的 G、E 极之间获得电压 U_{GE}，只要 U_{GE} 电压大于开启电压（2～6V），IGBT 内部的 NMOS 管就有导电沟道形成，MOS 管 D、S 极之间就会导通，为三极管 I_b 电流提供通路，三极管导通，有电流 I_C 从 IGBT 的 C 极流入，经三极管发射极后分成 I_1 和 I_2 两路电流，I_1 电流流经 MOS 管的 D、S 极，I_2 电流从三极管的集电极流出，I_1、I_2 电流汇合成 I_E 电流从 IGBT 的 E 极流出，即 IGBT 处于导通状态。当开关 S 断开后，U_{GE} 电压为 0，MOS 管导电沟道夹断（消失），I_1、I_2 都为 0，I_C、I_E 电流也为 0，即 IGBT 处于截止状态。

调节电源 E_2 可以改变 U_{GE} 电压的大小，IGBT 内部的 MOS 管的导电沟道宽度会随之变化，I_1 电流大小会发生变化，由于 I_1 电流实际上是三极管的 I_b 电流，因此 I_1 细小的变化会引起 I_2 电流（I_2 为三极管的 I_C 电流）的急剧变化。例如，当 U_{GE} 增大时，MOS 管的导通沟道变宽，I_1 电流增大，I_2 电流也增大，即 IGBT C 极流入、E 极流出的电流增大。

（三）引脚极性和好坏检测

IGBT 的检测包括极性检测和好坏检测，检测方法与增强型 NMOS 管的检测方法相似。

1. 引脚极性检测

正常的 IGBT 的 G 极与 C、E 极之间不能导通，正反向电阻均为无穷大。在 G 极无电压时，IGBT 的 C、E 极之间不能正向导通，但由于 C、E 极之间存在一个反向寄生二极管，所以 C、E 极的正向电阻为无穷大，反向电阻较小。

在检测 IGBT 时，万用表选择 R×1kΩ 挡，测量 IGBT 各引脚之间的正反向电阻，当出现一次阻值小的情况时，红表笔接的引脚为 C 极，黑表笔接的引脚为 E 极，余下的引脚为 G 极。

2. 好坏检测

IGBT 的好坏检测可以按下面的步骤进行。

第一步：用万用表 R×1kΩ 挡检测 IGBT 各引脚之间的正反向电阻，正常只会出现一次阻值小的情况。若出现两次或两次以上阻值小的情况，则可以确定 IGBT 一定损坏；若只出现一次阻值小的情况，则还不能确定 IGBT 一定正常，需要进行第二步测量。

第二步：用导线将 IGBT 的 G、E 极短接，释放 G 极上的电荷，再将万用表拨至

R×10kΩ 挡，用红表笔接 IGBT 的 E 极，黑表笔接 C 极，此时表针指示的阻值为无穷大或接近于无穷大，然后用导线瞬间将 C、G 极短接，让万用表内部电池经黑表笔和导线给 G 极充电，让 G 极获得电压，如果 IGBT 正常，则 IGBT 内部会形成沟道，表针指示的阻值马上由大变小，再用导线将 G、E 极短路，释放 G 极上的电荷来消除 G 极电压，如果 IGBT 正常，则此时内部沟道会消失，表针指示的阻值马上由小变为无穷大。

进行以上两步检测时，如果有一次测量不正常，则表示 IGBT 损坏或性能不良。

用万用表检测其他电子元器件

一 光电器件的检测

(一) 普通发光二极管的检测

1. 外形与符号

发光二极管是一种电—光转换器件，能将电信号转换成光信号。图 5-1 (a) 所示是一些常见发光二极管的实物外形，图 5-1 (b) 所示为发光二极管的电路符号。

2. 性质

发光二极管在电路中需要正接才能工作。下面以图 5-2 所示的电路来说明发光二极管的性质。

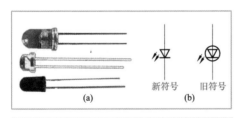

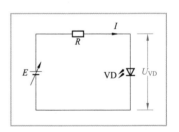

图 5-1 发光二极管
(a) 实物外形；(b) 电路符号

图 5-2 发光二极管的
性质说明图

在图 5-2 中，可调电源 E 通过电阻 R 将电压加到发光二极管 VD 两端，电源正极对应 VD 的正极，负极对应 VD 的负极。将电源 E 的电压由 0 开始慢慢调高，发光二极管两端电压 U_{VD} 也随之升高，在电压较低时发光二极管并不导通，只有 U_{VD} 达到一定值时，VD 才导通，此时的 U_{VD} 电压称为发光二极管的导通电压。发光二极管导通后有电流流过，就开始发光，流过的电流越大，发出的光线越强。

不同颜色的发光二极管，其导通电压有所不同，红外线发光二极管最低，略高于

1V，红光二极管为 1.5～2V，黄光二极管约为 2V，绿光二极管为 2.5～2.9V，高亮度蓝光、白光二极管导通电压一般在 3V 以上。

发光二极管正常工作时的电流较小，小功率的发光二极管的工作电流一般在 5～30mA，若流过发光二极管的电流过大，则发光二极管容易被烧坏。发光二极管的反向耐压也较低，一般在 10V 以下。

3. 引脚极性识别与检测

（1）从外观判别引脚极性。对于未使用过的发光二极管，引脚长的为正极，引脚短的为负极，也可以通过观察发光二极管内的电极来判别引脚极性，内电极大的引脚为负极，如图 5-3 所示。

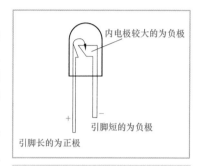

图 5-3　从外观判别引脚极性

（2）用万用表检测引脚极性。**发光二极管与普通二极管一样具有单向导电性**，即正向电阻小，反向电阻大。根据这一点，可以用万用表检测发光二极管的极性。

由于发光二极管的导通电压在 1.5V 以上，而万用表选择 R×1Ω 至 R×1kΩ 挡时，内部使用 1.5V 电池，它所提供的电压无法使发光二极管正向导通，故检测发光二极管极性时，万用表应选择 R×10kΩ 挡（内部使用 9V 电池），用红、黑表笔分别接发光二极管的两个电极，正、反各测一次，两次测量的阻值会出现一大一小的情况，以阻值小的那次为准，黑表笔接的为正极，红表笔接的为负极。

4. 好坏检测

在检测发光二极管的好坏时，万用表选择 R×10kΩ 挡，测量两引脚之间的正、反向电阻。若发光二极管正常，则正向电阻小，反向电阻大（接近于无穷大）。

若正、反向电阻均为无穷大，则发光二极管开路。

若正、反向电阻均为 0，则发光二极管短路。

若反向电阻偏小，则表明发光二极管反向漏电。

（二）双色发光二极管的检测

1. 外形与符号

双色发光二极管可以发出多种颜色的光线。双色发光二极管有两引脚和三引脚之分，常见的双色发光二极管实物外形如图 5-4（a）所示。图 5-4（b）所示为双色发光二极管的电路符号。

2. 工作原理

双色发光二极管是将两种颜色的发光二极管制作封装在一起组成的，常见的双色发光二极管有红绿双色发光二极管。双色发光二极管内部两个二极管的连接方式有两种：一是共阳或共阴形式（即正极或负极连接成公共端）；二是正负连接形式（即一只二极管正极与另一只二极管负极相连接）。共阳或共阴式双色二极管有三个引脚，

127

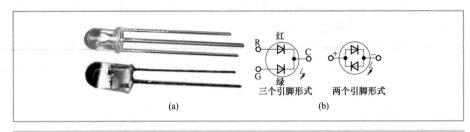

图 5-4　双色发光二极管
(a) 实物外形；(b) 符号

正负连接式双色二极管有两个引脚。

下面以图 5-5 所示的电路来说明双色发光二极管的工作原理。

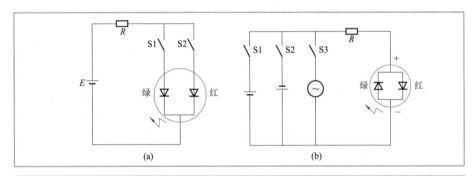

图 5-5　双色发光二极管工作原理说明图
(a) 三个引脚双色发光二极管；(b) 两个引脚的双色发光二极管应用电路

图 5-5 (a) 所示为三个引脚的双色发光二极管应用电路。当闭合开关 S1 时，有电流流过双色发光二极管内部的绿管，双色发光二极管发出绿色光；当闭合开关 S2 时，电流通过内部红管，双色发光二极管发出红光；若两个开关都闭合，则红、绿管都亮，双色二极管发出混合色光——黄光。

图 5-5 (b) 所示为两个引脚的双色发光二极管应用电路。当闭合开关 S1 时，有电流流过红管，双色发光二极管发出红色光；当闭合开关 S2 时，电流通过内部绿管，双色发光二极管发出绿光；当闭合开关 S3 时，由于交流电源极性周期性变化，因此它产生的电流交替流过红、绿管，红、绿管都亮，双色二极管发出的光线呈红、绿混合色——黄色。

(三) 三基色发光二极管的检测

1. 外形与图形符号

三基色发光二极管又称全彩发光二极管，其外形和图形符号如图 5-6 所示。

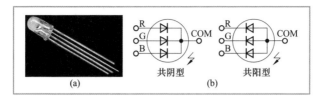

图5-6 三基色发光二极管
(a) 外形；(b) 图形符号

2. 工作原理

三基色发光二极管是将红、绿、蓝三种颜色的发光二极管制作并封装在一起构成的。在内部将三个发光二极管的负极（共阴型）或正极（共阳型）连接在一起，再接一个公共引脚。下面以图5-7所示的电路来说明共阴极三基色发光二极管的工作原理。

当闭合开关 S1 时，有电流流过内部的 R 发光二极管，三基色发光二极管发出红光；当闭合开关 S2 时，有电流流过内部的 G 发光二极管，三基色发光二极管发出绿光；；若 S1、S3 两个开关都闭合，则 R、B 发光二极管都亮，三基色二极管发出混合色光——紫光。

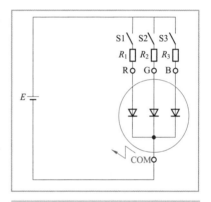

图5-7 三基色发光二极管
工作原理说明图

3. 类型及公共引脚极性的检测

（1）类型检测。三基色发光二极管有共阴、共阳之分，使用时要区分开来。在检测时，将万用表拨至 R×10kΩ 挡，测量任意两引脚之间的阻值，当出现阻值小的情况时，红表笔不动，用黑表笔接剩下两个引脚中的任意一个，若测得阻值小，则红表笔接的为公共引脚且该引脚内接发光二极管的负极，该管子为共阴型管；若测得阻值无穷大或接近于无穷大，则该管为共阳型管。

（2）引脚极性检测。三基色发光二极管除了公共引脚外，还有 R、G、B 三个引脚，在区分这些引脚时，将万用表拨至 R×10kΩ 挡，对于共阴型管子，用红表笔接公共引脚，黑表笔接某个引脚，管子有微弱的光线发出，观察光线的颜色，若为红色，则黑表笔接的为 R 引脚；若为绿色，则黑表笔接的为 G 引脚；若为蓝色，则黑表笔接的为 G 引脚。

由于万用表的 R×10kΩ 挡提供的电流很小，因此测量时有可能无法让三基色发光二极管内部的发光二极管正常发光，虽然万用表使用 R×1Ω 至 R×1kΩ 挡时提供的电流大，但内部使用 1.5V 电池，无法使发光二极管导通发光，解决这个问题的方法是将万用表拨至 R×10Ω 或 R×1Ω 挡。如图5-8所示，给红表笔串接 1.5V 或 3V

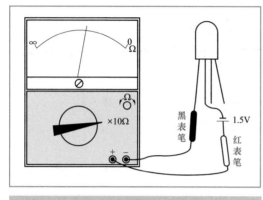

图 5-8　三基色发光二极管的
引脚极性检测

电池，电池的负极接三基色发光二极管的公共引脚，黑表笔接其他引脚，根据管子发出的光线判别引脚的极性。

4. 好坏检测

从三基色发光二极管内部的三只发光二极管连接方式可以看出，R、G、B 引脚与 COM 引脚之间的正向电阻小，反向电阻大（无穷大），R、G、B 任意两引脚之间的正、反向电阻均为无穷大。在检测时，将万用表拨至 R×10kΩ 挡，测量任意两引脚之间的阻值，正反向各测一次，若两次测量阻值均很小或为 0，则表明管子损坏，若两次阻值均为无穷大，则无法确定管子好坏，此时应一只表笔不动，另一只表笔接其他引脚，再进行正反向电阻测量。也可以先检测出公共引脚和类型，然后测 R、G、B 引脚与 COM 引脚之间的正、反向阻值，正常情况下应正向电阻小、反向电阻为无穷大，R、G、B 任意两引脚之间的正反向电阻也均为无穷大，否则表明管子损坏。

（四）闪烁发光二极管的检测

1. 外形与结构

闪烁发光二极管在通电后会时亮时暗闪烁发光。图 5-9（a）所示为常见的闪烁发光二极管。图 5-9（b）所示为闪烁发光二极管的结构。

2. 工作原理

闪烁发光二极管将集成电路（IC）和发光二极管制作并封装在一起。下面以图 5-10 所示的电路来说明闪烁发光二极管的工作原理。

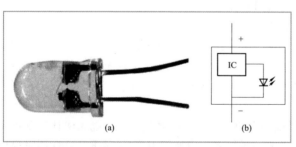

图 5-9　闪烁发光二极管
（a）实物外形；（b）结构

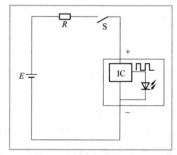

图 5-10　闪烁发光二极管
工作原理说明图

当闭合开关 S 后，电源电压通过电阻 R 和开关 S 加到闪烁发光二极管两端，该电压提供给内部的 IC 作为电源，IC 马上开始工作，工作后输出时高时低的电压（即脉冲信号），发光二极管时亮时暗，闪烁发光。常见的闪烁发光二极管有红、绿、橙、黄四种颜色，它们的正常工作电压为 3～5.5V。

3. 检测

闪烁发光二极管电极有正、负之分，在电路中不能接错。进行闪烁发光二极管的电极判别时可采用万用表 R×1kΩ 挡。

在检测闪烁发光二极管电极时，将万用表拨至 R×1kΩ 挡，用红、黑表笔分别接两个电极，正、反各测一次，其中一次测量表针会往右摆动到一定的位置，然后在该位置轻微地摆动（内部的 IC 在万用表提供的 1.5V 电压下开始微弱地工作），如图 5-11 所示。以这次测量为准，此时黑表笔接的为正极，红表接的为负极。

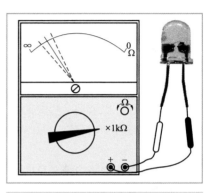

图 5-11　闪烁发光二极管的
正、负极检测

（五）红外线发光二极管的检测

1. 外形与图形符号

红外线发光二极管通电后会发出人眼无法看见的红外光，家用电器的遥控器就是采用红外线发光二极管发射遥控信号。红外线发光二极管的外形与图形符号如图 5-12 所示。

2. 引脚极性及好坏检测

红外线发光二极管具有单向导电性，其正向导通电压略高于 1V。在检测时，将万用表拨至 R×1kΩ 挡，用红、黑表笔分别接两个电极，正、反各测一次，以阻值小的一次测量为准，红表笔接的为负极，黑表笔接的为正极。对于未使用过的红外线发光二极管，引脚长的为正极，引脚短的为负极。

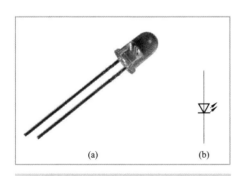

图 5-12　红外线发光二极管
(a) 外形；(b) 图形符号

在检测红外线发光二极管的好坏时，使用万用表的 R×1kΩ 挡测正、反向电阻，正常时正向电阻在 20～40kΩ，反向电阻应在 500kΩ 以上，若正向电阻偏大或反向电阻偏小，则表明管子性能不良；若正、反向电阻均为 0 或无穷大，则表明管子短路或开路。

3. 区分红外线发光二极管与普通发光二极管的检测

红外线发光二极管的起始导通电压为 1～1.3V，普通发光二极管为 1.6～2V，万

用表选择 R×1Ω～R×1kΩ 挡时，内部使用 1.5V 电池，根据这些规律，可以使用万用表 R×100Ω 挡来测管子的正、反向电阻。若正反向电阻均为无穷大或接近无穷大，所测管子为普通发光二极管，若正向电阻小反向电阻大，所测管子为红外线发光二极管。由于红外线为不可见光，故也可使用 R×10kΩ 挡正、反向测量管子，同时观察管子是否有光发出，有光发出者为普通二极管，无光发出者为红外线发光二极管。

（六）普通光敏二极管的检测

1. 外形与符号

光敏二极管又称光电二极管，它是一种光—电转换器件，能将光信号转换成电信号。图 5－13（a）所示是一些常见的光敏二极管的实物外形。图 5－13（b）所示为光敏二极管的电路符号。

2. 性质说明

光敏二极管在电路中需要反向连接才能正常工作。下面以图 5－14 所示的电路来说明光敏二极管的性质。

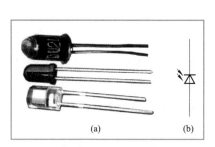

图 5－13 光敏二极管
（a）实物外形；（b）电路符号

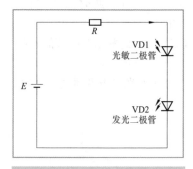

图 5－14 光敏二极管的性质说明

在图 5－14 中，当无光线照射时，光敏二极管 VD1 不导通，无电流流过发光二极管 VD2，VD2 不亮。如果用光线照射 VD1，VD1 导通，电源输出的电流通过 VD1 流经发光二极管 VD2，VD2 亮。照射光敏二极管的光线越强，光敏二极管导通程度越深，自身的电阻变得越小，经它流到发光二极管的电流越大，发光二极管发出的光线也越亮。

3. 引脚极性检测

与普通二极管一样，光敏二极管也有正、负极。对于未使用过的光敏二极管，引脚长的为正极（P），引脚短的为负极。在无光线照射时，光敏二极管也具有正向电阻小、反向电阻大的特点。根据这一点，可以用万用表来检测光敏二极管的极性。

在检测光敏二极管的极性时，万用表选择 R×1kΩ 挡，用黑色物体遮住光敏二极

管，然后用红、黑表笔分别接光敏二极管两个电极，正、反各测一次，两次测量阻值会出现一大一小的情况，如图5-15所示。如图5-15（a）所示，以阻值小的那次为准，黑表笔接的为正极，红表笔接的为负极。

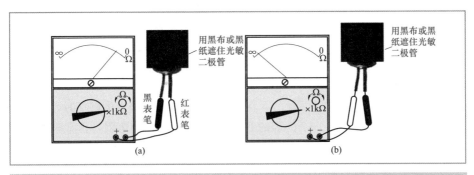

图5-15　光敏二极管的极性检测
（a）遮光测量正向电阻；（b）遮光测量反向电阻

4. 好坏检测

光敏二极管的检测包括遮光检测和受光检测。

在进行遮光检测时，用黑纸或黑布遮住光敏二极管，然后检测两电极之间的正、反向电阻，正常时应正向电阻小，反向电阻大，具体检测如图5-16所示。

在进行受光检测时，万用表仍选择R×1kΩ挡，用光源照射光敏二极管的受光面，如图5-16所示，再测量两电极之间的正、反向电阻。若光敏二极管正常，则光照射时测得的反向电阻明显变小，而正向电阻变化不大。

若正、反向电阻均为无穷大，则光敏二极管开路。

若正、反向电阻均为0，则光敏二极管短路。

若遮光和受光测量时的反向电阻大小无变化，则表明光敏二极管失效。

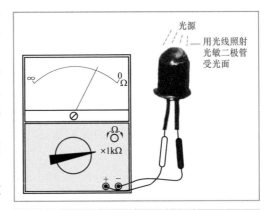

图5-16　光敏管的好坏检测

（七）红外线接收二极管的检测

1. 外形与图形符号

红外线接收二极管又称**红外线光敏二极管**，简称**红外线接收管**，能将红外光信号**转换成电信号**，为了减少可见光的干扰，常采用黑色树脂材料封装。红外线接收二

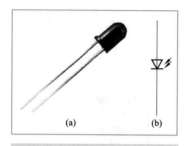

图 5-17　红外线发光二极管
(a) 外形；(b) 图形符号

管的外形与图形符号如图 5-17 所示。

2. 引脚极性与好坏检测

红外线接收二极管具有单向导电性，在检测时，将万用表拨至 R×1kΩ 挡，用红、黑表笔分别接两个电极，正、反各测一次，以阻值小的一次测量为准，红表笔接的为负极，黑表笔接的为正极。对于未使用过的红外线发光二极管，引脚长的为正极，引脚短的为负极。

在检测红外线接收二极管的好坏时，使用万用表的 R×1kΩ 挡测正、反向电阻，正常时正向电阻在 3～4kΩ，反向电阻应达到 500kΩ 以上，若正向电阻偏大或反向电阻偏小，则表明管子性能不良；若正、反向电阻均为 0 或无穷大，则表明管子短路或开路。

3. 受光能力检测

将万用表拨至 50μA 或 0.1mA 挡，让红表笔接红外线接收二极管的正极，黑表笔接负极，然后让被阳光照射被测管，此时万用表表针应向右摆动，摆动幅度越大，表明管子光—电转换能力越强，性能越好。若表针不摆动，则说明管子性能不良，不可使用。

（八）红外线接收组件的检测

1. 外形

红外线接收组件又称红外线接收头，广泛用在各种具有红外线遥控接收功能的电子产品中。图 5-18 所示为三种常见的红外线接收组件。

2. 结构与原理

红外线接收组件内部由红外线接收二极管和接收集成电路组成，接收集成电路内部主要由放大、选频及解调电路组成，红外线接收组件的内部结构如图 5-19 所示。

接收头内的红外线接收二极管将遥控器发射来的红外光转换成电信号，送入接收集成电路进行放大，然后经选频电路选出特定频率的信号（频率多数为 38kHz），再由解调电路从该信号中取出遥控指令信号，从 OUT 端输出送去其他电路。

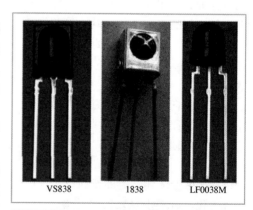

VS838　　1838　　LF0038M

图 5-18　红外线接收组件

3. 引脚极性识别

红外线接收组件有 V_{CC}（电源，通常为 5V）、OUT（输出）和 GND（接地）三个引脚，在安装和更换时，这三个引脚不能接错。红外线接收组件的三个引脚排列没有统一规范，可以使用万用表来判别三个引脚的极性。

在检测红外线接收组件引脚极性时，将万用表置于 $R×10Ω$ 挡，测量各引脚之间的正、反向电阻（共测量 6 次），以阻值最小的那次测量为准，黑表笔接的为 GND 脚，红表笔接的为 V_{CC} 脚，余下的为 OUT 脚。

如果要在电路板上判别红外线接收组件的引脚极性，可以找到接收组件旁边的有极性电容器，因为接收组件的 V_{CC} 端一般会接有极性电容器进行电源滤波，故接收组件的 V_{CC} 引脚与有极性电容器正引脚直接连接（或通过一个 100 多欧姆的电阻连接），GNG 引脚与电容器的负引脚直接连接，余下的引脚为 OUT 引脚，如图 5-20 所示。

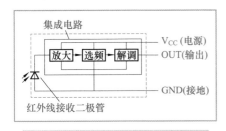

图 5-19　红外线接收组件内部结构

红外线接收组件，在电路板上其 V_{CC}、GND 引脚分别与有极性电容器正、负引脚连接，根据这一点可在电路板上判别出接收组件三个引脚的极性

有极性电容器

图 5-20　在电路板上判别红外线接收组件三个引脚的极性

4. 好坏判别与更换

在判别红外线接收组件的好坏时，在红外线接收组件的 V_{CC} 和 GND 引脚之间接上 5V 电源，然后将万用表置于直流 10V 挡，测量 OUT 引脚电压（红、黑表笔分别接 OUT、GND 引脚），在未接收遥控信号时，OUT 引脚电压约为 5V，再将遥控器对准接收组件，按下按键让遥控器发射红外线信号，若接收组件正常，则 OUT 引脚电压会发生变化（下降），说明输出脚有信号输出，否则可能是接收组件损坏。

红外线接收组件损坏后，若找不到同型号组件，也可以用其他型号的组件更换。**一般来说，相同接收频率的红外线接收组件都能互换，38 系列（1838、838、0038 等）红外线接收组件频率相同，可以互换，但是它们引脚排列可能不一样，更换时要先识别出各引脚，再将新组件引脚对号入座进行安装。**

（九）光敏三极管的检测

1. 外形与符号

光敏三极管是一种对光线敏感且具有放大能力的三极管。光敏三极管大多只有两个引脚，少数有三个引脚。图 5-21（a）所示是一些常见的光敏三极管的实物外形。图 5-21（b）所示为光敏三极管的电路符号。

图 5 - 21   光敏三极管
(a) 实物外形；(b) 电路符号

2. 性质说明

光敏三极管与光敏二极管的区别是：光敏三极管除了具有光敏性外，还具有放大能力。 两引脚的光敏三极管的基极是一个受光面，没有引脚；三引脚的光敏三极管基极既作受光面，又引出电极。下面通过图 5 - 22 所示的电路来说明光敏三极管的性质。

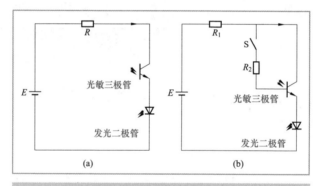

图 5 - 22   光敏三极管的性质说明
(a) 两引脚光敏三极管；(b) 三引脚光敏三极管

在图 5 - 22 (a) 中，两引脚光敏三极管与发光二极管串接在一起。在无光照射时，光敏三极管不导通，发光二极管不亮。当光线照射光敏三极管受光面（基极）时，受光面将入射光转换成 I_b 电流，该电流控制光敏三极管 c、e 极之间导通，有 I_c 电流流过。光线越强，I_b 电流越大，I_c 越大，发光二极管越亮。

在图 5 - 22 (b) 中，三引脚光敏三极管与发光二极管串接在一起。光敏三极管 c、e 极间导通可由三种方式控制：一是用光线照射受光面；二是给基极直接通入 I_b 电流；三是既通 I_b 电流又用光线照射。

由于光敏三极管具有放大能力，因此比较适合用在光线微弱的环境中，它能将微弱光线产生的小电流进行放大，控制光敏三极管导通效果比较明显，而光敏二极管对光线的敏感度较差，常用在光线较强的环境中。

3. 光敏二极管和光敏三极管的识别检测

光敏二极管与两引脚光敏三极管的外形基本相同，其判定方法是：遮住受光窗口，万用表选择 R×1kΩ 挡，测量两管引脚间的正、反向电阻，正、反向阻值均为无穷大的为光敏三极管，正、反向阻值一大一小的为光敏二极管。

4. 引脚极性检测

光敏三极管有 C 极和 E 极，可以根据外形判断电极。引脚长的为 E 极、引脚短的为 C 极；对于有标志（如色点）的管子，靠近标志处的引脚为 E 极，另一引脚为 C 极。

光敏三极管的 C 极和 E 极也可以用万用表检测。以 NPN 型光敏三极管为例，万用表选择 R×1kΩ 挡，将光敏三极管对着自然光或灯光，用红、黑表笔测量光敏三极管的两引脚之间的正、反向电阻，两次测量中阻值会出现一大一小的情况，以阻值小的那次为准，黑表笔接的为 C 极，红表笔接的为 E 极。

5. 好坏检测

光敏三极管的好坏检测包括无光检测和受光检测。

在进行无光检测时，用黑布或黑纸遮住光敏三极管的受光面，万用表选择 R×1kΩ 挡，测量两管引脚间的正、反向电阻，正常情况下正、反向电阻应均为无穷大。

在进行受光检测时，万用表仍选择 R×1kΩ 挡，黑表笔接 C 极，红表笔接 E 极，让光线照射光敏三极管的受光面，正常光敏三极管阻值应变小。在无光和受光检测时阻值变化越大，表明光敏三极管的灵敏度越高。

若无光检测和受光检测的结果与上述情况不符，则表明光敏三极管损坏或性能变差。

（十）光电耦合器的检测

1. 外形与符号

光电耦合器是将发光二极管和光敏管组合在一起并封装起来构成的。 图 5-23（a）所示是一些常见光电耦合器的实物外形。图 5-23（b）所示为光电耦合器的电路符号。

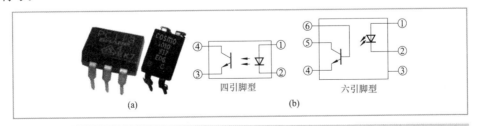

图 5-23　光电耦合器

（a）实物外形；（b）电路符号

137

2. 工作原理

光电耦合器内部集成了发光二极管和光敏管。下面以图5-24所示的电路来说明光电耦合器的工作原理。

在图5-24中,当闭合开关S时,电源E_1经开关S和电位器RP为光电耦合器内部的发光二极管提供电压,有电流流过发光管,发光管发出光线,光线照射到内部的光敏管后,光敏管导通,电源E_2输出的电流经电阻R、发光二极管VD流入光电耦合器的C极,然后从E极流出回到E_2的负极,此时有电流流过发光二极管VD,VD发光。

调节电位器RP可以改变发光二极管VD的光线亮度。当RP滑动端右移时,其阻值变小,流入光电耦合器内发光二极管的电流变大,发光管光线变强,光敏管导通程度变深,光敏管C、E极之间电阻变小,电源E_2的回路总电阻变小,流经发光二极管VD的电流变大,VD变得更亮。

若断开开关S,则无电流流过光电耦合器内的发光二极管,发光二极管不亮,光敏管无光照射不能导通,电源E_2回路被切断,发光二极管VD因无电流通过而熄灭。

3. 引脚极性检测

光电耦合器内部有发光二极管和光敏管,根据引出脚数量不同,可分为四引脚型和六引脚型。光电耦合器的引脚识别如图5-25所示。光电耦合器上小圆点处对应第1脚,按逆时针方向依次为第2、3脚…。对于四引脚光电耦合器,通常①②脚接内部发光二极管,③④脚接内部光敏管。如图5-23(b)所示,对于六引脚型光电耦合器,通常①②脚接内部发光二极管,③脚为空脚,④⑤⑥脚接内部光敏三极管。

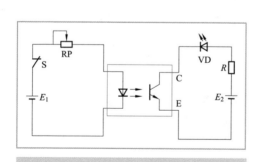

图5-24　光电耦合器工作原理说明

图5-25　光电耦合器引脚识别

光电耦合器的电极也可以用万用表进行判别。下面以检测四引脚型光电耦合器为例进行说明。

在检测光电耦合器时,先检测出发光二极管的引脚。万用表选择R×1kΩ挡,测量光电耦合器任意两脚之间的电阻,当出现阻值小的情况时,如图5-26所示,黑表笔接的为发光二极管的正极,红表笔接的为负极,剩余两极为光敏管的引脚。

找出光电耦合器的发光二极管引脚后，再判别光敏管的 C、E 极引脚。在判别光敏管的 C、E 引脚时，可以采用两只万用表。如图 5-27 所示，将其中一只万用表拨至 R×100Ω 挡，黑表笔接发光二极管的正极，红表笔接负极，这样做的目的是利用万用表内部电池为发光二极管供电，使之发光；将另一只万用表拨至 R×1kΩ 挡，红、黑表笔接光电耦合器光敏管引脚，正、反各测一次，测量会出现阻值一大一小的情况，以阻值小的测量为准，黑表笔接的为光敏管的 C 极，红表笔接的为光敏管的 E 极。

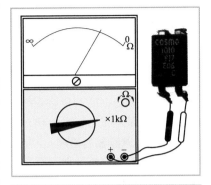

图 5-26　光电耦合器发光二极管的检测

如果只有一只万用表，则可以用一节 1.5V 电池串联一个 100Ω 的电阻来代替万用表为光电耦合器的发光二极管供电。

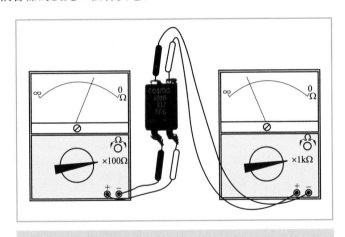

图 5-27　光电耦合器的光敏管 C、E 极的判别

4. 好坏检测

在检测光电耦合器的好坏时，要进行三项检测：①检测发光二极管的好坏；②检测光敏管的好坏；③检测发光二极管与光敏管之间的绝缘电阻。

在检测发光二极管的好坏时，万用表选择 R×1kΩ 挡，测量发光二极管两引脚之间的正、反向电阻。若发光二极管正常，则正向电阻小、反向电阻无穷大，否则表明发光二极管损坏。

在检测光敏管的好坏时，万用表仍选择 R×1kΩ 挡，测量光敏管两引脚之间的正、反向电阻。若光敏管正常，则正、反向电阻应均为无穷大，否则表明光敏管

自学成才
第
5
日

139

损坏。

在检测发光二极管与光敏管之间的绝缘电阻时，万用表选择 R×10kΩ 挡，一只表笔接发光二极管的任意一个引脚，另一只表笔接光敏管的任意一个引脚，测量两者之间的电阻，正、反各测一次。若光电耦合器正常，则两次测得的发光二极管与光敏管之间的绝缘电阻应均为无穷大。

检测光电耦合器时，只有上面三项测量都正常时，才能说明光电耦合器正常，只要任意一项测量不正常，光电耦合器就不能使用。

（十一）光遮断器的检测

光遮断器又称光断续器、穿透型光电感应器，它与光电耦合器一样，都是由发光管和光敏管组成的，但光电遮断器的发光管和光敏管并没有封装成一体，而是相互独立。

1. 外形与符号

光遮断器外形与符号如图 5-28 所示。

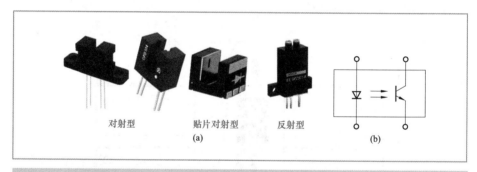

对射型　　　贴片对射型　　　反射型
　　　　　　　　　（a）　　　　　　　　　　　　　　（b）

图 5-28　光遮断器
（a）外形；（b）符号

2. 工作原理

光遮断器可分为对射型和反射型，下面以图 5-29 所示电路为例来说明这两种光遮断器的工作原理。

图 5-29（a）所示为对射型光遮断器的结构及应用电路。当电源通过 R_1 为发光电二极管供电时，发光二极管发光，其光线通过小孔照射到光敏管，光敏管受光导通，输出电压 U_o 为低电平。如果将一个遮光体放在发光管和光敏管之间，则发光管的光线无法照射到光敏管，光敏管截止，输出电压 U_o 为高电平。

图 5-29（b）所示为反射型光遮断器的结构及应用电路。当电源通过 R_1 为发光电二极管供电时，发光二极管发光，其光线先照射到反光体上，再反射到光敏管，光敏管受光导通，输出电压 U_o 为高电平，如果无反光体存在，则发光管的光线无法反射到光敏管，光敏管截止，输出电压 U_o 为低电平。

自学成才
第5日

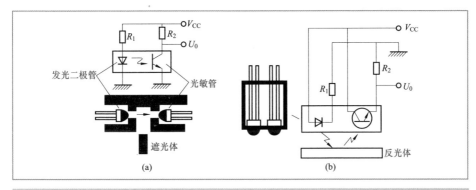

图5-29　光遮断器工作原理说明图

（a）对射型；（b）反射型

3. 引脚极性检测

光遮断器的结构与光电耦合器类似，因此检测方法也大同小异。

在检测光遮断器时，先检测出发光二极管的引脚。万用表选择 R×1kΩ 挡，测量光电耦合器任意两脚之间的电阻，当出现阻值小的情况时，黑表笔接的为发光二极管的正极，红表笔接的为负极，剩余两极为光敏管的引脚。

找出光遮断器的发光二极管引脚后，再判别光敏管的 C、E 极引脚。在判别光敏管的 C、E 引脚时，可以采用两只万用表，其中一只万用表拨至 R×100Ω 挡，黑表笔接发光二极管的正极，红表笔接负极，这样做的目的是利用万用表内部电池为发光二极管供电，使之发光；另一只万用表拨至 R×1kΩ 挡，红、黑表笔接光遮断器光敏管引脚，正、反各测一次，测量会出现阻值一大一小的情况，以阻值小的测量为准，黑表笔接的为光敏管的 C 极，红表笔接的为光敏管的 E 极。

4. 好坏检测

在检测光遮断器的好坏时，要进行三项检测：①检测发光二极管的好坏；②检测光敏管的好坏；③检测遮光效果。

在检测发光二极管的好坏时，万用表选择 R×1kΩ 挡，测量发光二极管两引脚之间的正、反向电阻。若发光二极管正常，则正向电阻小、反向电阻无穷大，否则表明发光二极管损坏。

在检测光敏管的好坏时，万用表仍选择 R×1kΩ 挡，测量光敏管两引脚之间的正、反向电阻。若光敏管正常，则正、反向电阻应均为无穷大，否则表明光敏管损坏。

在检测光遮断器的遮光效果时，可以采用两只万用表，其中一只万用表拨至 R×100Ω 挡，黑表笔接发光二极管的正极，红表笔接负极，利用万用表内部电池为发光二极管供电，使之发光，另一只万用表拨至 R×1kΩ 挡，红、黑表笔分别接光遮断器

光敏管的 C、E 极，对于对射型光遮断器，光敏管会导通，故正常阻值应较小；对于反射型光遮断器，光敏管处于截止状态，故正常阻值应无穷大。然后用遮光体或反光体遮挡或反射光线，光敏管的阻值应发生变化，否则表明光遮断器损坏。

检测光遮断器时，只有上面三项测量结果都正常，才能说明光遮断器正常，只要任意一项测量不正常，光遮断器就都不能使用。

二 显示器件的检测

（一）LED 数码管的检测

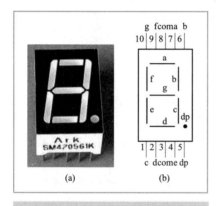

图 5 - 30　一位 LED 数码管
（a）外形；（b）段与引脚的排列

1. 一位 LED 数码管的检测

（1）外形、结构与类型。一位 LED 数码管如图 5 - 30 所示。它将 a、b、c、d、e、f、g、dp 共八个发光二极管排成图示的"8"字形，通过让 a、b、c、d、e、f、g 不同的段发光来显示数字 0～9。

由于 8 个发光二极管共有 16 个引脚，因此为了减少数码管的引脚数，在数码管内部将 8 个发光二极管的正极或负极引脚连接起来，接成一个公共端（COM 端），根据公共端是发光二极管正极还是负极，LED 数码管可分为共阳极接法（正极相连）和共阴极接法（负极相连），如图 5 - 31 所示。

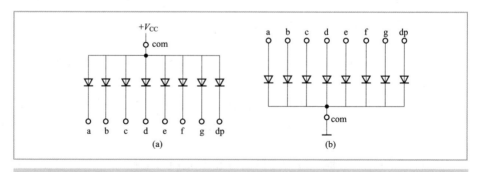

图 5 - 31　一位 LED 数码管内部发光二极管的连接方式
（a）共阳极；（b）共阴极

对于共阳极接法的数码管，需要给发光二极管加低电平才能发光；而对于共阴极接法的数码管，需要给发光二极管加高电平才能发光。假设图 5 - 30 所示是一个共阴极接法的数码管，如果让它显示一个"5"字，那么需要给 a、c、d、f、g 引脚加高电平（即这些引脚为"1"），b、e 引脚加低电平（即这些引脚为"0"），这样 a、c、d、f、g 段的发光二极管因有电流通过而发光，b、e 段的发光二极管不发光，数码管就会显示出数字"5"。

（2）类型及引脚极性检测。检测 LED 数码管时使用万用表的 R×10kΩ 挡。从图 5-31 所示数码管内部发光二极管的连接方式可以看出：对于共阳极数码管，黑表笔接公共极、红表笔依次接其他各极时，会出现 8 次阻值小的情况；对于共阴极数码管，红表笔接公共极、黑表笔依次接其他各极时，也会出现 8 次阻值小的情况。

1）类型与公共极的判别。在判别 LED 数码管的类型及公共极（com）时，将万用表拨至 R×10kΩ 挡，测量任意两引脚之间的正、反向电阻，当出现阻值小的情况时，如图 5-32（a）所示，说明黑表笔接的为发光二极管的正极，红表笔接的为负极。然后黑表笔不动，红表笔依次接其他各引脚，若出现阻值小的次数大于 2 次时，则黑表笔接的引脚为公共极，被测数码管为共阳极类型；若出现阻值小的次数仅有 1 次，则该次测量时红表笔接的引脚为公共极，被测数码管为共阴极。

2）各段极的判别。在检测 LED 数码管各引脚对应的段时，万用表选择 R×10kΩ 挡。对于共阳极数码管，黑表笔接公共引脚，红表笔接其他某个引脚，这时会发现数码管某段会有微弱的亮光，如 a 段有亮光，则表明红表笔接的引脚与 a 段发光二极管负极连接；对于共阴极数码管，红表笔接公共引脚，黑表笔接其他某个引脚，若发现数码管某段会有微弱的亮光，则黑表笔接的引脚与该段发光二极管的正极相连接。

由于万用表的 R×10kΩ 挡提供的电流很小，因此测量时有可能无法让一些数码管内部的发光二极管正常发光，虽然万用表使用 R×1Ω 至 R×1kΩ 挡时提供的电流大，但内部使用 1.5V 电池，无法使发光二极管导通发光，解决这个问题的方法是将万用表拨至 R×10Ω 或 R×1Ω 挡，给红表笔串接一个 1.5V 的电池，电池的正极连接红表笔，负极接被测数码管的引脚，如图 5-32（b）所示。具体的检测方法与万用表选择 R×10kΩ 挡时相同。

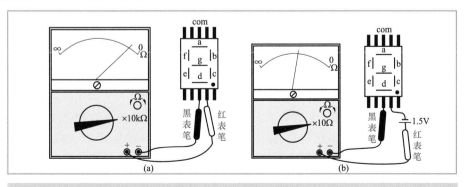

图 5-32　LED 数码管的检测

（a）检测方法一；（b）检测方法二

图 5 - 33　四位 LED 数码管

2. 多位 LED 数码管的检测

（1）外形与类型。图 5 - 33 所示是四位 LED 数码管，它有两排共 12 个引脚，其内部发光二极管有共阳极和共阴极两种连接方式。如图 5 - 34 所示，12、9、8、6 脚分别为各位数码管的公共极，11、7、4、2、1、10、5、3 脚同时接各位数码管的相应段，称为段极。

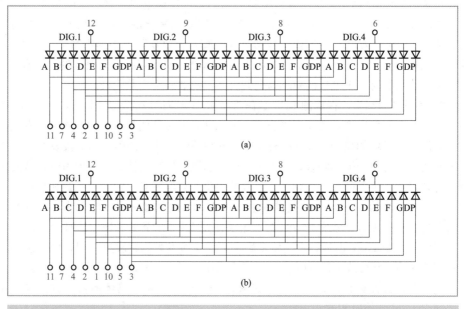

图 5 - 34　四位 LED 数码管内部发光二极管的连接方式
（a）共阳极；（b）共阴极

（2）检测。检测多位 LED 数码管使用万用表的 R×10kΩ 挡。从图 5 - 34 所示的多位数码管内部发光二极管的连接方式可以看出：对于共阳极多位数码管，黑表笔接某一位极、红表笔依次接其他各极时，会出现 8 次阻值小的情况；对于共阴极多位数码管，红表笔接某一位极、黑表笔依次接其他各极时，也会出现 8 次阻值小的情况。

1）类型与某位的公共极的判别。在检测多位 LED 数码管类型时，将万用表拨至 R×10kΩ 挡，测量任意两引脚之间的正、反向电阻，当出现阻值小的情况时，说明黑表笔接的为发光二极管的正极，红表笔接的为负极。然后黑表笔不动，红表笔依次接其他各引脚，当出现阻值小的次数等于 8 次时，则黑表笔接的引脚为某位的公共

极，被测多位数码管为共阳极，若阻值小的次数等于数码管的位数（四位数码管为 4次），则黑表笔接的引脚为段极，被测多位数码管为共阴极，红表笔接的引脚为某位的公共极。

2）各段极的判别。在检测多位 LED 数码管各引脚对应的段时，万用表选择 R×10kΩ 挡。对于共阳极数码管，黑表笔接某位的公共极，红表笔接其他引脚，若发现数码管某段有微弱的亮光，如 a 段有亮光，则表明红表笔接的引脚与 a 段发光二极管的负极连接；对于共阴极数码管，红表笔接某位的公共极，黑表笔接其他引脚，若发现数码管某段有微弱的亮光，则黑表笔接的引脚与该段发光二极管的正极连接。

如果使用万用表 R×10kΩ 挡检测无法观察到数码管的亮光，则可以按图 5 - 32（b）所示的方法，将万用表拨至 R×10Ω 或 R×1Ω 挡，给红表笔串接一个 1.5V 的电池，电池的正极连接红表笔，负极接被测数码管的引脚，具体的检测方法与万用表选择 R×10kΩ 挡时相同。

（二）LED 点阵显示器的检测

1. 外形与结构

图 5 - 35（a）所示为 LED 点阵显示器的实物外形。图 5 - 35（b）所示为 8×8 LED 点阵显示器的内部结构。它是由 8×8＝64 个发光二极管组成的，每个发光管相当于一个点，若发光管为单色发光二极管则可以构成单色点阵显示器，若发光管为双色发光二极管或三基色发光二极管则能构成彩色点阵显示器。

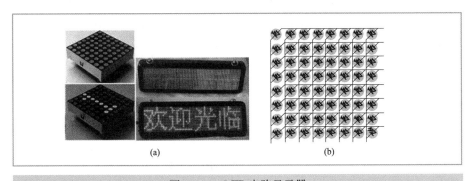

图 5 - 35　LED 点阵显示器
(a) 外形；(b) 结构

2. 共阴型和共阳型点阵显示器的电路结构

根据内部发光二极管连接方式的不同，LED 点阵显示器可分为共阴型和共阳型，其结构如图 5 - 36 所示。对单色 LED 点阵来说，若第一个引脚（引脚旁通常标有 1）接发光二极管的阴极，则该点阵叫作共阴型点阵（又称行共阴列共阳点阵），反之则叫共阳点阵（又称行共阳列共阴点阵）。

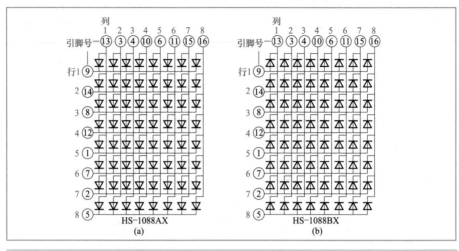

图 5-36 单色 LED 点阵的结构类型
(a) 共阴型；(b) 共阳型

3. 共阳、共阴类型的检测

对单色 LED 点阵来说，若第一引脚接 LED 的阴极，则该点阵叫作共阴型点阵，反之则叫共阳点阵。在检测时，将万用表拨至 R×10k 挡，红表笔接点阵的第一引脚（引脚旁通常标有 1）不动，用黑表笔接其他引脚，若出现阻值小的情况，则表明红表笔接的第一引脚为 LED 的负极，该点阵为共阴型；若未出现阻值小的情况，则红表笔接的第一引脚为 LED 的正极，该点阵为共阳型。

4. 各引脚与内部 LED 正负极连接关系的检测

从图 5-36 所示的点阵内部 LED 连接方式来看，共阴、共阳型点阵没有根本的区别，共阴型上下翻转过来就可以变成共阳型，因此如果找不到第一脚，只要判断点阵哪些引脚接 LED 正极、哪些引脚接 LED 负极、驱动电路是采用正极扫描或是负极扫描，在使用时就不会出错。

点阵引脚与 LED 正、负极连接检测：将万用表拨至 R×10k 挡，测量点阵任意两脚之间的电阻，当出现阻值小的情况时，黑表笔接的引脚为 LED 的正极，红表笔接的为 LED 的负极，然后黑表笔不动，红表笔依次接其他各脚，所有出现阻值小的情况时红表笔接的引脚都与 LED 负极连接，其余引脚都与 LED 正极连接。

5. 好坏判别

LED 点阵由很多发光二极管组成，只要检测这些发光二极管是否正常，就能判断点阵是否正常。判别时，将 3～6V 直流电源与一只 100Ω 电阻串联，如图 5-37 所示，再用导线将行①～⑤引脚短接，并将电源正极（串有电阻）与行某引脚连接，然后将电源负极接列①引脚，列①五个 LED 应全亮，若某个 LED 不亮，则

表明该 LED 损坏，用同样方法将电源
负极依次接列②～⑤引脚，若点阵正
常，则列①～⑤的每列 LED 会依次
点亮。

（三）真空荧光显示器的检测

真空荧光显示器简称 **VFD**，是一种
真空显示器件，常用在一些家用电器
（如影碟机、录像机和音响设备）、办公
自动化设备、工业仪器仪表及汽车等各
种领域中，用来显示机器的状态和时间
等信息。

1. 外形

真空荧光显示器的外形如图 5 - 38
所示。

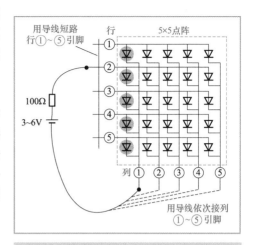

图 5 - 37　LED 点阵的好坏检测

图 5 - 38　真空荧光显示器

2. 结构与工作原理

真空荧光显示器有一位荧光显示器和多位荧光显示器。

（1）一位真空荧光显示器。图 5 - 39 所示为一位数字显示荧光显示器的结构示意
图，它内部有灯丝、栅极（控制极）和 a、b、c、d、e、f、g 七个阳极，这七个阳极
上都涂有荧光粉并排列成 "**8**" 字样，灯丝的作用是发射电子，栅极（金属网格状）
处于灯丝和阳极之间，灯丝发射出来的电子能否到达阳极受栅极的控制。阳极上涂有
荧光粉，当电子轰击荧光粉时，阳极上的荧光粉发光。

在真空荧光显示器工作时，要给灯丝提供 3V 左右的交流电压，灯丝发热后才能
发射电子，栅极加上较高的电压后才能吸引电子，让它穿过栅极并往阳极方向运动。

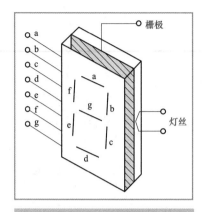

图 5-39　一位真空荧光显示器的
结构示意图

电子要轰击某个阳极，该阳极必须有高电压。

当要显示"3"字样时，由驱动电路给真空荧光显示器的 a、b、c、d、e、f、g 七个阳极分别送 1、1、1、1、0、0、1，即给 a、b、c、d、g 五个阳极送高电压，另外给栅极也加上高电压，于是灯丝发射的电子穿过网格状的栅极后轰击加有高电压的 a、b、c、d、g 阳极，由于这些阳极上涂有荧光粉，因此在电子的轰击下，这些阳极发光，显示器显示"3"的字样。

（2）多位真空荧光显示器。一个真空荧光显示器能显示一位数字，若需要同时显示多位数字或字符，则可以使用多位真空荧光显示器。图 5-40（a）所示为四位真空荧光显示器的结构示意图。

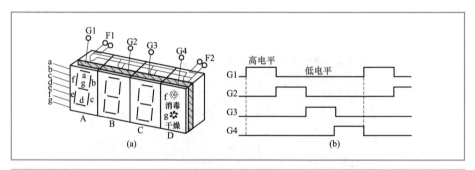

图 5-40　四位真空荧光显示器的结构及扫描信号
(a) 结构；(b) 位栅极扫描信号

　　图 5-40 中的真空荧光显示器有 A、B、C、D 四个位区，每个位区都有单独的栅极，四个位区的栅极引出脚分别为 G1、G2、G3、G4；每个位区的灯丝在内部以并联的形式连接起来，对外只引出两个引脚；A、B、C 位区数字相应各段的阳极都连接在一起，再与外面的引脚相连，如 C 位区的阳极段 a 与 B、A 位区的阳极段 a 都连接起来，再与显示器引脚 a 连接，D 位区两个阳极为图形和文字形状，"消毒"图形与文字为一个阳极，与引脚 f 连接，"干燥"图形与文字为一个阳极，与引脚 g 连接。

　　多位真空荧光显示器与多位 LED 数码管一样，都采用扫描显示原理。下面以在图 5-40 所示的显示器上显示"127 消毒"为例来说明。

　　首先给灯丝引脚 F1、F2 通电，再给 G1 引脚加一个高电平，此时 G2、G3、G4 均为低电平，然后分别给 b、c 引脚加高电平，灯丝通电发热后发射电子，电子穿过

G1 栅极轰击 A 位阳极 b、c，这两个电极的荧光粉发光，在 A 位显示"1"字样，这时虽然 b、c 引脚的电压也会加到 B、C 位的阳极 b、c 上，但因为 B、C 位的栅极为低电平，B、C 位的灯丝发射的电子无法穿过 B、C 位的栅极轰击阳极，故 B、C 位无显示；接着给 G2 脚加高电平，此时 G1、G3、G4 引脚均为低电平，再给阳极 a、b、d、e、g 加高电平，灯丝发射的电子轰击 B 位阳极 a、b、d、e、g，这些阳极发光，在 B 位显示"2"字样。利用同样的原理，在 C 位和 D 位分别显示"7"、"消毒"字样，G1、G2、G3、G4 极的电压变化关系如图 5-40（b）所示。

显示器的数字虽然是一位一位地显示出来的，但由于人眼视觉暂留特性，当显示器显示最后"消毒"字样时，人眼仍会感觉前面 3 位数字还在显示，故看起好像是一下显示出"127 消毒"。

（3）检测。真空荧光显示器 VFD 处于真空工作状态，如果发生破裂漏气现象，显示器就会无法工作。在工作时，VFD 的灯丝加有 3V 左右的交流电压，在暗处 VFD 内部灯丝有微弱的红光发出。

在检测 VFD 时，可用万用表 R×1Ω 或 R×10Ω 挡测量灯丝的阻值，正常时阻值应很小，如果阻值无穷大，则表明灯丝开路或引脚开路。在检测各栅极和阳极时，使用万用表 R×1kΩ 挡，测量各栅极之间、各阳极之间、栅阳极之间和栅阳极与灯丝间的阻值，正常时应均为无穷大，若出现阻值为 0 或较小的情况，则表明所测极之间出现短路故障。

（四）液晶显示屏的检测

液晶显示屏简称 LCD 屏，其主要材料是液晶。液晶是一种有机材料，在特定的温度范围内，既有液体的流动性，又有某些光学特性，其透明度和颜色随电场、磁场、光及温度等外界条件的变化而变化。液晶显示器是一种被动式显示器件，液晶本身不会发光，它是通过反射或透射外部光线来显示的，光线越强，其显示效果越好。液晶显示屏是利用液晶在电场作用下光学性能变化的特性制成的。

液晶显示屏可分为笔段式显示屏和点阵式显示屏。

1. 笔段式液晶显示屏的检测

（1）外形。笔段式液晶显示屏的外形如图 5-41 所示。

（2）结构与工作原理。图 5-42 所示是一位笔段式液晶显示屏的结构。

一位笔段式液晶显示屏将液晶材料封装在两块玻璃之间，在上玻璃内表面涂上"8"字形的七段透明电极，在下玻璃内表面整个涂上导电层作公共电极（或称背电极）。

图 5-41　笔段式液晶显示屏

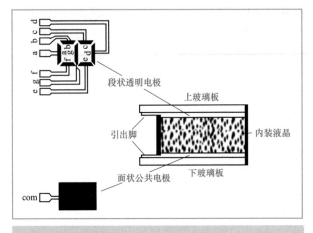

段状透明电极

上玻璃板

引出脚

内装液晶

面状公共电极

下玻璃板

com

图 5-42　一位笔段式液晶显示屏的结构

当给液晶显示屏上玻璃板的某段透明电极与下玻璃的公共电极之间加上适当大小的电压时，该段极与下玻璃板上的公共电极之间夹持的液晶会产生"散射效应"，夹持的液晶不透明，就会显示出该段形状。例如，给下玻璃上的公共电极加一个低电压，而给上玻璃板内表面的 a、b 段透明电极加高电压，则 a、b 段极与下玻璃上的公共电极存在电压差，它们中间夹持的液晶特性发生改变，a、b 段下面的液晶变得不透明，呈现出"1"字样。

如果在上玻璃板内表面涂上某种形状的透明电极，则只要给该电极与下面的公共电极之间加一定的电压，液晶屏就能显示该形状。笔段式液晶显示屏上玻璃板内表面可以涂上各种形状的透明电极，如图 5-17 所示的横、竖、点状和雪花状。由于这些形状的电极是透明的，且液晶未加电压时也是透明的，故未加电时显示屏无任何显示，只要给这些电极与公共极之间加上电压，就可以将这些形状显示出来。

（3）多位笔段式 LCD 屏的驱动方式。**多位笔段式液晶显示屏有静态和动态（扫描）两种驱动方式。**采用静态驱动方式时，整个显示屏使用一个公共背电极并接出一个引脚，而各段电极都需要独立接出引脚，如图 5-43 所示，故静态驱动方式的显示屏引脚数量较多。采用动态驱动方式（即扫描方式）时，各位都要有独立的背极，各位相应的段电极在内部连接在一起再接出一个引脚，动态驱动方式的显示屏引脚数量较少。

动态驱动方式的多位笔段式液晶显示屏的工作原理与多位 LED 数码管、多位真空荧光显示器一样，采用逐位快速显示的扫描方式，利用人眼的视觉暂留特性来产生屏幕整体显示的效果。如果要将图 5-43 所示的静态驱动显示屏改成动态驱动显示屏，只需将整个公共背极切分成五个独立的背极，并引出 5 个引脚，然后将 5 个位中相同的段极在内部连接起来并接 1 个引脚，共接出 8 个引脚，这样整个显示屏只需13 个引脚。在工作时，先给第 1 位背极加电压，同时给各段极传送相应电压，显示屏第 1 位会显示出需要的数字，然后给第 2 位背极加电压，同时给各段极传送相应电压，显示屏第 2 位会显示出需要的数字……如此工作，直至第 5 位显示出需要的数字，然后重新从第 1 位开始显示。

（4）检测。

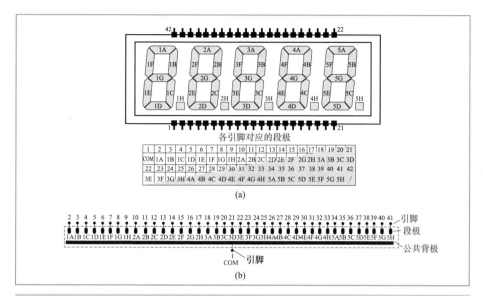

图 5-43 静态驱动方式的多位笔段式液晶显示屏

(a) 外形及各引脚对应的段极；(b) 等效图

1) 公共极的判断。由液晶显示屏的工作原理可知，只有公共极与段极之间加有电压，段极形状才能显示出来，段极与段极之间加电压无显示，根据该原理可以检测出公共极。检测时，将万用表拨至 R×10kΩ 挡（也可使用数字万用表的二极管测量挡），红、黑表笔接显示屏任意两引脚，当显示屏有某段显示时，一只表笔不动，另一只表笔接其他引脚，如果有其他段显示，则不动的表笔所接为公共极。

2) 好坏检测。在检测静态驱动式笔段式液晶显示屏时，将万用表拨至 R×10kΩ 挡，用一只表笔接显示屏的公共极引脚，另一只表笔依次接各段极引脚，当接到某段极引脚时，万用表就通过两表笔给公共极与段极之间加上电压，如果该段正常，则该段的形状会显示出来。如果显示屏正常，则各段显示应清晰、无毛边；如果某段无显示或有断线，则表明该段极可能有开路或断极；如果所有段均不显示，则可能是公共极开路或显示屏损坏。在检测时，有时测某段时邻近的段也会显示出来，这是正常的感应现象，此时可用导线将邻近段引脚与公共极引脚短路，即可消除感应现象。

在检测动态驱动式笔段式液晶显示屏时，万用表仍拨至 R×10kΩ 挡，由于动态驱动显示屏有多个公共极，因此检测时先将一只表笔接某位公共极引脚，另一只表笔依次接各段引脚，正常时各段应正常显示，再将接位公共极引脚的表笔移至下一个位公共极引脚，用同样的方法检测该位各段是否正常。

用上述方法不但可以检测液晶显示屏的好坏，还可以判断出各引脚连接的

151

段极。

2. 点阵式液晶显示屏介绍

(1) 外形。**笔段式液晶显示屏结构简单，价格低廉，但显示的内容简单且可变化性小，而点阵式液晶显示屏以点的形式显示，几乎可以显示任何字符图形内容。**点阵式液晶显示屏的外形如图 5-44 所示。

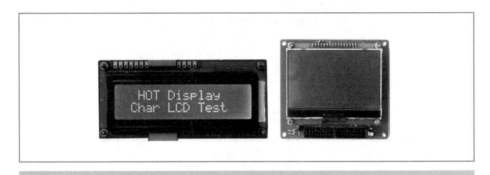

图 5-44　点阵式液晶显示屏外形

(2) 结构与工作原理。图 5-45 (a) 所示为 5×5 点阵式液晶显示屏的结构示意图，它是在封装有液晶的下玻璃内表面涂有 5 条行电极，在上玻璃内表面涂有 5 条透明列电极，从上往下看，行电极与列电极有 25 个交点，每个交点相当于一个点（又称像素）。

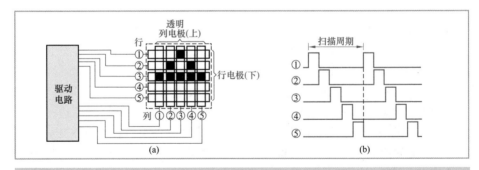

图 5-45　点阵式液晶屏显示原理说明
(a) 点阵显示电路；(b) 行扫描信号

点阵式液晶屏与点阵 LED 显示屏一样，也采用扫描方式显示，也可以分为三种方式：行扫描、列扫描和点扫描。下面以显示"△"图形为例来说明最为常用的行扫描方式。

在显示前，让点阵所有行、列线电压相同，这样下行线与上列线之间不存在电压

差，中间的液晶处于透明状态。在显示时，首先让行①线为 1（高电平），如图 5 - 45 (b) 所示，列①~⑤线为 11011，第①行电极与第③列电极之间存在电压差，其夹持的液晶不透明；然后让行②线为 1，列①~⑤线为 10101，第②行与第②、④列夹持的液晶不透明；再让行③线为 1，列①~⑤线为 00000，第③行与第①~⑤列夹持的液晶都不透明；接着让行④线为 1，列①~⑤线为 11111，第 4 行与第①~⑤列夹持的液晶全透明，最后让行⑤线为 1，列①~⑤为 11111，第 5 行与第①~⑤列夹持的液晶全透明。第 5 行显示后，由于人眼的视觉暂留特性，会觉得前面几行内容还在亮，整个点阵便显示出一个"△"图形。

点阵式液晶显示屏由反射型和透射型之分。如图 5 - 46 所示，反射型 LCD 屏依靠液晶不透明来反射光线显示图形，如电子表显示屏、数字万用表的显示屏等都是利用液晶不透明（通常为黑色）的特性来显示数字，透射型 LCD 屏依靠光线透过透明的液晶来显示图像，如手机显示屏、液晶电视显示屏等都是采用透射方式显示图像。

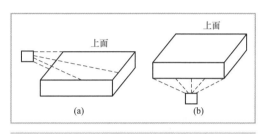

图 5 - 46　点阵式液晶显示屏的类型
(a) 反射型；(b) 透射型

图 5 - 46 (a) 所示的点阵为反射型 LCD 屏，如果将它改成透射型 LCD 屏，则行、列电极均需为透明电极，另外还要用光源（背光源）从下往上照射 LCD 屏，显示屏的 25 个液晶点像 25 个小门，液晶点透明相当于门打开，光线可透过小门从上玻璃射出，该点看起来为白色（背光源为白色）；液晶点不透明相当于门关闭，该点看起来为黑色。

点阵式液晶显示屏的引脚数量很多，并且需要专门的电路来驱动，市面上的这种液晶显示屏通常与配套的驱动电路集成做在一块电路板上，再从这个电路板上接出引脚，单独用万用表很难检测其好坏，一般的做法是将这种带驱动电路的显示屏直接安装在应用系统中，观察显示屏是否显示正常来判别其好坏。

三　检 测 电 声 器 件

（一）扬声器的检测

1. 外形与符号

扬声器又称喇叭，是一种最常用的电—声转换器件，其功能是将电信号转换成声音。扬声器的实物外形和电路符号如图 5 - 47 所示。

2. 工作原理

扬声器的种类有很多，工作原理大同小异，这里仅介绍应用最为广泛的动圈式扬声器的工作原理。动圈式扬声器的结构如图 5 - 48 所示。

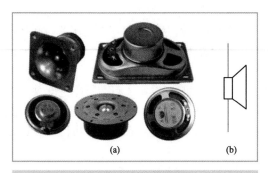

图 5-47 扬声器

（a）实物外形；（b）电路符号

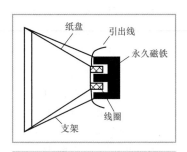

图 5-48 动圈式扬声器的结构

从图 5-48 可以看出，动圈式扬声器主要由永久磁铁、线圈（或称为音圈）和与线圈做在一起的纸盒等构成。当电信号通过引出线流进线圈时，线圈产生磁场，由于流进线圈的电流是变化的，故线圈产生的磁场也是变化的，线圈变化的磁场与磁铁的磁场相互作用，线圈和磁铁不断出现排斥和吸引，重量轻的线圈产生运动（时而远离磁铁，时而靠近磁铁），线圈的运动带动与它相连的纸盆产生振动，纸盆就发出声音，从而实现了电—声转换。

3. 好坏检测

在检测扬声器时，万用表选择 R×1Ω 挡，红、黑表笔分别接扬声器的两个接线端，测量扬声器内部线圈的电阻，如图 5-49 所示。

如果扬声器正常，则测得的阻值应与标称阻抗相同或相近，同时扬声器会发出轻微的"嚓嚓"声，图中扬声器上标注阻抗为 8Ω，万用表测出的阻值也应在 8Ω 左右。若测得阻值为无穷大，则表明扬声器线圈开路或接线端脱焊；若测得阻值为 0，则表明扬声器线圈短路。

4. 引脚极性检测

单个扬声器接在电路中，可以不用考虑两个接线端的极性，但如果将多个扬声器并联或串联起来使用，就需要考虑接线端的极性了。这是因为相同的音频信号从不同极性的接线端流入扬声器时，扬声器纸盆振动方向会相反，这样扬声器发出的声音会抵消一部分，扬声器间相距越近，抵消作用越明显。

在检测扬声器极性时，万用表选择 0.05mA 挡，用红、黑表笔分别接扬声器的两个接线端，如图 5-50 所示。然后用手轻压纸盆，会发现表针摆动一下又返回到"0"处。若表针向右摆动，则红表笔接的接线端为"＋"，黑表笔接的接线端为"－"；若表针向左摆动，则红表笔接的接线端为"－"，黑表笔接的接线端为"＋"。

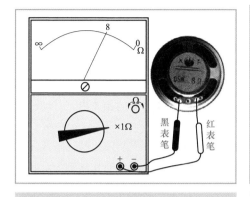

图 5-49 扬声器的好坏检测

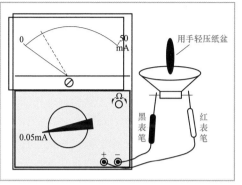

图 5-50 扬声器的极性检测

用上述方法检测扬声器的理论根据是：当手轻压纸盆时，纸盆带动线圈运动，线圈切割磁铁的磁力线而产生电流，电流从扬声器的"＋"接线端流出。当红表笔接"＋"端时，表针往右摆动，当红表笔接"－"端时，表针反偏（左摆）。

当多个扬声器并联使用时，要将各个扬声器的"＋"端与"＋"端连接在一起，"－"端与"－"端连接在一起，如图 5-51所示。当多个扬声器串联使用时，要将下一个扬声器的"＋"端与上一个扬声器的"－"端连接在一起。

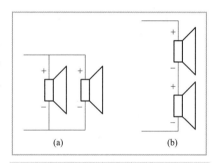

图 5-51 多个扬声器并、串联时
正确的连接方法
（a）并联选接；（b）串联连接

（二）耳机的检测

1. 外形与图形符号

耳机与扬声器一样，是一种电—声转换器件，其功能是将电信号转换成声音。耳机的实物外形和图形符号如图 5-52所示。

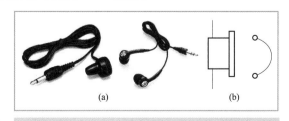

图 5-52 耳机
（a）外形；（b）图形符号

2. 种类与工作原理

耳机的种类有很多，可分为动圈式、动铁式、压电式、静电式、气动式、等磁式和驻极体式七类。动圈式、动铁式和压电式耳机较为常见，其中动圈式耳机使用最为广泛。

动圈式耳机：是一种最常用的耳机，其工作原理与动圈式扬声器相同，可以看作是微型动圈式扬声器，其结构与工作原理可以参见动圈式扬声器的相关内容。动圈式耳机的优点是制作相对容易，且线性好、失真小、频响宽。

动铁式耳机：又称电磁式耳机，其结构如图 5-53 所示。一个铁片振动膜被永久磁铁吸引，在永久磁铁上绕有线圈，当线圈通入音频电流时会产生变化的磁场，它会增强或削弱永久磁铁的磁场，磁铁变化的磁场使铁片振动膜发生振动而发声。动铁式耳机的优点是使用寿命长、效率高，缺点是失真大，频响窄，在早期较为常用。

压电式耳机：它是利用压电陶瓷的压电效应发声，压电陶瓷的结构如图 5-54 所示。在铜片和涂银层之间夹有压电陶瓷片，当给铜片和涂银层之间施加变化的电压时，压电陶瓷片会产生振动而发声。压电式耳机效率高、频率高，其缺点是失真大、驱动电压高、低频响应差、抗冲击力差。这种耳机的使用远不及动圈式耳机广泛。

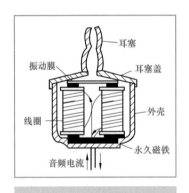

图 5-53　动铁式耳机的结构

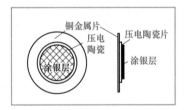

图 5-54　压电陶瓷的结构

3. 检测

图 5-55 所示是双声道耳机的接线示意图。从图 5-55 中可以看出，耳机插头有 L、R、公共三个导电环，由两个绝缘环隔开，三个导电环内部接出三根导线，一根导线引出后一分为二，三根导线变为四根后两两与左、右声道耳机线圈连接。

在检测耳机时，万用表选择 R×1Ω 或 R×10Ω 挡，先用黑表笔接耳机插头的公共导电环，红表笔间断接触 L 导电环，听左声道耳机有无声音，正常时耳机有"嚓嚓"声发出，红、黑表笔接触两导电环不动时，测得左声道耳机线圈阻值应为几欧姆至几百欧姆，如图 5-56 所示。如果阻值为 0 或无穷大，则表明左声道耳机线圈短路

156

或开路。然后黑表笔不动，红表笔间断接触 R 导电环，检测右声道耳机是否正常。

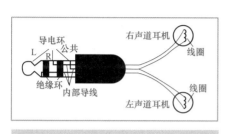

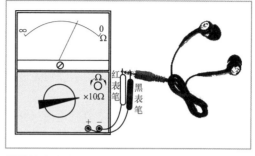

图 5 - 55　双声道耳机的接线示意图

图 5 - 56　双声道耳机的检测

（三）蜂鸣器的检测

蜂鸣器是一种一体化结构的电子讯响器，广泛应用于空调器、计算机、打印机、复印机、报警器、电子玩具、汽车电子设备、电话机、定时器等电子产品中作发声器件。

1. 外形与符号

蜂鸣器的实物外形和符号如图 5 - 57 所示。蜂鸣器在电路中用字母"H"或"HA"表示。

2. 种类及结构原理

蜂鸣器种类很多，根据发声材料的不同，可分为压电式蜂鸣器和电磁式蜂鸣器；根据是否含有音源电路，可分为无源蜂鸣器和有源蜂鸣器。

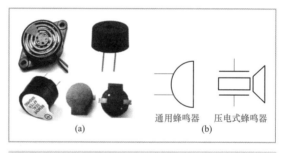

图 5 - 57　蜂鸣器
（a）实物外形；（b）符号

（1）压电式蜂鸣器。有源压电式蜂鸣器主要由音源电路（多谐振荡器）、压电蜂鸣片、阻抗匹配器及共鸣腔、外壳等组成，有的压电式蜂鸣器外壳上还装有发光二极管。多谐振荡器由晶体管或集成电路构成，只要提供直流电源（为 1.5～15V），音源电路就会产生 1.5～2.5kHz 的音频信号，再经阻抗匹配器推动压电蜂鸣片发声。压电蜂鸣片由锆钛酸铅或铌镁酸铅压电陶瓷材料制成，在陶瓷片的两面镀上银电极，经极化和老化处理后，再与黄铜片或不锈钢片粘在一起。无源压电蜂鸣器内部不含音源电路，需要外部提供音频信号才能使之发声。

（2）电磁式蜂鸣器。有源电磁式蜂鸣器由音源电路、电磁线圈、磁铁、振动膜片及外壳等组成。接通电源后，音源电路产生的音频信号电流通过电磁线圈，使电磁线

157

圈产生磁场。振动膜片在电磁线圈和磁铁的相互作用下，周期性地振动发声。无源电磁式蜂鸣器的内部无音源电路，需要外部提供音频信号才能使之发声。

3. 蜂鸣器类型判别

蜂鸣器的类型可以从下几个方面进行判别。

（1）从外观上看，有源蜂鸣器的引脚有正、负极性之分（引脚旁会标注极性或用不同颜色引线），无源蜂鸣器的引脚则无极性，这是因为有源蜂鸣器内部音源电路的供电有极性要求。

（2）给蜂鸣器两引脚加合适的电压（3～24V），能连续发音的为有源蜂鸣器，仅接通或断开电源时发出"咔咔"声的为无源电磁式蜂鸣器，不发声的为无源压电式蜂鸣器。

（3）用万用表合适的欧姆挡测量蜂鸣器两引脚间的正、反向电阻，正、反向电阻相同且很小（一般8Ω或16Ω左右，用R×1Ω挡测量）的为无源电磁式蜂鸣器，正、反向电阻均为无穷大（用R×10kΩ挡）的为无源压电式蜂鸣器，正、反向电阻在几百欧以上且测量时可能会发出连续音的为有源蜂鸣器。

（四）话筒的检测

1. 外形与符号

话筒又称麦克风、传声器，是一种声—电转换器件，其功能是将声音转换成电信号。话筒的实物外形和电路符号如图5-58所示。

2. 工作原理

话筒的种类很多，下面介绍最常用的动圈式话筒和驻极体式话筒的工作原理。

（1）动圈式话筒的工作原理。动圈式话筒的结构如图5-59所示。它主要由振动膜、线圈和永久磁铁组成。

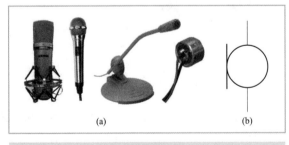

图5-58 话筒
(a) 实物外形；(b) 电路符号

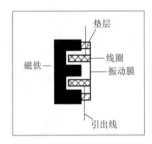

图5-59 动圈式话筒的
结构

当声音传递到振动膜时，振动膜产生振动，与振动膜连在一起的线圈会随振动膜一起运动。由于线圈处于磁铁的磁场中，当线圈在磁场中运动时，线圈会切割磁铁的磁感线而产生与运动相对应的电信号，该电信号从引出线输出，从而实现声—电转换。

（2）驻极体式话筒工作原理。驻极体式话筒具有体积小、性能好，并且价格便宜的特点，它广泛用在一些小型具有录音功能的电子设备中。驻极体式话筒的结构如图5-60所示。

虚线框内的为驻极体式话筒，它由振动极、固定极和一个场效应管构成。振动极与固定极形成一个电容，由于两电极是经过特殊处理的，所以它本身具有静电场（即两电极上有电荷）。当声音传递到振动极时，振动极发生振动，振动极与固定极的距离发生变化，引起容量发生变化，容量的变化导致固定电极上的电荷向场效应管栅极G移动，移动的电荷就形成电信号，电信号经场效应管放大后从D极输出，从而完成了声—电转换的过程。

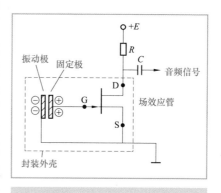

图5-60 驻极体式话筒的结构

3. 动圈式话筒的检测

动圈式话筒的外部接线端与内部线圈相连接，根据线圈电阻大小，动圈式话筒可分为低阻抗话筒（几十至几百欧）和高阻抗话筒（几百至几千欧）。

在检测低阻抗话筒时，万用表选择R×10Ω挡；检测高阻抗话筒时，可选择R×100Ω或R×1kΩ挡，然后测量话筒两接线端之间的电阻。

若话筒正常，则阻值应在几十至几千欧，同时话筒有轻微的"嚓嚓"声发出。

若阻值为0，则说明话筒线圈短路。

若阻值为无穷大，则表明话筒线圈开路。

4. 驻极体式话筒的检测

驻极体式话筒的检测包括电极检测、好坏检测和灵敏度检测。

（1）引脚极性检测。驻极体式话筒的外形和结构如图5-61所示。

从图5-61中可以看出，驻极体式话筒有两个接线端，分别与内部场效应管的D、S极连接，其中S极与G极之间接有一个二极管。在使用时，驻极体话筒的S极与电路的地相连接，D极除了接电源外，还是话筒信号输出端，具体连接可参见图5-60。

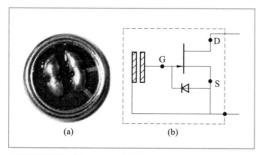

图5-61 驻极体话筒
(a) 外形；(b) 结构

驻极体式话筒电极判断时可以采用直观法，也可以用万用表进行检测。在用直观法观察时，会发现有一个电极与话筒的金属外壳连接，如图5-61（a）所示，该极为S极，另一个电极为D极。

在用万用表检测时，万用表选择R×100Ω或R×1kΩ挡，测量两电极之间的正、反向电阻，如图5-62所示，正常时测得阻值应一

159

大一小，以阻值小的那次为准，如图 5 - 62（a）所示，黑表笔接的为 S 极，红表笔接的为 D 极。

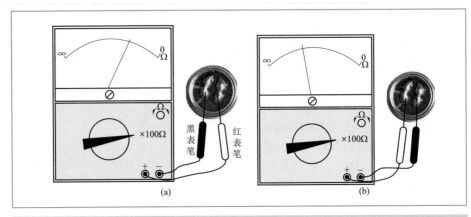

图 5 - 62　驻极体话筒的检测

（a）阻值小；（b）阻值大

（2）好坏检测。在检测驻极体式话筒的好坏时，万用表选择 R×100Ω 或 R×1kΩ 挡，测量两电极之间的正、反向电阻，正常时测得阻值应一大一小。

若正、反向电阻均为无穷大，则表明话筒内部的场效应管开路。

若正、反向电阻均为 0，则表明话筒内部的场效应管短路。

若正、反向电阻相等，则表明话筒内部场效应管 G、S 极之间的二极管开路。

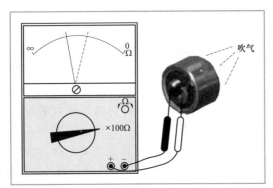

图 5 - 63　驻极体话筒灵敏度的检测

（3）灵敏度检测。灵敏度检测可以判断出话筒的声—电转换效果。在检测灵敏度时，万用表选择 R×100Ω 或 R×1kΩ 挡，黑表笔接话筒的 D 极，红表笔接话筒的 S 极，这样做是利用万用表内部电池为场效应管 D、S 极之间提供电压，然后对话筒正面吹气，如图 5 - 63 所示。

若话筒正常，则表针应发生摆动。话筒灵敏度越高，表针摆动幅度越大。

若表针不动，则表明话筒失效。

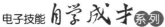

用万用表检测低压电器

一 检测开关、熔断器、断路器和漏电保护器

（一）开关的检测

开关是电气线路中使用最广泛的一种低压电器，其作用是接通和切断电气线路。常见的开关有照明开关、按钮开关、隔离开关、铁壳开关和组合开关等。开关有通、断两种状态，检测时使用万用表的电阻挡，当开关处于接通位置时其电阻值应为0Ω，处于断开位置时其电阻值应为无穷大。下面以按钮开关为例来说明开关的检测方法。

1. 按钮开关的种类、结构与外形

按钮开关用来在短时间内接通或切断小电流电路，主要用在电气控制电路中。按钮开关允许流过的电流较小，一般不能超过5A。

按钮开关用符号"SB"表示，它可以分为三种类型：动断按钮开关、动合按钮开关和复合按钮开关。这三种开关的内部结构示意图和电路图形符号如图6-1所示。

图6-1（a）所示为动断按钮开关。在未按下按钮时，依靠复位弹簧的作用力使内部的金属动触点将动断静触点a、b接通；当按下按钮时，动触点与动断静触点脱离，a、b断开；当松开按钮后，触点自动复位（闭合状态）。

图6-1（b）所示为动合按钮开关。在未按下按钮时，金属动触点与动合静触点a、b断开；当按下按钮时，动触点与动断静触点接通；当松开按钮后，触点自动复位（断开状态）。

图6-1（c）所示为复合按钮开关。在未按下按钮时，金属动触点与动断静触点a、b接通，而与动合静触点断开；当按下按钮时，动触点与动断静触点断开，而与动合静触点接通；当松开按钮后，触点自动复位（动合断开，动断闭合）。

有些按钮开关内部有多对动合、动断触点，它可以在接通多个电路的同时切断多个电路。动合触点也称为A触点，动断触点又称B触点。

常见的按钮开关实物外形如图6-2所示。

161

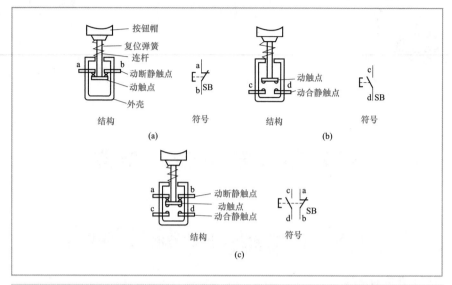

图 6-1　三种开关的结构与符号
（a）动断按钮开关；（b）动合按钮开关；（c）复合按钮开关

图 6-2　常见的按钮开关

2. 按钮开关的检测

图 6-3 所示为复合型按钮开关，该按钮开关有一个动合触点和一个动断触点，共有 4 个接线端子。

复合按钮开关的检测可分为以下两个步骤。

（1）**在未按下按钮时进行检测。**复合型按钮开关有一个动断触点和一个动合触点。在检测时，先测量动断触点的两个接线端子之间的电阻，如图 6-4（a）所示。正常时电阻接近于 0，然后测量动合触点的两个接线端子之间的电阻，若动合触点正常，则数字万用表会显示超出量程符号"1"或"OL"，用指针万用表测量时电阻应为无穷大。

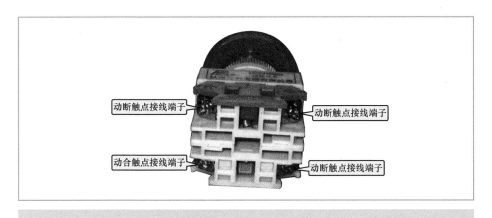

图6-3　复合型按钮开关的接线端子

（2）**在按下按钮时进行检测**。在检测时，将按钮按下不放，分别测量动断触点和动合触点两个接线端子之间的电阻。如果按钮开关正常，则动断触点的电阻应为无穷大，如图6-4（b）所示。而动合触点的电阻应接近于0；若与之不符，则表明按钮开关损坏。

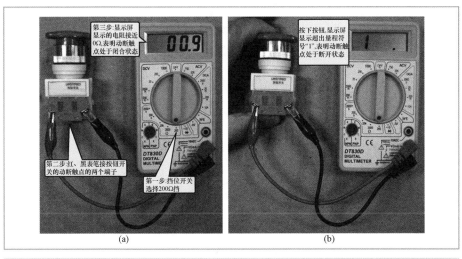

图6-4　按钮开关的检测
（a）未按下按钮时检测动断触点；（b）按下按钮时检测动断触点

在测量动断或动合触点时，如果出现阻值不稳定的情况，则通常是由于相应的触点接触不良。因为开关的内部结构比较简单，如果检测时发现开关不正常，则可以将开关拆开进行检查，找出具体的故障原因，并进行排除，无法排除的就需要更换新的

163

开关。

（二）熔断器的检测

熔断器是对电路、用电设备短路和过载进行保护的电器。熔断器一般串接在电路中，当电路正常工作时，熔断器就相当于一根导线；当电路出现短路或过载时，流过熔断器的电流很大，熔断器就会熔断开路，从而保护电路和用电设备。

1. 种类

熔断器的种类有很多，常见的有 RC 插入式熔断器、RL 螺旋式熔断器、RM 无填料封闭式熔断器、RS 快速熔断器、RT 有填料管式熔断器和 RZ 自复式熔断器等，如图 6-5 所示。

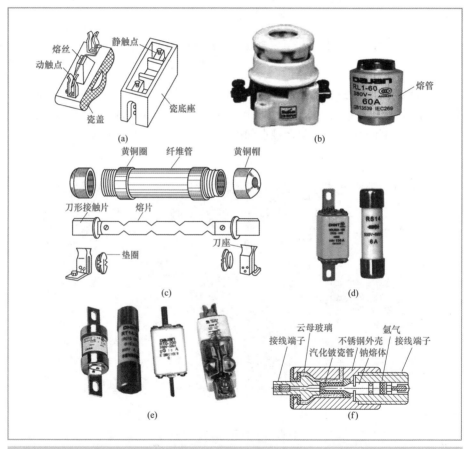

图 6-5　常见的熔断器

（a）RC 插入式熔断器；（b）RL 螺旋式熔断器；（c）RM 无填料封闭式熔断器；
（d）RS 快速熔断器；（e）RT 有填料管式熔断器；（f）RZ 自复式熔断器

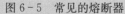

熔断器的型号含义说明如下。

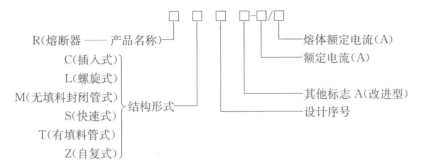

R(熔断器——产品名称)━━━┓　　　　　┏━熔体额定电流(A)
　　　　　　　　　　　　　　　　　┏━额定电流(A)
C(插入式)┓
L(螺旋式)┃
M(无填料封闭管式)┣结构形式　　┏━其他标志 A(改进型)
S(快速式)┃　　　　　　　　┗━设计序号
T(有填料管式)┃
Z(自复式)┛

2. 检测

熔断器的常见故障是开路和接触不良。熔断器的种类有很多，但检测方法基本相同。熔断器的检测如图6-6所示。检测时，万用表的挡位开关选择200Ω挡，然后将红、黑表笔分别接在熔断器的两端，测量熔断器的电阻。若熔断器正常，则电阻应接近于0；若显示屏显示超出量程符号"1"或"OL"（指针万用表显示电阻无穷大），则表明熔断器开路；若阻值不稳定（时大时小），则表明熔断器内部接触不良。

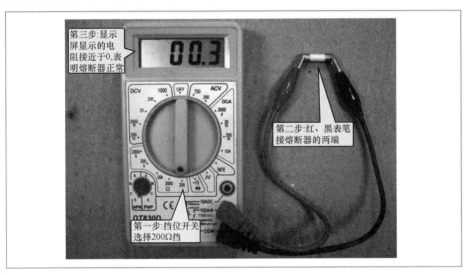

图6-6 熔断器的检测

（三）断路器的检测

断路器又称为自动空气开关，它既能对电路进行不频繁的通断控制，又能在电路出现过载、短路和欠电压（电压过低）时自动切断电路，因此它既是一个开关电器，又是一个保护电器。

1. 外形与符号

断路器的种类较多，图6-7（a）所示是一些常用的塑料外壳式断路器。断路器的电路符号如图 6-7（b）所示。图 6-7（b）中从左至右依次为单极（1P）、两极（2P）和三极（3P）断路器。在断路器上通常标有额定电压、额定电流和工作频率等内容。

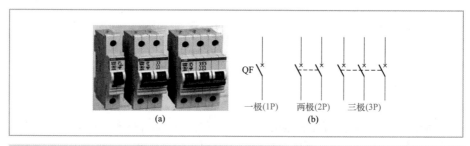

图 6-7　断路器的外形与符号

（a）外形；（b）符号

2. 结构与工作原理

断路器的典型结构如图 6-8 所示。该断路器是一个三相断路器，内部主要由主触点、反力弹簧、搭钩、杠杆、电磁脱扣器、热脱扣器和欠电压脱扣器等组成。该断路器可以实现过电流、过热和欠电压保护功能。

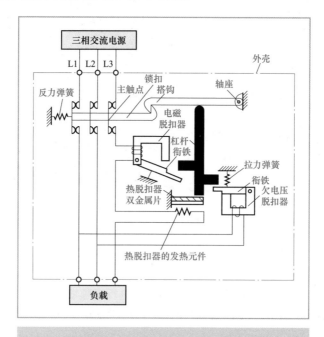

图 6-8　断路器的典型结构

（1）过电流保护。三相交流电源经断路器的三个主触点和三条线路为负载提供三相交流电，其中一条线路中串接了电磁脱扣器线圈和发热元件。当负载发生严重短路时，流过线路的电流很大，流过电磁脱扣器线圈的电流也很大，线圈产生很强的磁场并通过铁芯吸引衔铁，衔铁动作，带动杠杆上移，两个搭钩脱离，依靠反力弹簧的作用，三个主触点的动、静触点断开，从而切断电源以保护短路的负载。

（2）过热保护。如果负载没有短路，但长时间超负荷运行，负载比较容易损坏。虽然在这种情况下电流也较正常时大，但还不足以使电磁脱扣器动作。断路器的热保护装置可以解决这个问题。若负载长时间超负荷运行，则流过发热元件的电流长时间偏大，发热元件温度升高，它加热附近的双金属片（热脱扣器），其中上面的金属片热膨胀程度小，双金属片受热后向上弯曲，推动杠杆上移，使两个搭钩脱离，三个主触点的动、静触点断开，从而切断电源。

（3）欠电压保护。如果电源电压过低，则断路器也能切断电源与负载的连接，进行电路保护。断路器的欠电压脱扣器线圈与两条电源线连接，当三相交流电源的电压很低时，两条电源线之间的电压也很低，流过欠电压脱扣器线圈的电流很小，线圈产生的磁场很弱，不足以吸引住衔铁，此时在拉力弹簧的拉力作用下，衔铁上移，并推动杠杆上移，两个搭钩脱离，三个主触点的动、静触点断开，从而断开电源与负载的连接。

3. 面板标注参数的识读

（1）主要参数。断路器的主要参数有：

1）额定工作电压 U_e：是指在规定条件下断路器长期使用能承受的最高电压，一般指线电压。

2）额定绝缘电压 U_i：是指在规定条件下断路器绝缘材料能承受最高电压，该电压一般较额定工作电压高。

3）额定频率：是指断路器适用的交流电源频率。

4）额定电流 I_n：是指在规定条件下断路器长期使用而不会脱扣断开的最大电流。流过断路器的电流超过额定电流时，断路器会脱扣断开，电流越大，断开时间越短，如有的断路器电流为 $1.13I_n$ 时一小时内不会断开，当电流达到 $1.45I_n$ 时一小时内会断开，当电流达到 $10I_n$ 时会瞬间（小于 0.1s）断开。

5）瞬间脱扣整定电流：是指会引起断路器瞬间（<0.1s）脱扣跳闸的动作电流。

6）额定温度：是指断路器长时间使用允许的最高环境温度。

7）短路分断能力：它可以分为极限短路分断能力（I_{cu}）和运行短路分断能力（I_{cs}），分别是指在极限条件下和运行时断路器触点能断开（触点不会产生熔焊、粘连等）所允许通过的最大电流。

（2）面板标注参数的识读。断路器面板上一般会标注重要的参数，在选用时要会识读这些参数的含义。断路器面板标注参数的识读如图 6 - 9 所示。

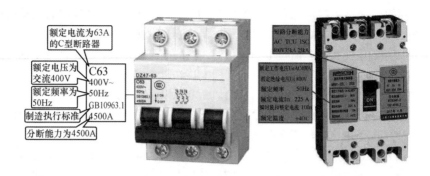

图 6-9　断路器的参数识读

4. 断路器的检测

断路器检测时通常使用万用表的电阻挡，检测过程如图 6-10 所示。具体检测过程分以下两步。

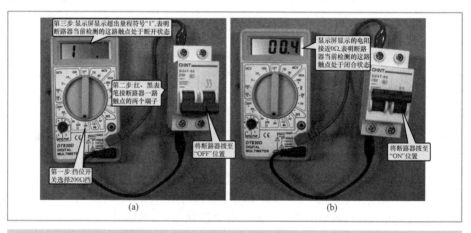

图 6-10　断路器的检测
（a）断路器开关处于"OFF"时；（b）断路器开关处于"ON"时

（1）将断路器上的开关拨至"OFF（断开）"位置，然后将红、黑表笔分别接至断路器一路触点的两个接线端子上，正常时电阻应为无穷大（数字万用表显示超出量程符号"1"或"OL"），如图 6-10（a）所示。接着再用同样的方法测量其他路触点的接线端子间的电阻，正常时电阻均应为无穷大，若某路触点的电阻为 0 或时大时小，则表明断路器的该路触点短路或接触不良。

（2）将断路器上的开关拨至"ON"（闭合）位置，然后将红、黑表笔分别接至断路器一路触点的两个接线端子，正常时电阻应接近于 0，如图 6-10（b）所示。接着再用同样的方法测量其他路触点的接线端子间的电阻，正常时电阻均应接近于 0，若某路触点的电阻为无穷大或时大时小，则表明断路器的该路触点开路或接触不良。

（四）漏电保护器的检测

断路器具有过流、过热和欠压保护功能，但当用电设备绝缘性能下降而出现漏电情况时却无保护功能，这是因为漏电电流一般较短路电流小得多，不足以使断路器跳闸。**漏电保护器是一种具有断路器功能和漏电保护功能的电器，在线路出现过流、过热、欠压和漏电情况时，均会脱扣跳闸保护。**

1. 外形与符号

漏电保护器又称为漏电保护开关，英文缩写为 RCD，其外形和符号如图 6-11 所示。在图 6-11（a）中，左边的为单极漏电保护器，当后级电路发生漏电时，只切断一条 L 线路（N 线路始终是接通的）；中间的为两极漏电保护器，漏电时切断两条线路；右边的为三相漏电保护器，漏电时切断三条线路。对于图 6-11（a）所示后面两种漏电保护器，其下方有两组接线端子，如果接左边的端子（需要拆下保护盖），则只能用到断路器功能，无漏电保护功能。

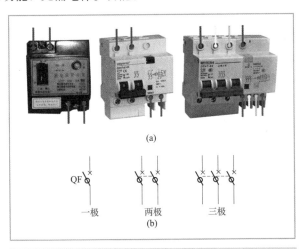

图 6-11　漏电保护器的外形与符号
(a) 外形；(b) 符号

2. 结构与工作原理

图 6-12 所示是漏电保护器的结构示意图。

工作原理说明：220V 的交流电压经漏电保护器内部的触点在输出端接负载（灯泡），在漏电保护器内部两根导线上缠有线圈 E1，该线圈与铁芯上的线圈 E2 连接，当人体没有接触导线时，流过两根导线的电流 I_1、I_2 大小相等，方向相反，它们产生大小相等、方向相反的磁场，这两个磁场相互抵消，穿过 E1 线圈的磁场为 0，E1 线圈不会产生电动势，衔铁不动作。如图 6-12 所示，一旦人体接触导线，一部分电流 I_3

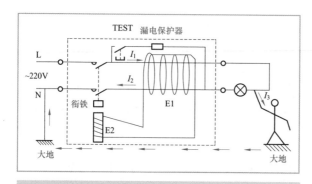

图 6-12　漏电保护器的结构示意图

（漏电电流）会经人体直接到地，再通过大地回到电源的另一端，这样流过漏电保护器内部两根导线的电流 I_1、I_2 就不相等，它们产生的磁场也就不相等，不能完全抵消，即两根导线上的 E1 线圈有磁场通过，线圈会产生电流，电流流入铁芯上的 E2 线圈，E2 线圈产生磁场吸引衔铁而脱扣，将触点断开，切断供电，触电的人就得到了保护。

为了在不漏电的情况下检验漏电保护器的漏电保护功能是否正常，漏电保护器一般设有"TEST"（测试）按钮，当按下该按钮时，L 线上的一部分电流通过按钮、电阻流到 N 线上，这样流过 E1 线圈内部的两根导线的电流不相等（$I_2 > I_1$），E1 线圈产生电动势，有电流流过 E2 线圈，衔铁动作而脱扣跳闸，将内部触点断开。如果测试按钮无法闭合或电阻开路，则测试时漏电保护器不会动作，但使用时若发生漏电就会动作。

3. 面板介绍及漏电模拟测试

（1）面板介绍。漏电保护器的面板介绍如图 6-13 所示。左边为断路器部分，右边为漏电保护部分，漏电保护部分的主要参数有漏电保护的动作电流和动作时间。对于人体来说，30mA 以下是安全电流，动作电流一般不要大于 30mA。

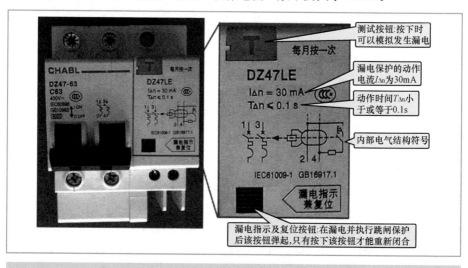

图 6-13　漏电保护器的面板介绍

再用同样的方法测量其他路触点的接线端子间的电阻，正常时电阻均应接近于0，若某路触点的电阻为无穷大或时大时小，则表明断路器的该路触点开路或接触不良。

（四）漏电保护器的检测

断路器具有过流、过热和欠压保护功能，但当用电设备绝缘性能下降而出现漏电情况时却无保护功能，这是因为漏电电流一般较短路电流小得多，不足以使断路器跳闸。**漏电保护器是一种具有断路器功能和漏电保护功能的电器，在线路出现过流、过热、欠压和漏电情况时，均会脱扣跳闸保护。**

1. 外形与符号

漏电保护器又称为漏电保护开关，英文缩写为RCD，其外形和符号如图6-11所示。在图6-11（a）中，左边的为单极漏电保护器，当后级电路发生漏电时，只切断一条L线路（N线路始终是接通的）；中间的为两极漏电保护器，漏电时切断两条线路；右边的为三相漏电保护器，漏电时切断三条线路。对于图6-11（a）所示后面两种漏电保护器，其下方有两组接线端子，如果接左边的端子（需要拆下保护盖），则只能用到断路器功能，无漏电保护功能。

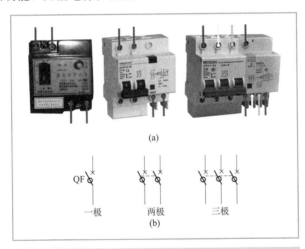

图6-11 漏电保护器的外形与符号
（a）外形；（b）符号

2. 结构与工作原理

图6-12所示是漏电保护器的结构示意图。

工作原理说明：220V的交流电压经漏电保护器内部的触点在输出端接负载（灯泡），在漏电保护器内部两根导线上缠有线圈E1，该线圈与铁芯上的线圈E2连接，当人体没有接触导线时，流过两根导线的电流 I_1、I_2 大小相等，方向相反，它们产生大小相等、方向相反的磁场，这两个磁场相互抵消，穿过E1线圈的磁场为0，E1线圈不会产生电动势，衔铁不动作。如图6-12所示，一旦人体接触导线，一部分电流 I_3

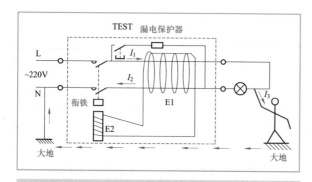

图 6-12　漏电保护器的结构示意图

（漏电电流）会经人体直接到地，再通过大地回到电源的另一端，这样流过漏电保护器内部两根导线的电流 I_1、I_2 就不相等，它们产生的磁场也就不相等，不能完全抵消，即两根导线上的 E1 线圈有磁场通过，线圈会产生电流，电流流入铁芯上的 E2 线圈，E2 线圈产生磁场吸引衔铁而脱扣，将触点断开，切断供电，触电的人就得到了保护。

为了在不漏电的情况下检验漏电保护器的漏电保护功能是否正常，漏电保护器一般设有"TEST"（测试）按钮，当按下该按钮时，L 线上的一部分电流通过按钮、电阻流到 N 线上，这样流过 E1 线圈内部的两根导线的电流不相等（$I_2 > I_1$），E1 线圈产生电动势，有电流流过 E2 线圈，衔铁动作而脱扣跳闸，将内部触点断开。如果测试按钮无法闭合或电阻开路，则测试时漏电保护器不会动作，但使用时若发生漏电就会动作。

3. 面板介绍及漏电模拟测试

（1）面板介绍。漏电保护器的面板介绍如图 6-13 所示。左边为断路器部分，右边为漏电保护部分，漏电保护部分的主要参数有漏电保护的动作电流和动作时间。对于人体来说，30mA 以下是安全电流，动作电流一般不要大于 30mA。

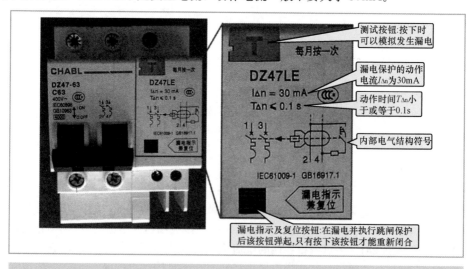

图 6-13　漏电保护器的面板介绍

（2）漏电模拟测试。在使用漏电保护器时，先要对其进行漏电测试。漏电保护器的漏电测试操作如图6-14所示。具体操作如下。

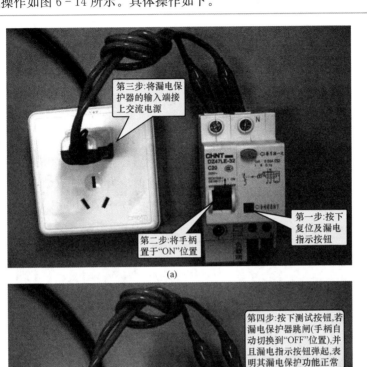

第三步:将漏电保护器的输入端接上交流电源

第二步:将手柄置于"ON"位置

第一步:按下复位及漏电指示按钮

(a)

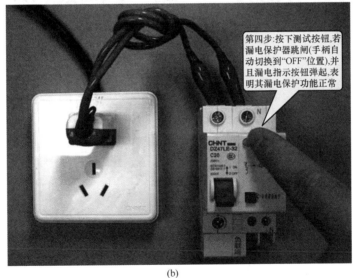

第四步:按下测试按钮,若漏电保护器跳闸(手柄自动切换到"OFF"位置),并且漏电指示按钮弹起,表明其漏电保护功能正常

(b)

图6-14 漏电保护器的漏电测试
(a) 测试准备；(b) 开始测试

1）按下漏电指示及复位按钮（如果该按钮处于弹起状态），再将漏电保护器合闸（即将开关拨至"ON"），复位按钮处于弹起状态时无法合闸，然后将漏电保护器的输入端接上交流电源，如图6-14（a）所示。

2）按下测试按钮，模拟线路出现漏电时的情况，如果漏电保护器正常，则会断开，同时漏电指示及复位按钮弹起，如图 6-14（b）所示。

当漏电保护器通过漏电测试后才能投入使用，如果未通过漏电测试继续使用，则可能在线路发生漏电时无法执行漏电保护。

4. 检测

（1）输入输出端的通断检测。漏电保护器的输入输出端的通断检测方法与断路器基本相同，即将开关分别置于"ON"和"OFF"位置，分别测量输入端与对应输出端之间的电阻。

在检测时，先将漏电保护器的开关置于"ON"位置，用万用表测量输入与对应输出端之间的电阻，正常时应接近于 0，如图 6-15 所示。再将开关置于于"OFF"位置，测量输入与对应输出端之间的电阻，正常时应为无穷大（数字万用表显示超出量程符号"1"或"OL"）。若检测与上述情况不符，则表明漏电保护器损坏。

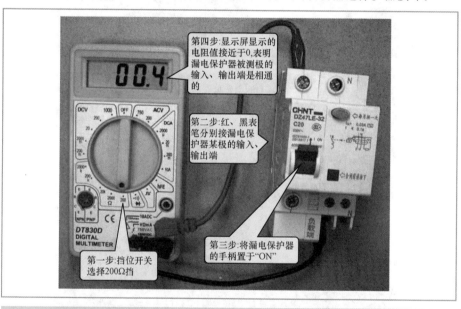

图 6-15　漏电保护器输入输出端的通断检测

（2）漏电测试线路的检测。在按压漏电保护器的测试按钮进行漏电测试时，若漏电保护器无跳闸保护动作，则可能是漏电测试线路故障，也可能是其他故障（如内部机械类故障）。如果仅是内部漏电测试线路出现故障导致漏电测试时不跳闸，则这样的漏电保护器还可以继续使用，在实际线路出现漏电时仍会执行跳闸保护。

漏电保护器的漏电测试线路比较简单，如图 6-12 所示。它主要由一个测试按钮开关和一个电阻构成。漏电保护器的漏电测试线路检测如图 6-16 所示。如果按下测

试按钮测得电阻为无穷大,则可能是按钮开关开路或电阻开路。

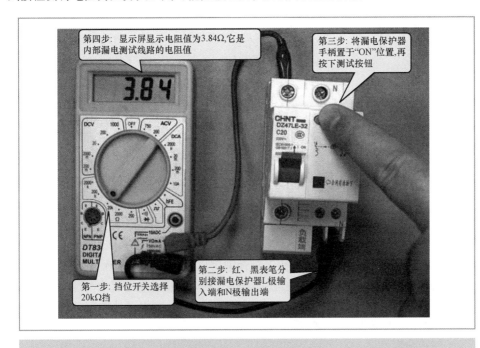

第四步:显示屏显示电阻值为3.84Ω,它是内部漏电测试线路的电阻值

第三步:将漏电保护器手柄置于"ON"位置,再按下测试按钮

第一步:挡位开关选择20kΩ挡

第二步:红、黑表笔分别接漏电保护器L极输入端和N极输出端

图6-16 漏电保护器的漏电测试线路检测

二 检测接触器和继电器

接触器是一种利用电磁、气动或液压操作原理来控制内部触点频繁通断的电器,它主要用作频繁接通和切断交、直流电路。

接触器的种类有很多,按通过的电流来分,接触器可分为交流接触器和直流接触器;按操作方式来分,接触器可分为电磁式接触器、气动式接触器和液压式接触器,这里主要介绍最为常用的电磁式交流接触器。

(一)交流接触器的检测

1. 结构、符号与工作原理

交流接触器的结构及符号如图6-17所示。它主要由三组主触点、一组动断辅助触点、一组动合辅助触点和控制线圈组成,当给控制线圈通电时,线圈产生磁场,磁场通过铁芯吸引衔铁,而衔铁则通过连杆带动所有的动触点动作,使其与各自的静触点接触或断开。交流接触器的主触点允许流过的电流较辅助触点大,故主触点通常接在大电流的主电路中,辅助触点接在小电流的控制电路中。

173

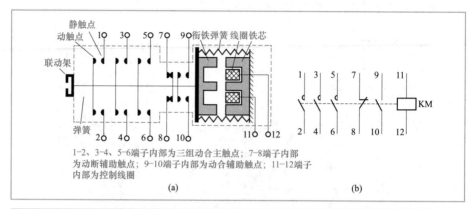

1-2、3-4、5-6端子内部为三组动合主触点；7-8端子内部
为动断辅助触点；9-10端子内部为动合辅助触点；11-12端子
内部为控制线圈

(a)　　　　　　　　(b)

图 6-17　交流接触器的结构与符号
(a) 结构；(b) 符号

　　有些交流接触器带有联动架，按下联动架可以使内部触点动作，使动合触点闭合、动断触点断开，在线圈通电时衔铁会动作，联动架也会随之运动，因此当接触器内部的触点不够用时，可以在联动架上安装辅助触点组，接触器线圈通电时联动架会带动辅助触点组内部的触点同时动作。

　　2. 外形与接线端

　　图 6-18 所示是一种常用的交流接触器。它内部有三个主触点和一个动合触点，

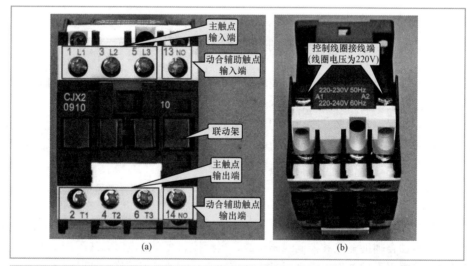

(a)　　　　　　　　(b)

图 6-18　一种常用的交流接触器的外形与接线端
(a) 前视图；(b) 俯视图

没有动断触点，控制线圈的接线端位于接触器的顶部，从标注可知，该接触器的线圈电压为220～230V（电压频率为50Hz时）或220～240V（电压频率为60Hz时）。

3. 铭牌参数的识读

交流接触器的参数有很多，在外壳上会标注一些重要的参数，其识读方法如图6-19所示。

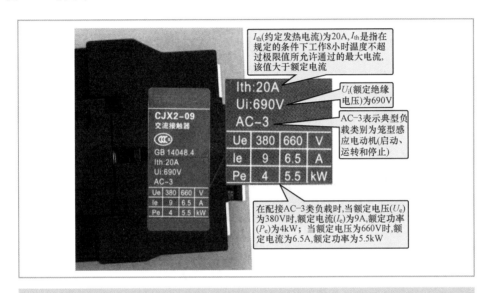

图6-19 交流接触器外壳标注参数的识读

4. 接触器的检测

进行接触器的检测时使用万用表的电阻挡，交流和直流接触器的检测方法基本相同，下面以交流接触器为例进行说明。交流接触器的检测过程如下。

（1）常态下检测动合触点和动断触点的电阻。图6-20所示为在常态下检测交流接触器动合触点的电阻，因为动合触点在常态下处于开路状态，故正常电阻应为无穷大，数字万用表检测时会显示超出量程符号"1"或"OL"，在常态下检测动断触点的电阻时，正常测得的电阻值应接近于0。对于带有联动架的交流接触器，按下联动架后，内部的动合触点会闭合，动断触点会断开，可以用万用表检测这一点是否正常。

（2）检测控制线圈的电阻。检测控制线圈的电阻如图6-21所示。控制线圈的电阻值正常应在几百欧，一般来说，交流接触器功率越大，要求线圈对触点的吸合力越大（即要求线圈流过的电流大），线圈电阻越小。若线圈的电阻为无穷大则表明线圈开路，若线圈的电阻为0则表明线圈短路。

175

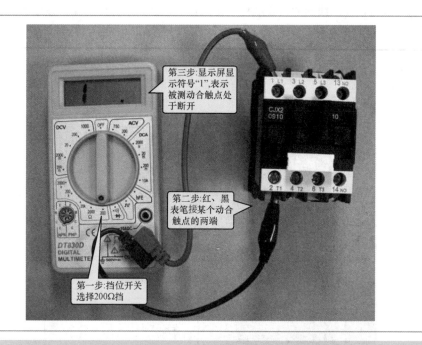

第三步:显示屏显示符号"1",表示被测动合触点处于断开

第二步:红、黑表笔接某个动合触点的两端

第一步:挡位开关选择200Ω挡

图6-20　在常态下检测交流接触器动合触点的电阻

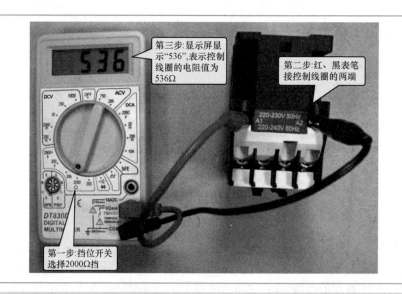

第三步:显示屏显示"536",表示控制线圈的电阻值为536Ω

第二步:红、黑表笔接控制线圈的两端

第一步:挡位开关选择2000Ω挡

图6-21　检测控制线圈的电阻

自学成才
第6日

（3）给控制线圈通电来检测动合、动断触点的电阻。图6-22所示为给交流接触器的控制线圈通电来检测动合触点的电阻，在控制线圈通电时，若交流接触器正常，则会发出"咔嗒"声，同时动合触点闭合、动断触点断开，故测得动合触点电阻应接近于0、动断触点应为无穷大（数字万用表检测时会显示超出量程符号"1"或"OL"）。如果控制线圈通电前后被测触点电阻无变化，则可能是控制线圈损坏或传动机构卡住等原因导致的。

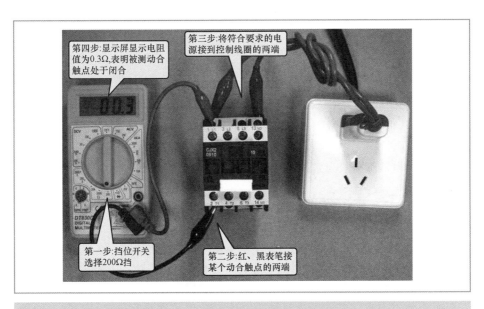

第四步：显示屏显示电阻值为0.3Ω,表明被测动合触点处于闭合

第三步：将符合要求的电源接到控制线圈的两端

第一步：挡位开关选择200Ω挡

第二步：红、黑表笔接某个动合触点的两端

图6-22 给交流接触器的控制线圈通电来检测动合触点的电阻

（二）热继电器的检测

热继电器是利用电流通过发热元件时产生热量而使内部触点动作的。热继电器主要用于电气设备的发热保护，如电动机过载保护等。

1. 结构与工作原理

热继电器的典型结构及符号如图6-23所示。从图6-23中可以看出，热继电器由电热丝、双金属片、导板、测试杆、推杆、动触片、静触片、弹簧、螺钉、复位按钮和整定旋钮等组成。

该热继电器有1-2、3-4、5-6、7-8四组接线端，1-2、3-4、5-6三组串接在主电路的三相交流电源和负载之间，7-8一组串接在控制电路中，1-2、3-4、5-6三组接线端内接电热丝，电热丝绕在双金属片上。当负载过载时，流过电热丝的电流大，电热丝加热双金属片，使之往右弯曲，推动导板往右移动，导板推动推杆转动而使动触片运动，动触点与静触点断开，从而向控制电路发出信号，

177

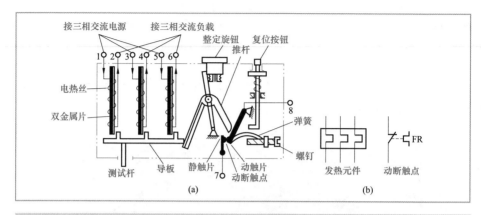

图 6-23 热继电器的典型结构与符号
(a) 结构；(b) 符号

控制电路通过电器（一般为接触器）切断主电路的交流电源，防止负载因长时间过载而损坏。

在切断交流电源后，电热丝温度下降，双金属片恢复到原状，导板左移，动触点和静触点又重新接触，该过程称为自动复位。出厂时热继电器一般被调至自动复位状态。如需手动复位，则可以将螺钉（图中右下角）往外旋出数圈，这样即使切断交流电源让双金属片恢复到原状，动触点和静触点也不会自动接触，而是需要用手动方式按下复位按钮才可以使动触点和静触点接触，该过程称为手动复位。

只有当流过发热元件的电流超过一定值（发热元件额定电流值）时，内部机构才会动作，使动断触点断开（或动合触点闭合），电流越大，动作时间越短，如流过某热继电器的电流为 1.2 倍额定电流时，2h 内动作，为 1.5 倍额定电流时 2min 内动作。**热继电器的发热元件额定电流可以通过整定旋钮来调整**。例如，对于图 6-23 所示的热继电器，将整定旋钮往内旋时，推杆位置下移，导板需要移动较长的距离才能让推杆运动而使触点动作，而只有当流过电热丝电流大时，才能使双金属片的弯曲程度更大，即将整定旋钮往内旋可以将发热元件的额定电流调大一些。

2. 外形与接线端

图 6-24 所示是一种常用的热继电器。它内部有三组发热元件和一个动合触点，一个动断触点，发热元件的一端接交流电源，另一端接负载，当流过发热元件的电流长时间超过整定电流时，发热元件弯曲，最终使动合触点闭合，动断触点断开。在热继电器上还有整定电流旋钮、复位按钮、测试杆和手动/自动复位切换螺钉，其功能说明见图中标注。

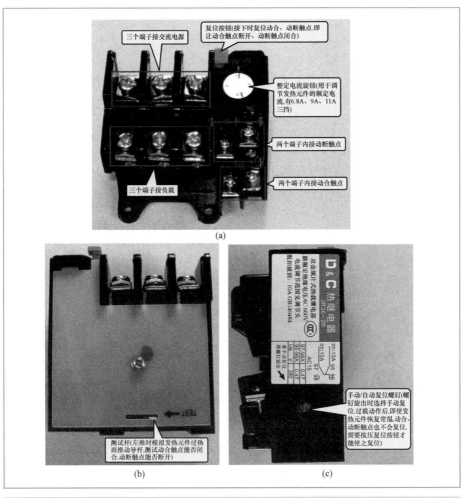

图 6-24　一种常用热继电器的接线端及外部操作部件
(a) 前视图；(b) 后视图；(c) 侧视图

3. 铭牌参数的识读

热继电器铭牌参数的识读如图 6-25 所示。

热、电磁和固态继电器的脱扣分四个等级，它是根据在 7.2 倍额定电流时的脱扣时间来确定的，具体情况见表 6-1。例如，对于 10A 等级的热继电器，如果施加 7.2 倍额定电流，则 2～10s 内会发生脱扣动作。

热继电器是一种保护电器，其触点开关接在控制电路中，图 6-25 中的热继电器使用类别为 AC-15，即控制电磁铁类负载，更多控制电路电器开关元件的使用类型见表 6-2。

179

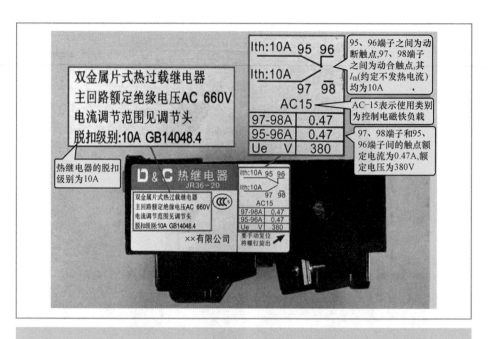

图 6-25　热继电器铭牌参数的识读

表 6-1　　　　　　　　　　热、电磁和固态继电器的脱扣级别与时间

级别	在 7.2 倍额定电流下的脱扣时间（s）	级别	在 7.2 倍额定电流下的脱扣时间（s）
10A	$2 < T_p \leqslant 10$	20	$6 < T_p \leqslant 20$
10	$4 < T_p \leqslant 10$	30	$9 < T_p \leqslant 30$

表 6-2　　　　　　　　　控制电路的电器开关元件的使用类型

电流种类	使用类别	典型用途
交流	AC-12	控制电阻性负载和光电耦合隔离的固态负数
	AC-13	控制具有变压器隔离的固态负载
	AC-14	控制小型电磁铁负载（≤72VA）
	AC-15	控制电磁铁负载（＞72VA）
直流	DC-12	控制电阻性负载和光电耦合隔离的固态负载
	DC-13	控制电磁铁负载
	DC-14	控制电路中具有经济电阻的电磁铁负载

4. 检测

热继电器的检测分为发热元件检测和触点检测，两种检测都使用万用表的电阻挡。

（1）检测发热元件。发热元件由电热丝或电热片组成，其电阻很小（接近于0）。热继电器的发热元件检测如图6-26所示。三组发热元件的正常电阻均应接近于0，如果电阻无穷大（数字万用表显示超出量程符号"1"或"OL"），则表明发热元件开路。

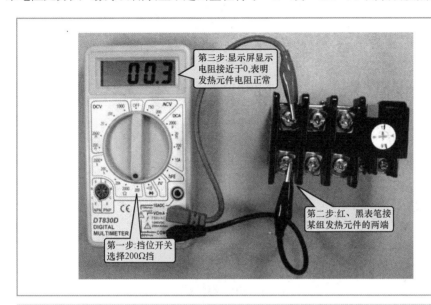

第三步:显示屏显示电阻接近于0,表明发热元件电阻正常

第二步:红、黑表笔接某组发热元件的两端

第一步:挡位开关选择200Ω挡

图6-26　检测热继电器的发热元件

（2）检测触点。热继电器一般有一个动断触点和一个动合触点，触点检测包括未动作时检测和动作时检测。检测热继电器动断触点的电阻如图6-27所示。图6-27（a）为检测未动作时的动断触点电阻，正常时应接近于0，然后检测动作时的动断触点电阻，检测时拨动测试杆，如图6-27（b）所示，模拟发热元件过流发热弯曲使触点动作，动断触点应变为开路，电阻为无穷大。

（三）小型电磁继电器的检测

电磁继电器是一种利用线圈通电产生磁场来吸合衔铁而带动触点开关通、断的元器件。

1. 外形与图形符号

电磁继电器的实物外形和图形符号如图6-28所示。

2. 结构与应用

（1）结构。电磁继电器是利用线圈通过电流产生磁场，来吸合衔铁而使触点断开或接通的。电磁继电器的内部结构如图6-29所示。从图6-29中可以看出，电磁继电器主要由线圈、铁芯、衔铁、弹簧、动触点、动断触点（常闭触点）、动合触点（常开触点）和一些接线端等组成。

自学成才

第6日

181

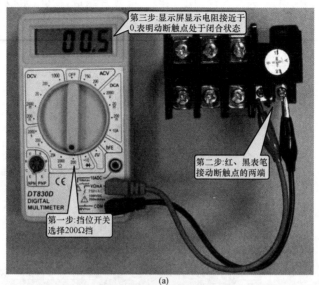

第三步:显示屏显示电阻接近于0,表明动断触点处于闭合状态

第二步:红、黑表笔接动断触点的两端

第一步:挡位开关选择200Ω挡

(a)

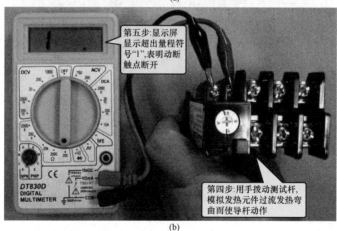

第五步:显示屏显示超出量程符号"1",表明动断触点断开

第四步:用手拨动测试杆,模拟发热元件过流发热弯曲而使导杆动作

(b)

图6-27 检测热继电器动断触点的电阻

(a)检测未动作时的动断触点电阻;(b)检测动作时的动断触点电阻

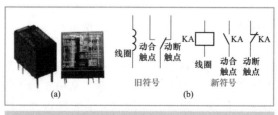

图6-28 电磁继电器

(a)外形;(b)图形符号

当线圈接线端 1、2 脚未通电时，依靠弹簧的拉力使动触点与动断触点接触，4、5 脚接通。当线圈接线端 1、2 脚通电时，有电流流过线圈，线圈产生磁场吸合衔铁，衔铁移动，使动触点与动合触点接触，3、4 脚接通。

（2）应用。电磁继电器的典型应用电路如图 6-30 所示。

当开关 S 断开时，继电器线圈无电流流过，线圈没有磁场产生，继电器的动合触点断开，动断触点闭合，灯泡 HL1 不亮，灯泡 HL2 亮。

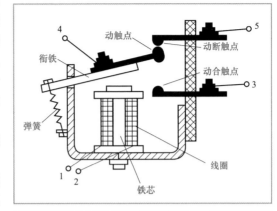

图 6-29　继电器的内部结构

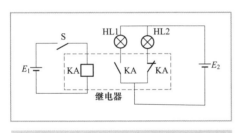

图 6-30　电磁继电器典型应用电路

当开关 S 闭合时，继电器的线圈有电流流过，线圈产生磁场吸合内部衔铁，使动合触点闭合、动断触点断开，结果灯泡 HL1 亮，灯泡 HL2 熄灭。

3. 检测

电磁继电器的检测包括触点、线圈检测和吸合能力检测。

（1）触点、线圈检测。电磁继电器内部主要有触点和线圈，在判断电磁继电器的好坏时需要检测这两部分。

在检测电磁继电器的触点时，万用表选择 R×1Ω 挡，测量动断触点的电阻，正常时应为 0，如图 6-31（a）所示；若动断触点阻值大于 0 或为无穷大，则说明动断触点已氧化或开路。再测量动合触点间的电阻，正常应为无穷大，如图 6-31（b）所示；若动合触点阻值为 0，说明动合触点短路。

在检测电磁继电器的线圈时，万用表选择 R×10Ω 或 R×100Ω 挡，测量线圈两引脚之间的电阻，正常阻值应为 25Ω～2kΩ，如图 6-31（c）所示。一般电磁继电器线圈的额定电压越高，线圈电阻越大。若线圈电阻为无穷大，则表明线圈开路；若线圈电阻小于正常值或为 0，则表明线圈存在短路故障。

（2）吸合能力检测。在检测电磁继电器时，如果测量触点和线圈的电阻基本正常，此时还不能完全确定电磁继电器就能正常工作，还需要通电检测线圈控制触点的吸合能力。

在检测电磁继电器的吸合能力时，给电磁继电器线圈端加额定工作电压，如

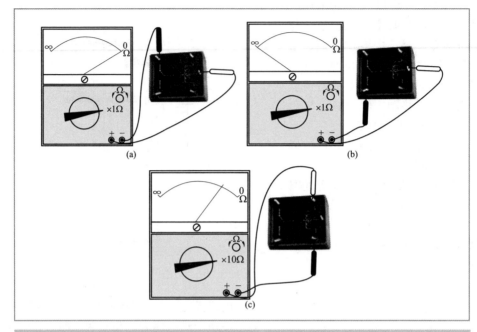

图 6-31 触点、线圈检测
(a) 测量动断触点；(b) 测量动合触点；(c) 测量线圈

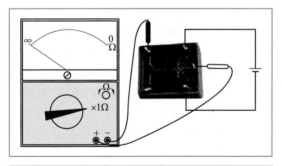

图 6-32 电磁继电器吸合能力检测

图 6-32所示。将万用表置于R×1Ω挡，测量动断触点的阻值，正常应为无穷大（线圈通电后动断触点应断开），再测量动合触点的阻值，正常时应为0（线圈通电后动合触点应闭合）。

若测得动断触点阻值为0，动合触点阻值为无穷大，则可能是线圈因局部短路而导致产生的吸合力不够，或者电磁继电器内部触点切换部件损坏。

（四）中间继电器的检测

中间继电器实际上也是电磁继电器。中间继电器有很多触点，并且触点允许流过的电流较大，可以断开和接通较大电流的电路。

1. 符号及实物外形

中间继电器的外形与符号如图 6-33 所示。

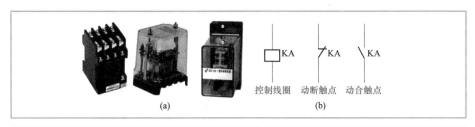

图 6 - 33 中间继电器的符号

(a) 外形；(b) 符号

2. 引脚触点图及重要参数的识读

采用直插式引脚的中间继电器，为了便于接线安装，需要配合相应的底座使用。中间继电器的引脚触点图及重要参数的识读如图 6 - 34 所示。

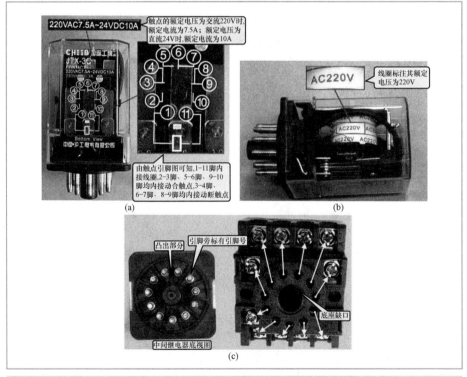

图 6 - 34 中间继电器的引脚触点图及重要参数的识读

(a) 触点引脚图与触点参数；(b) 在控制线圈上标有其额定电压；(c) 引脚与底座

3. 检测

中间继电器的电气部分由线圈和触点组成，两者的检测均使用万用表的电阻挡。

（1）控制线圈未通电时检测触点。触点包括动合触点和动断触点，在控制线圈未通电的情况下，动合触点处于断开状态，电阻为无穷大，动断触点处于闭合状态，电阻接近于 0。中间继电器控制线圈未通电时检测动合触点如图 6-35 所示。

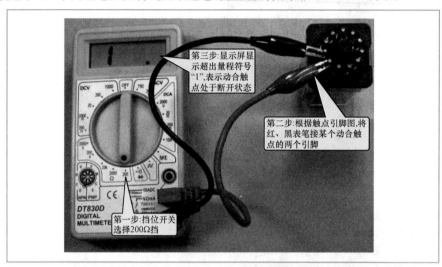

图 6-35　中间继电器控制线圈未通电时检测动合触点

（2）检测控制线圈。中间继电器控制线圈的检测如图 6-36 所示。一般触点的额

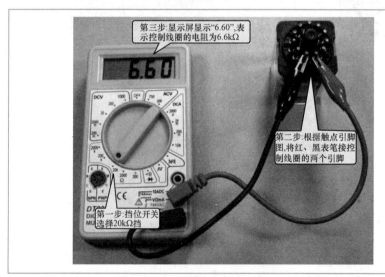

图 6-36　中间继电器控制线圈的检测

定电流越大，控制线圈的电阻越小，这是因为触点的额定电流越大，触点体积就越大，只有控制线圈电阻小（线径更粗）才能流过更大的电流，才能产生更强的磁场吸合触点。

（3）给控制线圈通电来检测触点。给中间继电器的控制线圈施加额定电压，再用万用表检测动合、动断触点的电阻，正常时动合触点应处于闭合状态，电阻接近于0，动断触点处于断开状态，电阻为无穷大。

（五）固态继电器的检测

1. 直流固态继电器

（1）外形与符号。**直流固态继电器（DC‐SSR）的输入端 INPUT（相当于线圈端）接直流控制电压，输出端 OUTPUT 或 LOAD（相当于触点开关端）接直流负载。**直流固态继电器的外形与符号如图 6‐37 所示。

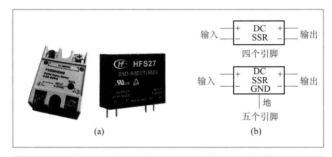

图 6‐37 直流固态继电器

（a）外形；（b）图形符号

（2）结构与工作原理。图 6‐38 所示是一种典型的五引脚直流固态继电器的内部电路结构及等效图。

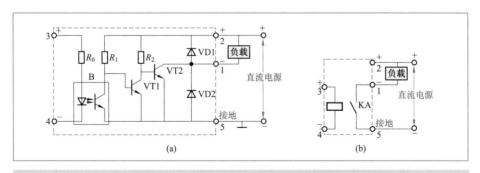

图 6‐38 典型的五引脚直流固态继电器的电路结构及等效图

（a）电路结构；（b）等效图

如图 6‐38（a）所示，当 3、4 端未加控制电压时，光电耦合器中的光敏管截止，VT1 因基极电压很高而饱和导通，VT1 集电极电压被旁路，VT2 因基极电压低而截

187

止，1、5 端处于开路状态，相当于触点开关断开。当 3、4 端加上控制电压时，光电耦合器中的光敏管导通，VT1 因基极电压被旁路而截止，VT1 集电极电压很高，该电压加到 VT2 基极，使 VT2 饱和导通，1、5 端处于短路状态，相当于触点开关闭合。

VD1、VD2 为保护二极管，若负载是感性负载，则在 VT2 由导通状态转为截止状态时，负载会产生很高的反峰电压，该电压极性为下正上负，VD1 导通，迅速降低负载上的反峰电压，防止其击穿 VT2，如果 VD1 开路损坏，则不能降低反峰电压，该电压会先击穿 VD2（VD2 耐压较 VT2 低），这样也可以避免 VT2 被击穿。

图 6 - 39 所示是一种典型的四引脚直流固态继电器的内部电路结构及等效图。

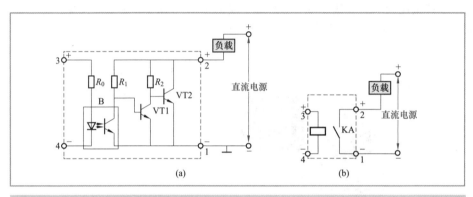

图 6 - 39　典型的四引脚直流固态继电器的电路结构及等效图
(a) 电路结构；(b) 等效图

2. 交流固态继电器

(1) 外形与符号。**交流固态继电器（AC - SSR）的输入端接直流控制电压，输出端接交流负载。** 交流固态继电器的外形与符号如图 6 - 40 所示。

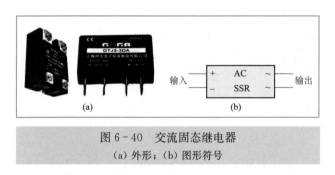

图 6 - 40　交流固态继电器
(a) 外形；(b) 图形符号

(2) 结构与工作原理。图 6 - 41 所示是一种典型的交流固态继电器的内部电路结构。

如图 6 - 41 (a) 所示，当 3、4 端未加控制电压时，光电耦合器内的光敏管截止，VT1 因基极电压高而饱和导通，VT1 集电极电压低，晶闸管 VT3 门极电压低，VT3

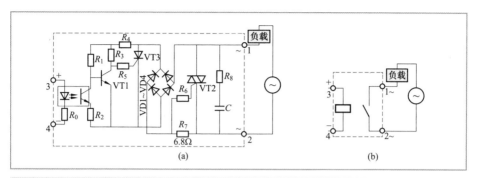

图 6-41 典型的交流固态继电器的内部电路结构

（a）电路结构；（b）等效图

不能导通，桥式整流电路中的 VD1～VD4 都无法导通，双向晶闸管 VT2 的门极无触发信号，VT2 处于截止状态，1、2 端处于开路状态，相当于开关断开。

当 3、4 端加控制电压后，光电耦合器内的光敏管导通，VT1 的基极电压被光敏管旁路，VT1 进入截止状态，VT1 的集电极电压很高，该电压送到晶闸管 VT3 的门极，VT3 被触发而导通。在交流电压正半周时，1 端为正，2 端为负，VD1、VD3 导通，有电流流过 VD1、VT3、VD3 和 R_7，电流在流经 R_7 时会在两端产生压降，R_7 左端电压较右端电压高，该电压使 VT2 的门极电压较主电极电压高，VT2 被正向触发而导通；在交流电压负半周时，1 端为负，2 端为正，VD2、VD4 导通，有电流流过 R_7、VD2、VT3 和 VD4，电流在流经 R_7 时会在两端产生压降，R_7 左端电压较右端电压低，该电压使 VT2 的门极电压较主电极电压低，VT2 被反向触发而导通。也就是说，当 3、4 控制端加控制电压时，不管交流电压是正半周还是负半周，1、2 端都处于通路状态，相当于继电器加控制电压时，动合开关闭合。

若 1、2 端处于通路状态，此时撤去 3、4 端控制电压，则晶闸管 VT3 的门极电压会被 VT1 旁路，在 1、2 端交流电压过零时，流过 VT3 的电流为 0，VT3 被关断，R_7 上的压降为 0，双向晶闸管 VT2 会因门、主极电压相等而关断。

3. 固态继电器的检测

（1）类型及引脚极性识别。**固态继电器的类型及引脚可以通过外表标注的字符来识别。**交、直流固态继电器输入端的标注基本相同，一般都含有"INPUT（或 IN）、DC、+、－"字样，两者的区别在于输出端标注不同，交流固态继电器输出端通常标有"AC、～、～"字样，直流固态继电器输出端通常标有"DC、+、－"字样。

（2）好坏检测。交、直流固态继电器的常态（未通电时的状态）好坏检测方法相同。在检测输入端时，将万用表拨至 R×10kΩ 挡，测量输入端两引脚之间的阻值，若固态继电器正常，则黑表笔接＋端、红表笔接—端时测得的阻值较小，反之阻值为无穷大或接近于无穷大，这是因为固态继电器输入端通常为电阻与发光二极管的串联

电路；在检测输出端时，万用表仍拨至 R×10kΩ 挡，测量输出端两引脚之间的阻值，正、反各测一次，正常时正、反向电阻均应为无穷大，有的 DC－SSR 输出端的晶体管反接有一只二极管，反向测量（红表笔接＋、黑表笔接－）时阻值小。

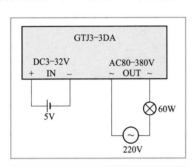

图 6-42　交流固态继电器的
通电检测

固态继电器的常态检测正常后，还无法确定它一定是好的，如输出端开路时正、反向阻值也会为无穷大，这时需要通电检查。下面以图 6-42 所示的交流固态继电器 GTJ3-3DA 为例说明通电检查的方法。先给交流固态继电器输入端接 5V 直流电源，然后在输出端接上 220V 交流电源和一只 60W 的灯泡，如果继电器正常，则输出端两引脚之间内部应该相通，灯泡发光，否则表明继电器损坏。在连接输入、输出端电源时，电源电压应在规定的范围之内，否则会损坏固态继电器。

（六）时间继电器的检测

时间继电器是一种延时控制继电器，它在得到动作信号后并不是立即让触点动作，而是延迟一段时间后才让触点动作。时间继电器主要用在各种自动控制系统和电动机的启动控制线路中。

1. 外形与符号

图 6-43 所示为一些常见的时间继电器。

图 6-43　一些常见的时间继电器

时间继电器分为通电延时型和断电延时型两种，其符号如图 6-44 所示。**对于通电延时型时间继电器，当线圈通电时，通电延时型触点经延时时间后动作（动断触点断开、动合触点闭合），线圈断电后，该触点马上恢复常态；对于断电延时型时间继电器，当线圈通电时，断电延时型触点马上动作（动断触点断开、动合触点闭合），线圈断电后，该触点需要经延时时间后才会恢复到常态。**

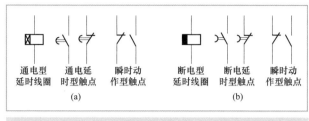

图 6-44 时间继电器的符号

(a) 通电延时型；(b) 断电延时型

2. 电子式时间继电器

时间继电器的种类有很多，主要有空气阻尼式、电磁式、电动式和电子式。由于电子式时间继电器具有体积小、延时时间长和延时精度高等优点，因此它的使用越来越广泛。图 6-45 所示是一种常用的通电延时型电子式时间继电器。

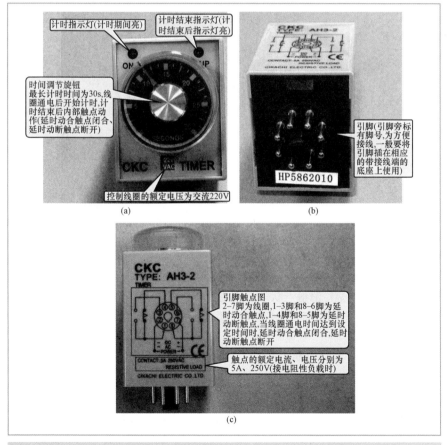

图 6-45 一种常用的通电延时型电子式时间继电器

（a）前视图；（b）后视图；（c）俯视图

191

3. 检测

时间继电器的检测主要包括触点常态检测、线圈的检测和线圈通电检测。

（1）触点的常态检测。触点常态检测是指在控制线圈未通电的情况下检测触点的电阻，动合触点处于断开状态，电阻为无穷大，动断触点处于闭合状态，电阻接近于0。时间继电器动合触点的常态检测如图6-46所示。

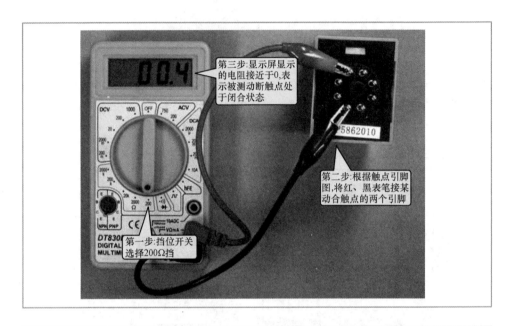

第三步:显示屏显示的电阻接近于0,表示被测动断触点处于闭合状态

第二步:根据触点引脚图,将红、黑表笔接某动合触点的两个引脚

第一步:挡位开关选择200Ω挡

图6-46　时间继电器动合触点的常态检测

（2）控制线圈的检测。时间继电器控制线圈的检测如图6-47所示。

（3）给控制线圈通电来检测触点。给时间继电器的控制线圈施加额定电压，然后根据时间继电器的类型检测触点状态有无变化。例如，对于通电延时型时间继电器，通电经延时时间后，其延时动合触点是否闭合（电阻接近于0）、延时动断触点是否断开（电阻为无穷大）。

（七）干簧管与干簧继电器的检测

1. 干簧管的检测

（1）外形与图形符号。**干簧管是一种利用磁场直接磁化触点而让触点开关发生接通或断开动作的器件**。图6-48（a）所示是一些常见干簧管的实物外形。图6-48（b）所示为干簧管的图形符号。

（2）工作原理。干簧管的工作原理如图6-49所示。

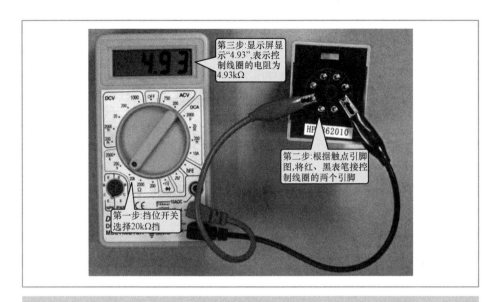

第三步:显示屏显示"4.93",表示控制线圈的电阻为4.93kΩ

第二步:根据触点引脚图,将红、黑表笔接控制线圈的两个引脚

第一步:挡位开关选择20kΩ挡

图6-47 时间继电器控制线圈的检测

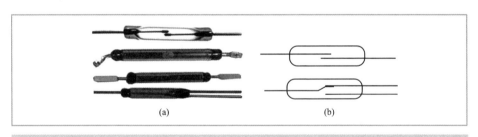

(a)   (b)

图6-48 干簧管

(a) 外形;(b) 图形符号

当干簧管未加磁场时,内部两个簧片不带磁性,处于断开状态。若将磁铁靠近干簧管,则内部两个簧片被磁化而带上磁性,一个簧片磁性为 N,另一个簧片磁性为 S,两个簧片磁性相异产生吸引力,从而使两簧片的触点接触。

(3)检测。干簧管的检测如图 6-50 所示。

干簧管的检测包括常态检测和施加磁场检测。

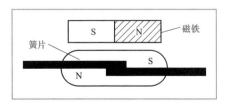

图6-49 干簧管的工作原理

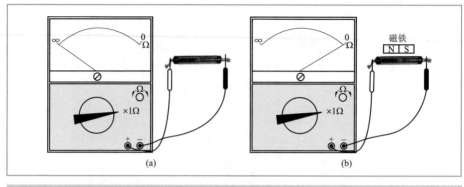

图 6 - 50　干簧管的检测

（a）常态测量；（b）加磁场测量

　　常态检测是指未施加磁场时对干簧管进行检测。在常态检测时，万用表选择 R×1Ω 挡，测量干簧管两引脚之间的电阻，如图 6 - 50（a）所示。对于常开触点，正常阻值应为无穷大，若阻值为 0，则说明干簧管簧片触点短路。

　　在施加磁场检测时，万用表选择 R×1Ω 挡，测量干簧管两引脚之间的电阻，同时用一块磁铁靠近干簧管，如图 6 - 50（b）所示。正常阻值应由无穷大变为 0，若阻值始终为无穷大，则说明干簧管的触点无法闭合。

　　2. 干簧继电器的检测

　　（1）外形与图形符号。**干簧继电器由干簧管和线圈组成。**图 6 - 51（a）所示为一些常见的干簧继电器。图 6 - 51（b）所示为干簧继电器的电路符号。

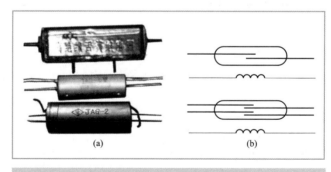

图 6 - 51　干簧继电器

（a）实物外形；（b）电路符号

　　（2）工作原理。干簧继电器的工作原理如图 6 - 52 所示。

　　当干簧继电器线圈未加电压时，内部两个簧片不带磁性，处于断开状态；给线圈加电压后，线圈产生磁场，线圈的磁场将内部两个簧片磁化而使簧片带上磁性，一个

簧片磁性为 N，另一个簧片磁性为 S，两个簧片磁性相异产生吸引，从而使两簧片的触点接触。

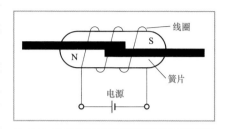

（3）检测。对于干簧继电器，在常态检测时，除了要检测触点引脚间的电阻外，还要检测线圈引脚间的电阻，正常时触点间的电阻为无穷大，线圈引脚间的电阻应为十几欧至几十千欧。

图 6-52　干簧继电器的工作原理

干簧继电器经常态检测正常后，还需要给线圈通电进行检测。干簧继电器通电检测如图 6-53 所示。将万用表拨至 R×1Ω 挡，测量干簧继电器触点引脚之间的电阻，然后给线圈引脚通以额定工作电压，正常触点引脚间的阻值应由无穷大变为 0，若阻值始终为无穷大，则说明干簧管触点无法闭合。

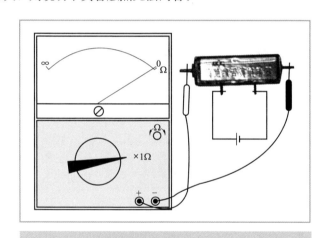

图 6-53　干簧继电器通电检测

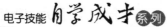

用万用表检测电动机及电气线路

一 检测三相异步电动机

图7-1 两种三相异步电动机的实物外形

（一）外形与结构

图7-1所示为两种三相异步电动机的实物外形。三相异步电动机的结构如图7-2所示。从图7-2中可以看出，它主要由外壳、定子、转子等部分组成。

三相异步电动机各部分说明如下。

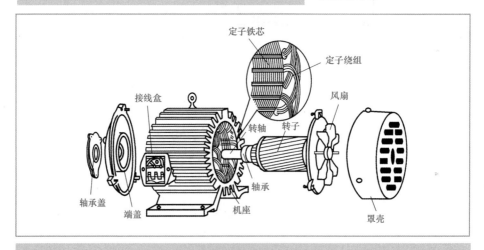

图7-2 三相异步电动机的结构

（1）外壳。三相异步电动机的外壳主要由机座、轴承盖、端盖、接线盒、风扇和罩壳等组成。

（2）定子。定子由定子铁芯和定子绕组组成。

1）定子铁芯。定子铁芯通常由很多圆环状的硅钢片叠合在一起组成。这些硅钢片中间开有很多小槽，用于嵌入定子绕组（也称定子线圈），硅钢片上涂有绝缘层，使叠片之间绝缘。

2）定子绕组。它通常由涂有绝缘漆的铜线绕制而成，再将绕制好的铜线按一定的规律嵌入定子铁芯的小槽内，具体如图7－2放大部分所示。绕组嵌入小槽后，按一定的方法将槽内的绕组连接起来，使整个铁芯内的绕组构成 U、V、W 三相绕组，再将三相绕组的首、末端引出来，接到接线盒的 U1、U2、V1、V2、W1、W2 接线柱上。接线盒如图7－3所示。接线盒各接线柱与电动机内部绕组的连接关系如图7－4所示。

接线盒内有U1、V1、W1和W2、U2、V2六个接线端

图7－3　电动机接线盒内有六个接线端

（3）转子。转子是电动机的运转部分，它由转子铁芯、转子绕组和转轴组成。

1）转子铁芯。如图7－5所示，转子铁芯是由很多外圆开有小槽的硅钢片叠在一起构成的，小槽用来放置转子绕组。

2）转子绕组。转子绕组嵌在转子铁芯的小槽中，转子绕组可分为笼式转子绕组和线绕式转子绕组。

笼式转子绕组是在转子铁芯的小槽中放入金属导条，再在铁芯两端用导环将各导条连接起来，这样任意一根导条与它对应的导条就通过两端的导环构成了一个闭合的绕组，由于这种绕组形似笼子，因此称为笼式转子绕组。笼式转子绕组有铜条转子绕组和铸铝转子绕组两种，如图7-6所示。铜条转子绕组是在转子铁芯的小槽中放入铜导条，然后在两端用金属端环将它们焊接起来的；而铸铝转子绕组则是用浇铸的方法在铁芯上浇铸出铝导条、端环和风叶。

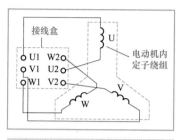

图7-4　接线盒各接线端与内部
绕组的连接关系

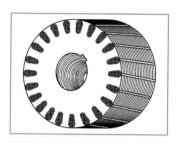

图7-5　由硅钢片叠成的
转子铁芯

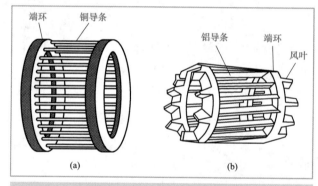

图7-6　两种笼式转子绕组
（a）铜条转子绕组；（b）铸铝转子绕组

（二）三相异步电动机的绕组接线方式

三相异步电动机的定子绕组由 U、V、W 三相绕组组成，这三相绕组有 6 个接线端，它们与接线盒的 6 个接线柱连接。接线盒如图7-3所示。在接线盒上，可以通过将不同的接线柱短接，将定子绕组接成星形或三角形。

1. 星形接线法

要将定子绕组接成星形，可以按图7-7（a）所示的方法接线。接线时，用短路线把接线盒中的 W2、U2、V2 接线柱短接起来，这样就将电动机内部的绕组接成了星形，如图7-7（b）所示。

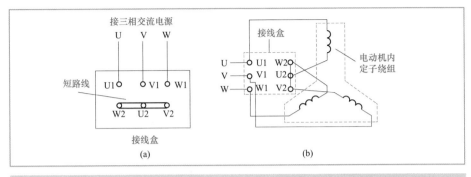

图7-7　定子绕组按星形接法接线
（a）外部接线柱的接线；（b）外部接线柱与内部绕组的连接关系

2. 三角形接线法

要将电动机内部的三相绕组接成三角形，可以用短路线将接线盒中的U1和W2、V1和U2、W1和V2接线柱按图7-8所示的方法接起来，然后从U1、V1、W1接线柱分别引出导线，与三相交流电源的3根相线连接。如果三相交流电源的相线之间的电压是380V，那么对于定子绕组按星形连接的电动机，其每相绕组承受的电压为220V；对于定子绕组按三角形连接的电动机，其每相绕组承受的电压为380V。所以，三角形接法的电动机在工作时，其定子绕组将承受更高的电压。

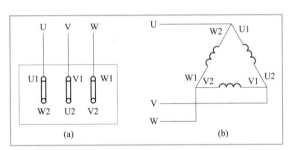

图7-8　定子绕组按三角形接法接线
（a）外部接线柱的接线；（b）外部接线柱与内部绕组的连接关系

（三）检测三相绕组的通断和对称情况

三相异步电动机内部有三相绕组，在使用时按星形接线或三角形接线，可以用万用表电阻挡检测绕组的通断和对称情况。

1. 通过外部电源线检测绕组

通过外部电源线检测绕组时不用打开接线盒，直接通过三根电源线来检测绕组的通断和对称情况即可。通过外部电源线检测绕组如图7-9所示。正常时U、V、W三根电源线两两间的电阻是相同或相近的。如果内部三相绕组为三角形接法，那么U、V电源线之间的电阻实际为V、W两相绕组串联再与U相绕组并联的总电阻，如图7-8所示。只有U、V两相绕组，U、W两相绕组开路，或者U、V、W三相绕组同时开路时，U、V电源线之间的电阻才为无穷大；如果内部三相绕组为星形接

199

法，那么 U、V 电源线之间的电阻实际为 U、V 两相绕组串联的总电阻，如图 7-7 所示。只要 U、V 任一相绕组开路，则 U、V 电源线之间的电阻就为无穷大。

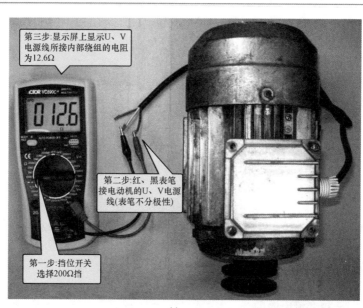

第三步:显示屏上显示U、V 电源线所接内部绕组的电阻 为12.6Ω

第二步:红、黑表笔 接电动机的U、V电源 线(表笔不分极性)

第一步:挡位开关 选择200Ω挡

(a)

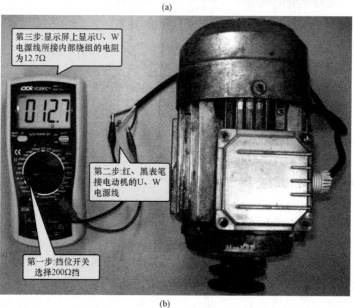

第三步:显示屏上显示U、W 电源线所接内部绕组的电阻 为12.7Ω

第二步:红、黑表笔 接电动机的U、W 电源线

第一步:挡位开关 选择200Ω挡

(b)

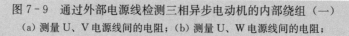

图 7-9 通过外部电源线检测三相异步电动机的内部绕组（一）

（a）测量 U、V 电源线间的电阻；（b）测量 U、W 电源线间的电阻；

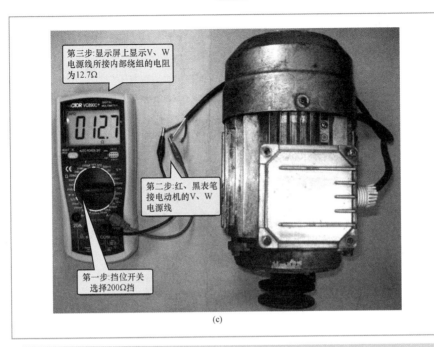

图 7 - 9　通过外部电源线检测三相异步电动机的内部绕组（二）
（c）测量 V、W 电源线间的电阻

2. 通过接线端直接检测绕组

利用测量外部电源线来检测内部绕组的方法操作简单，但结果分析比较麻烦，而使用测量接线端来直接检测绕组的方法则非常简单直观。

（1）拆卸接线盒。在使用测量接线端直接检测绕组的方法时，先要拆开电动机的接线盒保护盖，如图 7 - 10 所示。再将电源线和各接线端之间的短路片及紧固螺丝拆下，如图 7 - 11 所示。

（2）测量接线端来直接检测绕组。用万用表测量接线端来直接检测绕组的操作如图 7 - 12 所示。图 7 - 12 中红、黑表笔接的为 U2、U1 接线端，故测得结果为电动机内部 U 相绕组的电阻，若红、黑表笔接的为 V2、V1 接线端，测得结果为 V 相绕组的电阻，红、黑表笔接的为 W2、W1 接线端时测得结果为 V 相绕组的电阻，正常时三相绕组的电阻均应相等（略有差距也算正常）。

（四）检测绕组间的绝缘电阻

1. 用万用表检测绕组间的绝缘电阻

电动机三相绕组之间是相互绝缘的，如果绕组间绝缘性能下降会导致漏电，轻则电动机运转异常，重则绕组烧坏。电动机绕组间的绝缘电阻可以使用万用表电阻挡进行检测，如图 7 - 13 所示。图 7 - 13 中为检测 W、V 相绕组间的绝缘电阻，正常时两绕组间的绝缘电阻应大于 0.5MΩ，万用表显示"OL"（超出量程）表示两绕组间的电阻大于 20MΩ，表明绝缘良好。

将接线盒的保护盖拆下,接线盒内有U1、V1、W1和W2、U2、V2六个接线端,用短路片将这些接线端按U1-W2、V1-U2、W1-V2短接,即按三角形接法将内部三相绕组连接起来,外部U、V、W三根电源线分别接到U1、V1、W1接线端

图 7-10　拆下电动机接线盒上的保护盖

拆下的电源线、短路片和紧固螺丝

将接线盒内的短路片、电源线和紧固螺丝拆下

图 7-11　拆下接线盒内的电源线、短路片和紧固螺丝

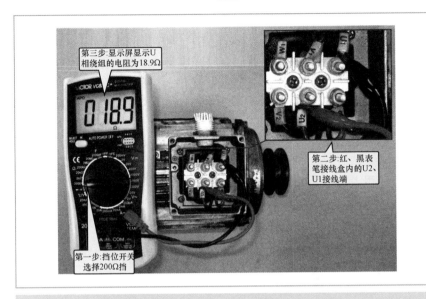

第三步:显示屏显示U相绕组的电阻为18.9Ω

第二步:红、黑表笔接线盒内的U2、U1接线端

第一步:挡位开关选择200Ω挡

图 7-12 用万用表测量接线端来直接检测绕组

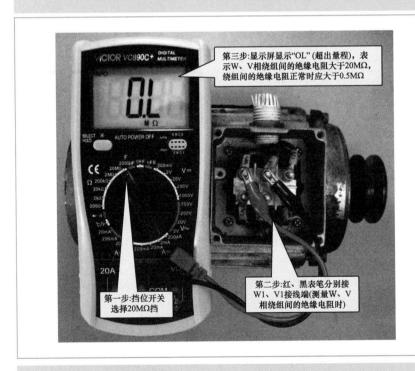

第三步:显示屏显示"OL"(超出量程),表示W、V相绕组间的绝缘电阻大于20MΩ,绕组间的绝缘电阻正常时应大于0.5MΩ

第二步:红、黑表笔分别接W1、V1接线端(测量W、V相绕组间的绝缘电阻时)

第一步:挡位开关选择20MΩ挡

图 7-13 用万用表检测绕组间的绝缘电阻

203

2. 用绝缘电阻表检测绕组间的绝缘电阻

在用万用表检测电动机绕组间的绝缘电阻时，由于测量时提供的测量电压很低（只有几伏），只能反映出低压时的绝缘情况，无法反映绕组加高电压时的绝缘情况，如果要检测绕组加高压时的绝缘情况，则可以使用绝缘电阻表。

测量电动机绕组间的绝缘电阻时使用绝缘电阻表（500V），使用绝缘电阻表检测电动机绕组间的绝缘电阻如图7-14所示。在测量时，拆掉接线端的电源线和接线端之间的短路片，将绝缘电阻表的L测量线接某相绕组的接线端，E测量线接另一相绕组的一个接线端，然后摇动绝缘电阻表的手柄进行测量，L、E测量线之间输出500V的高压加至两绕组上，绕组间的绝缘电阻越大，流回绝缘电阻表的电流就越小，绝缘电阻表指示电阻值就越大，正常情况下绝缘电阻大于1MΩ为合格，最低限度不能低于0.5MΩ。再用同样方法测量其他绕组间的绝缘电阻，若绕组对地的绝缘电阻检测不合格，则应烘干后重新测量，达到合格标准后才能使用。

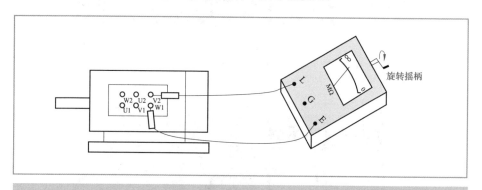

图7-14　用绝缘电阻表检测电动机绕组间的绝缘电阻

（五）检测绕组与外壳之间的绝缘电阻

1. 用万用表检测绕组与外壳之间的绝缘电阻

电动机三相绕组与外壳之间都是绝缘的，如果任一绕组与外壳之间的绝缘电阻下降，则可能会使外壳带电，人接触外壳时易发生触电事故。用万用表检测绕组与地之间的绝缘电阻如图7-15所示。图7-15中为检测W相绕组与外壳间的绝缘电阻，正常情况下绕组与外壳间的绝缘电阻应大于0.5MΩ，万用表显示"OL"（超出量程）表示两绕组间的电阻大于20MΩ，表明绝缘良好。

2. 用绝缘电阻表检测绕组与外壳间的绝缘电阻

用绝缘电阻表检测电动机绕组与外壳间的绝缘电阻时使用绝缘电阻表（500V），测量如图7-16所示。在测量时，先拆掉接线端的电源线，接线端间的短路片保持连接，将绝缘电阻表的L测量线接任一接线端，E测量线接电动机的外壳金属部位，然后摇动绝缘电阻表的手柄进行测量。对于新电动机，绝缘电阻大于1MΩ为合格；对

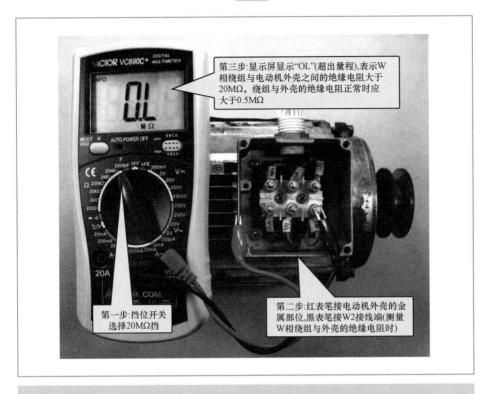

图 7-15　用万用表检测绕组与外壳间的绝缘电阻

于运行过的电动机，绝缘电阻大于 0.5MΩ 为合格。若绕组与外壳间的绝缘电阻不合格，则应烘干后重新测量，达到合格标准后才能使用。

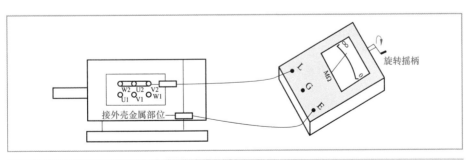

图 7-16　用绝缘电阻表检测绕组与外壳间的绝缘电阻

图 7-16 中三个绕组用短路片连接起来，当测得绝缘电阻不合格时，可能仅是某

相绕组与外壳间的绝缘电阻不合格，要准确找出该相绕组则需要拆下短路片，然后进行逐相检测。

（六）判别三相绕组的首尾端

电动机在使用过程中，可能会出现接线盒的接线板损坏的情况，从而导致无法区分6个接线端与内部绕组的连接关系。我们可以采用一些方法解决这个问题。

1. 判别各相绕组的两个端子

电动机内部有三相绕组，每相绕组有两个接线端，判别各相绕组的接线端时可使用万用表电阻挡。将万用表置于 R×10Ω 挡，测量电动机接线盒中的任意两个端子的电阻，如果阻值很小，如图 7-17 所示，表明当前所测的两个端子为某相绕组的端子，再用同样的方法找出其他两相绕组的端子。由于各绕组结构相同，故可将其中某一组端子标记为 U 相，其他两组端子则分别标记为 V、W 相。

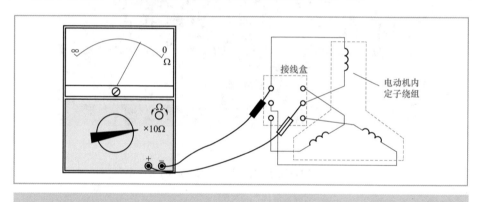

图 7-17　判别各相绕组的两个端子

2. 判别各绕组的首尾端

电动机可以不用区分 U、V、W 相，但各相绕组的首尾端必须区分出来。判别绕组首尾端的常用方法有直流法和交流法。

（1）直流法。在使用直流法区分各绕组首尾端时，必须已判明各绕组的两个端子。

直流法判别绕组首尾端如图 7-18 所示。将万用表置于最小的直流电流挡（图 7-18 所示为 0.05mA 挡），红、黑表笔分别接一相绕组的两个端子，然后给其他一相绕组的两端子接电池和开关，合上开关，在开关闭合的瞬间，如果表针向右摆动，则表明电池正极所接端子与红表笔所接端子为同名端（电池负极所接端子与黑表笔所接端子也为同名端）；如果表针向左摆动，则表明电池负极所接端子与红表笔所接端子为同名端。图 7-18 中表针向右摆动，则表明 Wa 端与 Ua 端为同名端，再断开开关，用两表笔接剩下的一相绕组的两个端子，用同样的方法判别该相绕组端子。

找出各相绕组的同名端后，将性质相同的三个同名端作为各绕组的首端，余下的三个端子则为各绕组的尾端。由于电动机绕组的阻值较小，因此开关闭合时间不要过长，以免电池很快耗尽或烧坏。

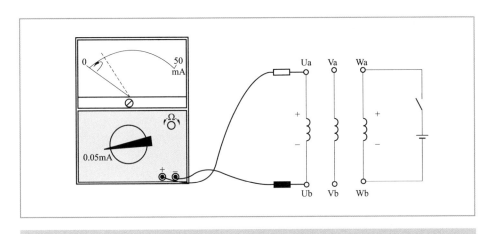

图 7-18　直流法判别绕组首尾端

直流法判断同名端的原理是：当闭合开关的瞬间，W 绕组因突然有电流通过而产生电动势，电动势极性为 Wa 正、Wb 负，由于其他两相绕组与 W 相绕组相距很近，W 相绕组上的电动势会感应到这两相绕组上，如果 Ua 端与 Wa 端为同名端，则 Ua 端的极性也为正，U 相绕组与万用表接成回路，U 相绕组的感应电动势产生的电流从红表笔流入万用表，表针会向右摆动，开关闭合一段时间后，流入 W 相绕组的电流基本稳定，W 相绕组无电动势产生，其他两相绕组也无感应电动势，万用表表针会停在 0 刻度处不动。

（2）交流法。在使用交流法区分各绕组首尾端时，也要求已判明各绕组的两个端子。

交流法判别绕组首尾端如图 7-19 所示。先将两相绕组的两个端子连接起来，万用表置于交流电压挡（图 7-19 所示为交流 50V 挡），红、黑表笔分别接此两相绕组的另外两个端子，然后给余下的一相绕组接灯泡和 220V 交流电源，如果表针有电压指示，则表明红、黑表笔接的两个端子为异名端（两个连接起来的端子也为异名端），如果表针指示的电压值为 0，则表明红、黑表笔接的两个端子为同名端（两个连接起来的端子也为同名端），再更换组做上述测试，如图 7-19（b）所示。图 7-19 中万用表指示电压值为 0，表明 Ub、Wa 为同名端（Ua、Wb 为同名端）。找出各相绕组的同名端后，将性质相同的三个同名端作为各绕组的首端，余下的三个端子则为各绕组的尾端。

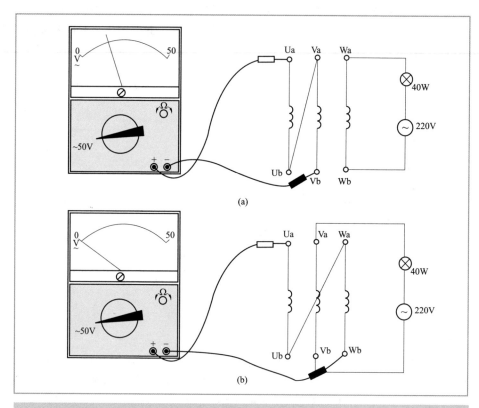

图 7-19 交流法判别绕组首尾端
(a) 测量一；(b) 测量二

交流法判断同名端的原理是：当 220V 交流电压经灯泡降压加到一相绕组时，另外两相绕组会感应出电压，如果这两相绕组是同名端与异名端连接起来，则两相绕组上的电压因叠加而增大一倍，万用表会有电压指示；如果这两相绕组是同名端与同名端连接，则两相绕组上的电压叠加会相互抵消，万用表测得的电压应为 0。

(七) 判断电动机的磁极对数和转速

对于三相异步电动机，其转速 n、磁极对数 p 和电源频率 f 之间的关系近似为 $n=60f/p$（也可用 $p=60f/n$ 或 $f=pn/60$ 表示）。电动机铭牌一般不标注磁极对数 p，但会标注转速 n 和电源频率 f，根据 $p=60f/n$ 即可求出磁极对数。例如，电动机的转速为 1440r/min，电源频率为 50Hz，那么该电动机的磁极对数 $p=60f/n=60×50/1440≈2$。

电动机的铭牌脱落或磨损，无法了解电动机的转速时，也可使用万用表来判断。在判断时，万用表选择直流 50mA 以下的挡位，红、黑表笔接一个绕组的两个接线端，如图 7-20 所示。然后匀速旋转电动机转轴一周，同时观察表针摆动的次数，表针摆动一次表示电动机有一对磁极，即表针摆动的次数与磁极对数是相同的，再根据 $n = 60f/p$ 即可求出电动机的转速。

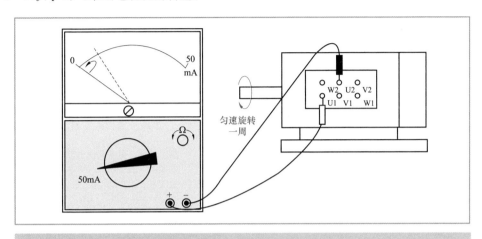

图 7-20　判断电动机的磁极对数

（八）三相异步电动机常见故障及处理方法

三相异步电动机的常见故障及处理方法见表 7-1。

表 7-1　　　　　　　　三相异步电动机的常见故障及处理方法

故障现象	故障原因	处理方法
不能启动	（1）电源未接通。 （2）被带动的机械（负载）卡住。 （3）定子绕组断路。 （4）轴承损坏，被卡住。 （5）控制设备接线错误	（1）检查断线点或接头松动点，重新安装。 （2）检查机器，排除障碍物。 （3）用万用表检查断路点，修复后再使用。 （4）检查轴承，更换新件。 （5）详细核对控制设备接线图，加以纠正
动转声音不正常	（1）电动机缺相运行。 （2）电动机地脚螺丝松动。 （3）电动机转子、定子摩擦，气隙不均匀。 （4）风扇、风罩或端盖间有杂物。 （5）电动机上部分紧固件松脱。 （6）皮带松弛或损坏	（1）检查断线处或接头松脱点，重新安装。 （2）检查电动机的地脚螺丝，重新调整、填平后再拧紧螺丝。 （3）更换新轴承或校正转子与定子间的中心线。 （4）拆开电动机，清除杂物。 （5）检查紧固件，拧紧松动的紧固件（螺丝、螺栓）。 （6）调节皮带松弛度，更换损坏的皮带

续表

故障现象	故障原因	处理方法
温升超过允许值	(1) 过载。 (2) 被带动的机械（负载）卡住或皮带太紧。 (3) 定子绕组短路	(1) 减轻负载。 (2) 停电检查，排除障碍物，调整皮带松紧度。 (3) 检修定子绕组或更换新电动机
运行中轴承发烫	(1) 皮带太紧。 (2) 轴承腔内缺润滑油。 (3) 轴承中有杂物。 (4) 轴承装配过紧（轴承腔小，转轴大）	(1) 调整皮带松紧度。 (2) 拆下轴承盖，加润滑油至 2/3 轴承腔。 (3) 清洗轴承，更换新润滑轴。 (4) 更换新件或重新加工轴承腔
运行中有噪声	(1) 熔丝一相熔断。 (2) 转子与定子摩擦。 (3) 定子绕组短路、断线	(1) 找出熔丝熔断的原因，换上新的同等容量的熔丝。 (2) 矫正转子中心，必要时调整轴承。 (3) 检修绕组
运行中振动过大	(1) 基础不牢，地脚螺丝松动。 (2) 所带的机具中心不一致。 (3) 电动机的线圈短路或转子断条	(1) 重新加固基础，拧紧松动的地脚螺丝。 (2) 重新调整电动机的位置。 (3) 拆下电动机，进行修理
在运行中冒烟	(1) 定子线圈短路。 (2) 传动皮带太紧	(1) 检修定子线圈。 (2) 减小传动皮带的过度张力

二　检测单相异步电动机

　　单相异步电动机是一种采用单相交流电源供电的小容量电动机。单相异步电动机具有供电方便、成本低廉、运行可靠、结构简单和振动噪声小等优点，广泛应用在家用电器、工业和农业等领域的中小功率设备中。单相异步电动机可分为分相式单相异步电动机和罩极式单相异步电动机。空调器的室外机风扇电动机、压缩机和部分空调器的室内机风扇电动机属于分相式单相异步电动机。

（一）单相异步电动机的结构

　　分相式单相异步电动机是指将单相交流电转变为两相交流电来启动运行的单相异步电动机。分相式单相异步电动机种类很多，外形也不尽相同，但结构基本相同，分相式单相异步电动机的典型结构如图 7-21 所示。它主要是由机座、定子绕组、转子、轴承、端盖和接线等组成。

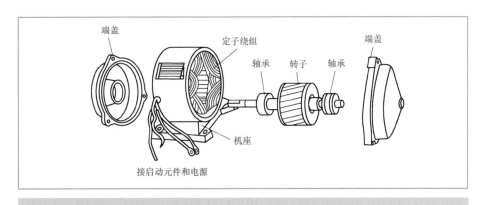

图 7 - 21　分相式单相异步电动机典型结构

（二）单相异步电动机的接线图与工作原理

分相式单相异步电动机需要接上电源和启动电容器后才能工作，分相式单相异步电动机的典型接线方式如图 7 - 22 所示。**电动机的定子绕组由主绕组和启动绕组组成，两绕组的一端接在一起往外引出一个接线端，称为公共端（C 端）；主绕组另一端往外引出一个接线端，称为主绕组端（R 端）；启动绕组另一端往外引出一个接线端，称为启动绕组端（S 端）；在启动绕组端与电源之间串接了一个电容器，称为启动电容器。**

当分相式单相异步电动机按图 7 - 22 所示的接线方式与交流电源和启动电容器接好后，电源分为两路：一路直接加到主绕组两端，另一路经电容器后加到启动绕组两端，即将单相电源分成两相电源；由于电容器的作用，流入主绕组和启动绕组的

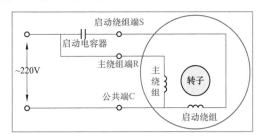

图 7 - 22　分相式单相异步电动机的典型接线方式

电流相位不同，两绕组就会产生旋转磁场，处于磁场内的转子受到旋转磁场的作用力而旋转起来。转子运转后，如果断开启动绕组的供电，转子仍会继续运转。对于启动绕组或启动电容器损坏的电动机，如果人为转动电动机的转子，电动机也可以启动并连续运转，但停转后又需要人工启动。

（三）单相异步电动机的三个接线端的极性判别

分相式单相异步电动机的内部有启动绕组和主绕组（运行绕组），对外接线有公共端、主绕组端和启动绕组端共三个接线端子，如图 7 - 22 所示。在使用时，主绕组端直接接电源，启动绕组端串接电容器后接电源，如果将启动绕组端直接接电源，而

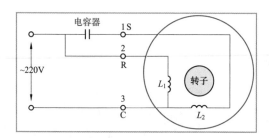

图 7-23 绕组和接线端子均未知的分相式
单相异步电动机

将主绕组端串接电容后再接电源，电动机也会运转，但旋转方向相反，根据这一点可以判别电动机的主绕组端和启动绕组端。

图 7-23 是一个绕组和接线端子均未知的分相式单相异步电机，在检测时，先找出公共端，再区分启动绕组端和主绕组端。

用万用表测量任意两个接线端子之间的阻值，找到阻值最大的两个接线端子，这两个端子分别是主绕组端和启动绕组端（两个端子之间为主绕组和启动绕组串联，故阻值最大），余下的一个端子则为公共端（图中标号为3）。找到公共端子后，给另外两个端子（标号分别为1、2）并联一个耐压400V以上、容量大于 $1\mu F$ 的电容器（电动机功率越大，电容器容量也应越大），再给2、3号端子接上220V电压，电动机开始运转（运转时间不要太长），如果电动机按顺时针方向旋转，与实际要求的转向一致，则2号端子为主绕组端，1号端子为启动绕组端，L_1 为主绕组，L_2 为启动绕组，如果要求电动机工作时按逆时针方向旋转，而现在电动机却顺时针旋转，表明电源线直接接2号端子是错误的，正确应接1号端子，1号端子为主绕组端，2号端子为启动绕组端，L_1 为启动绕组，L_2 为主绕组。

总之，当分相式单相异步电动机接上电源和启动电容器后，如果电动机转向与实际工作时的转向相同，则一根电源线接的为主绕组端，另一根电源线接的为公共端。

（四）抽头式调速电动机的接线识别与检测

抽头式调速电动机是一种具有多挡调速功能的单相异步电动机，其内部定子绕组由主绕组、启动绕组和调速绕组组成，这种电动机常用作具有多挡速的风扇电动机（如电风扇、空调器室外机风扇等）。

1. 外形和内部接线

抽头式调速电动机的内部有主绕组、启动绕组和调速绕组，往外引出5根或6根接线，其外形与接线如图 7-24 所示。

2. 各接线的区分

抽头式调速电动机（三速）往外引出5根或6根接线，在使用时这些接线不能乱接，否则可能烧坏电动机内部的绕组。抽头式调速电动机各接线的区分可采用以下方法。

（1）查看电动机上标注的接线图来区分各接线。抽头式调速电动机一般会标示各接线与内部绕组之间的接线图，如图 7-25 所示。查看该图即可区分出各接线。这种方法是最可靠的方法。

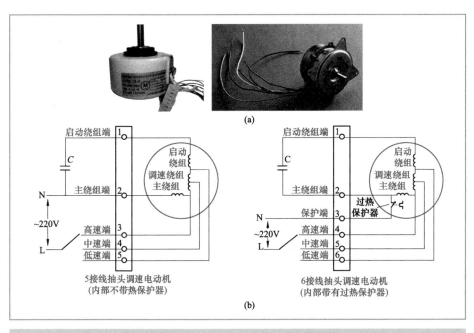

图 7-24 抽头式调速电动机外形与内部接线

(a) 外形；(b) 接线

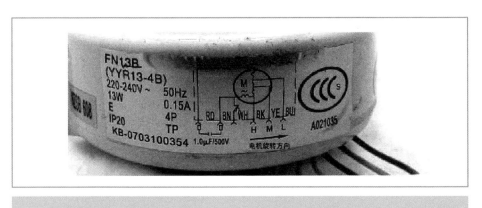

图 7-25 查看电动机上标注的接线图来区分接线的极性

（2）查看接线颜色来区分各接线。抽头调速电动机的各接线颜色的一般规律为：启动绕组端——红色（RD），主绕组端——棕色（BN），保护端——白色（WH），高速端——黑色（BK），中速端——黄色（YE），低速端——蓝色（BU）。不过有很多抽头调速电动机的接线不会遵循这些颜色规律，因此查看接线颜色区分各接线的方法仅供参考。

（3）在电路板上查看电动机接线旁的标注来区分各接线。如果电动机的接线未从电路板上取下，可在电路板上查看接线旁的标注来识别各接线，与电容器连接的两根线分别为电动机的启动绕组接线端和主绕组接线端，主绕组端还与电源线（一般为 N 线）直接连通。

（4）用万用表测量来区分各接线。如果无法用前面三种方法来区分电动机的各接线，则可以使用万用表测电阻的方法来区分。以 5 接线的抽头调速电动机为例，具体过程如下。

1）找出主绕组和启动绕组两个端子。用万用表测量任意两根接线之间的阻值，找出阻值最大的两根接线，这两根接线分别是启动绕组端和主绕组端，因为这两端之间为主绕组、调速绕组和启动绕组三者的串联，故阻值最大。

2）区分出主绕组端子和启动绕组端子。用导线将高速端、中速端和低速端短路（相当于将调速绕组短路），并将电源、启动电容器（耐压 400V 以上、容量大于 $1\mu F$）与电动机各接线按图 7-26 所示方法接好，电动机开始运转，如果电动机转向与实际工作时要求的转向相同，则与电源线、电容器一端同时连接的端子为主绕组端（图 7-26 中为 2 号端子），单独与电容器另一端连接的端子为启动绕组端（图中为 1 号端子），如果电动机转向与实际工作时要求的转向相反，说明电源线未接到主绕组端，1 号端子应为主绕组端，2 号端子为启动绕组端。

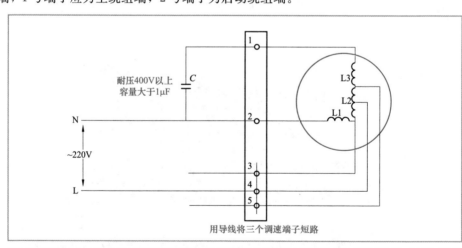

图 7-26　区分出主绕组端子和启动绕组端子的接线

3）区分三个调速端子。拆掉三个调速端子的短路导线，万用表一支表笔接主绕组端子不动，另一支表笔依次接三个调速端子，测得阻值最小的为高速端子，阻值最大的为低速端子，阻值在两者之间的为中速端子。

对于6接线的抽头调速电动机,其主绕组端与保护端内部接有一个过热保护器,正常时阻值应接近于0,从阻值上看,这两个端子就像是同一个端子,用测电阻的方法很难将两者区分开来,只能查看电动机上的接线标识或拆开电动机进行查看。在使用时,如果主绕组端与保护端接错,电动机也可以正常运转,但电动机过热时只会断开启动绕组,无法断开整个电源进行过热保护。

三 机床电气线路的常用检测方法

在现代化工业生产中,大量的产品由机床加工生产出来,机床种类很多,如车床、磨床、钻床、铣床、镗床、刨床等,机床工作时的动力来自电动机,这些电动机需要配备相应的电气线路来驱动。机床在工作过程中不可避免地会出现故障,其故障可分为机械故障和电气故障,下面主要介绍用万用表检测机床电气线路的常用方法。

(一)直观法

当机床发生电气故障后,不要盲目地动手检修。在检修时,应通过直观法来了解故障前后的情况,以便根据故障现象判断出故障发生的部位。

直观法的主要内容介绍如下。

(1)**问**。询问操作者故障前后电路和设备的运行状况及故障发生后的症状。例如,故障是经常发生还是偶尔发生,是否有响声、冒烟、火花、异常振动等征兆,故障发生前有无切削力过大和频繁启动、停止、制动等情况,有无经过保养检修或改动线路等。

(2)**看**。查看故障发生前是否有明显的外观征兆。例如,带指示功能的熔断器是否有熔断指示,保护电器是否有脱扣动作,接线是否脱落,触头是否烧蚀或熔焊,线圈是否有过热烧毁情况等。

(3)**听**。若线路还能运行,则在确定不会扩大故障范围、不损坏设备的前提下,可以通电试车,听电动机、接触器和继电器等电器的声音是否正常。

(4)**摸**。在切断电源后,尽快用手触摸电动机、变压器、电磁线圈及熔断器等,查看是否有过热现象。

(二)逻辑分析法

对于简单的机床电气控制线路,由于它的电器元件和导线数量少,因此当线路出现故障时,只要对每个元件和导线进行检查就能很快找出故障部位。对于复杂的机床电气控制线路,由于它具有大量的电器元件和导线,若也用逐一检查的方法,不仅需要耗费大量的时间,而且容易漏查。

在检修复杂的机床电气控制线路时,可以采用逻辑分析法来缩小故障范围。在使用逻辑分析法时,根据电路图对故障现象作具体分析,大致确定故障可能范围,可以收到准而快的效果。在分析电路时,一般先从主电路入手,了解机床各运动部件和机构采用了几台电动机拖动,每台电动机相关的电器元件有哪些,再根据电动机主电路

所用电器元件的文字符号、图区号及控制要求，找到相应的控制电路。以此为基础，结合故障现象和线路工作原理，进行认真分析排查，即可迅速判断出故障的可能范围。

在用逻辑分析法确定了故障的可能范围后，如果故障范围较大，不必逐级进行检查，可以按经验先检查容易损坏的部件，再检查其他部件，也可以用后面介绍的方法进一步缩小故障范围。

（三）模拟运行法

大多数机床电气线路的控制电路较主电路复杂，故控制电路较主电路的检修难度要高。在检修控制电路时可采用模拟运行法。

在使用模拟运行法时，先切断主电路的电源，仅给控制电路供电，然后操作某一只按钮或开关，线路中有关的接触器、继电器在正常情况下应按规定的动作顺序进行工作，若依次动作至某一电器元件时，发现动作不符合要求，即说明该电器元件或其相关电路有问题，再在此电路中进行逐项分析和检查，一般就可以发现故障了。有些控制电路接有检测机床运动部件的行程开关。由于主电路电源切断后电动机无法使运动部件运动，行程开关也不会动作，因此，为了让控制电路后续的动作能进行下去，以便发现后续故障点，可以人为使行程开关闭合或断开（如用导线短路或拆线）。

在控制电路的故障排除后，再接通主电路电源，检查控制电路对主电路的控制效果，观察主电路的工作情况有无异常等。如果检修时需要电动机运转，最好让电动机在空载条件下运行，避免机床运动部分发生误动作和碰撞。要暂时隔断有故障的主电路，以免扩大故障范围，并预先充分估计到局部线路动作后可能发生的不良后果。

（四）电压分阶测量法和电压分段测量法

1. 电压分阶测量法

下面以图 7 - 27 所示线路来说明电压分阶测量法的使用。该线路出现的故障是"按下按钮 SB1 后，接触器 KM 触点不吸合"。

在使用电压分阶测量法时，将万用表置于交流 500V 挡，黑表笔接 0 处不动，红表笔先后依次接 1、2、3、4 处，在测量时要一直让 SB1 保持在按下状态，此时有以下几种情况。

（1）0—1 间的电压正常值应为 380V，若电压为 0，则为熔断器 FU2 开路或无 L1、L2 电压。

（2）0—2 间的电压正常值应为 380V，若电压为 0，则为热继电器 FR 动断触点接触不良。

（3）0—3 间的电压正常值应为 380V，若电压为 0，则为动断按钮 SB2 接触不良。

（4）0—4 间的电压正常值应为 380V，若电压为 0，则为按钮 SB1 接触不良。

若 0 处与 1、2、3、4 处之间的电压都正常，出现接触器 KM 触点不吸合的原因应为 KM 线圈开路。

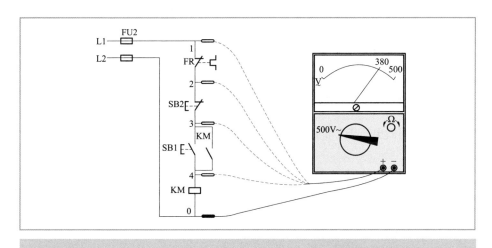

图 7 - 27 电压分阶测量法使用举例

2. 电压分段测量法

下面以图 7 - 28 所示线路来说明电压分段测量法的使用。该线路出现的故障是"按下按钮 SB2 后，接触器 KM1 触点不吸合"。

在使用电压分段测量法时，将万用表置于交流 500V 挡，先测量 0—1 间有无 380V 电压，若无，则为熔断器 FU 开路或无 L1、L2 电压；若有 380V 电压，则再依次逐段测量 1—2、2—3、3—4、4—5、5—6、6—0 的电压，在测量时要一直让 SB2 保持在按下状态，此时有以下几种情况。

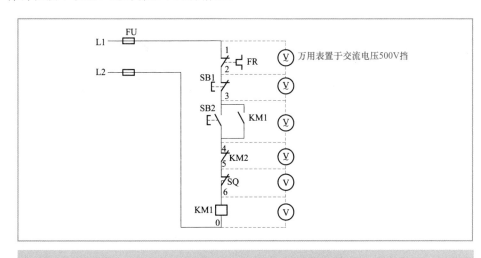

图 7 - 28 电压分段测量法使用举例

（1）1—2 间的电压正常值应为 0，若电压为 380V，则为热继电器 FR 动断触点接触不良。

（2）2—3 间的电压正常值应为 0，若电压为 380V，则为按钮 SB1 接触不良。

（3）3—4 间的电压正常值应为 0，若电压为 380V，则为按钮 SB2 接触不良。

（4）4—5 间的电压正常值应为 0，若电压为 380V，则为接触器 KM2 动断触点接触不良。

（5）5—6 间的电压正常值应为 0，若电压为 380V，则为行程开关 SQ 动断触点接触不良。

（6）6—0 间的电压正常值应为 380V。

若①～⑥的检测电压都正常，则出现接触器 KM1 不动作的原因应为 KM1 线圈开路。

（五）电阻分阶测量法和电阻分段测量法

在使用电压分阶测量法和电压分段测量法测量时，需要给被测线路通电，若操作不当便容易发生触电、人为短路等意外事故，对于**操作不熟练的人员，可以使用电阻分阶测量法和电阻分段测量法，由于使用电阻法测量时要切断被测线路的电源，因此电阻法检测比较安全。**

1. 电阻分阶测量法

下面以图 7 - 29 所示线路来说明电阻分阶测量法的使用。该线路出现的故障是"按下按钮 SB1 后，接触器 KM 触点不吸合"。

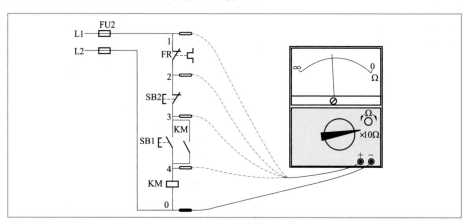

图 7 - 29 电阻分阶测量法使用举例

在使用电阻分阶测量法时，要切断被测线路的电源，将万用表置于 R×10Ω 挡，黑表笔接 0 处不动，红表笔先后依次接 4、3、2、1 处，在测量时要一直让 SB1 保持在按下状态，此时有以下几种情况。

（1）0—4间的电阻正常值应为几十至几千欧，若电阻为无穷大，则为接触器 KM 线圈开路。

（2）0—3间的电阻正常值应为几十至几千欧，若0—3间的电阻为无穷大而0—4间的电阻又正常，则为按钮 SB1 接触不良。

（3）0—2间的电阻正常值应为几十至几千欧，若0—2间的电阻为无穷大而0—3间的电阻又正常，则为按钮 SB2 接触不良。

（4）0—1间的电阻正常值应为几十至几千欧，若0—1间的电阻为无穷大而0—2间的电阻又正常，则为热继电器 FR 触点接触不良。

2. 电阻分段测量法

下面以图 7 - 30 所示线路来说明电阻分段测量法的使用。该线路出现的故障是"按下按钮 SB2 后，接触器 KM1 触点不吸合"。

在使用电阻分段测量法时，要切断被测线路的电源，在测量 1—2、2—3、3—4、4—5、5—6 段电阻时，万用表选择 R×1Ω 挡，测量 6—0 段电阻时，万用表选择 R×10Ω 或 R×100Ω 挡，在测量时要一直让 SB2 保持在按下状态，此时有以下几种情况。

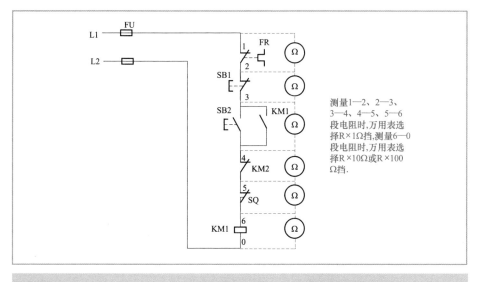

测量1—2、2—3、3—4、4—5、5—6段电阻时,万用表选择R×1Ω挡,测量6—0段电阻时,万用表选择R×10Ω或R×100Ω挡.

图 7 - 30　电阻分段测量法使用举例

（1）1—2间的电阻正常应为0，若电阻为无穷大，则为热继电器 FR 动断触点接触不良。

（2）2—3间的电阻正常应为0，若电阻为无穷大，则为按钮 SB1 接触不良。

（3）3—4间的电阻正常应为0，若电阻为无穷大，则为按钮 SB2 接触不良。

（4）4—5间的电阻正常应为0，若电阻为无穷大，则为接触器 KM2 动断触点接触不良。

（5）5—6 间的电阻正常应为 0，若电阻为无穷大，则为行程开关 SQ 动断触点接触不良。

（6）6—0 间的电阻正常约为几十至几千欧，若电阻为无穷大，则接触器 KM1 触点不吸合的原因应为 KM1 线圈开路。

（六）短接法

机床的电气线路故障通常为断路故障，如导线断路、虚焊、触头接触不良、熔断器熔断等。对于这类故障，除了可使用电压法和电阻法检查外，还可以采用一种更为简便可靠的方法——短接法。

在使用短接法检查时，用一根绝缘良好的导线短接怀疑存在断路的部位，若短接到某处时电路正常工作，则说明该处有断路。短接法可分为局部短接法和长短接法。

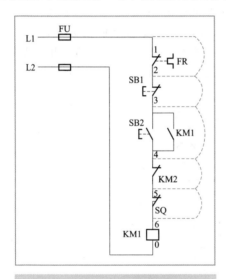

图 7-31　局部短路法使用举例

1. 局部短接法

下面以图 7-31 所示线路来说明局部短接法的使用。该线路出现的故障是"按下按钮 SB2 后，接触器 KM1 触点不吸合"。

在使用局部短接法时，用绝缘良好的导线依次短接 1—2、2—3、3—4、4—5、5—6 段，严禁短接 6—0 段，以免造成短路，在短接时要一直让 SB2 保持在按下状态，此时有以下几种情况。

（1）短接 1—2 段时接触器 KM 动作（KM 触点吸合），则为热继电器 FR 动断触点接触不良。

（2）短接 2—3 段时接触器 KM 动作，则为按钮 SB1 接触不良。

（3）短接 3—4 段时接触器 KM 动作，则为按钮 SB2 接触不良。

（4）短接 4—5 段时接触器 KM 动作，则为接触器 KM2 动断触点接触不良。

（5）短接 5—6 段时接触器 KM 动作，则为行程开关 SQ 动断触点接触不良。

若进行①～⑤的短接时，接触器 KM 都不会动作，则可能是 KM 线圈开路、熔断器 FU 开路和 L1、L2 无电压，也可能是 0—1 间有多个元件同时存在开路（可以采用后面介绍的长短接法判断）。

2. 长短接法

长短接法是指用导线同时短接多个元件来确定故障部位的方法。**如果线路中有多个元件同时出现开路，使用局部短接法可能会导致判断失误，采用长短法便可以解决这个问题。**

下面以图7-32所示线路来说明长短接法的使用。该线路出现的故障是"按下按钮SB2后，接触器KM1触点不吸合"。

在使用长短接法时，让SB2一直保持按下状态，用绝缘良好的导线短接1—6段，如果接触器KM触点吸合，说明1—6段之间有元件开路，由于1—6段内的元件很多，分了缩小故障范围，可短接1—3段和3—6段，若短接1—3段时KM触点吸合，说明FR触点或SB1存在接触不良状况，随后可用局部短接法进一步确定是哪一个元件损坏；若短接3—6段时KM触点吸合，说明该段内的元件存在开路，随后可以再用长短接法和局部短接法在该段内找出故障元件。

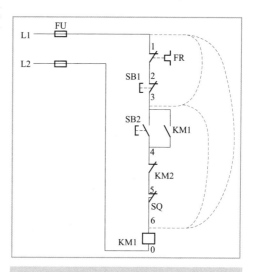

图7-32 长短路法使用举例

（七）机床电气故障检修注意事项

机床电气故障点检测出来后，接着进行修复、试运转、记录等，然后交付使用。在检修机床电气故障时要注意以下事项。

（1）在查出故障部位并修复故障后，不要急于通电试车，应分析查明产生故障的根本原因。比如，机床的某台电动机出现烧毁故障时，除了要将烧坏的电动机修复或换上一台同型号新电动机外，还应进一步查明电动机烧毁的原因，是因为负载过重，还是因为电动机性能不良等原因，在查明引起电动机烧坏的原因并排除后再通电试车。

（2）在找出故障部位后，一定要针对不同故障情况和部位采取相应的正确修复方法，不要轻易采用更换电器元件和补线等方法，更不允许轻易改动线路或更换规格不同的电器元件，以免产生人为故障。

（3）在修复故障点时，一般情况下应尽量做到复原。有时为了尽快让机床正常运行，根据实际情况也允许采取一些适当的应急措施，但绝不可凑合行事。

（4）电气故障修复完成后，在需要通电试运行时，应和操作者相互配合，避免发生新的故障。

（5）在每次排除故障后，应及时总结经验，并做好维修记录。维修记录内容主要有工业机械的型号、名称、编号、故障发生日期、故障现象、部位、损坏的电器、故障原因、修复措施及修复后的运行情况等。做维修记录的目的是将维修记录作为档案以备日后维修时参考，并通过对历次故障的分析，采取相应的有效措施，防止类似事故的再次发生或对电气设备本身的设计提出改进意见等。

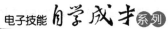

用万用表检测电子电路（一）

一 电子电路的常用检测方法

在检修电子产品时，先要掌握一些基本的电路检修方法。电路的检修方法有很多，下面介绍一些最常用检修方法。

（一）直观法

直观法是指通过看、听、闻、摸的方式来检查电子产品的方法。直观法是一种简便的检修方法，有时很快就可以找出故障所在，一般在检修电子产品时首先使用这种方法，然后再使用别的检修方法。在用直观法检查时，可以同时辅以拨动元器件、调整各旋钮以及轻轻挤压有关部件等动作。

使用直观法时可以按下面方法进行。

（1）眼看：看机器内导线有无断开，元器件是否烧黑或炸裂、是否虚焊脱落，元器件有无装错（新装配的电子产品），元器件之间有无接触短路，印刷板铜箔是否开路等。

（2）耳听：听机器声音有无失真，旋转旋钮听机器有无噪声等。

（3）鼻闻：闻是否有元器件烧焦或别的不正常的气味。

（4）手摸：摸元器件是否发热，拨动元器件查看导线是否有虚焊。

（二）电阻法

电阻法是通过用万用表欧姆挡来测量电路或元器件的阻值大小来判断故障部位的方法。这种方法在检修时应用较多，由于使用这种方法检修时不需要通电，比较安全，所以最适合初学者使用。

1. 电阻法的使用

电阻法常用在以下几个方面。

（1）检查印刷板铜箔和导线是否相通、开路或短路。印刷板铜箔和导线开路或短路有时用眼睛难以观察出来的，采用电阻法可以进行准确判断。

在图8-1（a）中，直观观察电路板两个焊点是相通的，为了准确判断，可用万用表×1Ω挡测量这两焊点间的阻值，图8-1（a）中表针指示阻值为0，说明这两个焊点是相通的。

在图 8-1（b）中，导线上有绝缘层，无法判断内部芯线是否开路，也可用万用表×1Ω挡测量导线的阻值，图中表针指示阻值为∞，说明导线内部开路。

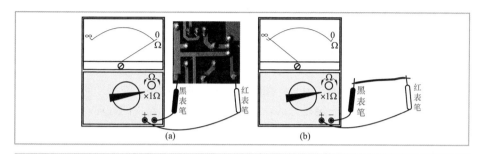

图 8-1　用电阻法检测焊点与导线
（a）检测焊点间是否相通；（b）检测导线是否开路

（2）检测大多数元器件的好坏。大多数元器件的好坏都可用电阻法来判断。

（3）在路粗略检测元器件好坏。所谓在路检测元器件是指直接在电路板上检测元器件，无须焊下元器件。由于不需拆下元器件，因此检测起来比较方便。例如，可以在路检测二极管、三极管的 PN 结是否正常，如果正向电阻小、反向电阻大，可认为它们正常；也可以在路检测电感、变压器线圈，正常时阻值很小，如果阻值很大就可能是线圈开路。

但是，由于电路板上的被测元器件可能与其他元件并联，检测时会影响测量值。如图 8-2 所示，万用表在测量电阻 R 的阻值，实际上测量的是 R 与二极管 VD 的并联阻值，测量时，如果将红、黑表笔按图 8-2（a）所示的方法接在 R 两端，二极管会导通，这样测出来 R 的阻值会很小，如果将红、表笔对调测 R 的阻值，如图 8-21（b）所示，二极管 VD 就不会导通，这样测出来的阻值就接近于 R 的真实值。所以**在路测量元器件时，要正、反各测一次，阻值大的一次更接近元器件的真实值。**

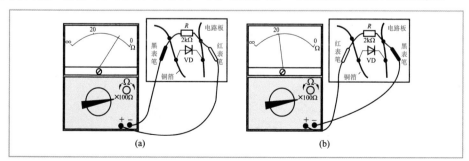

图 8-2　在路测量元器件的阻值
（a）正测；（b）反测

2. 在路测量电阻注意事项

用电阻法在路测量时要注意以下几点。

（1）在路测量时，一定要先关掉被测电路的电源。

（2）在路测量某元器件时，要对该元器件正、反各测一次，阻值大的测量值更接近于元器件的实际阻值，这样做的目的是减小 PN 结元器件的影响。

（3）在路测量元器件正、反向阻值时，若元器件正常，则两次测量值均会小于（最多等于）元器件的标称值，如果测量值大于元器件标称值，那么该元器件一定是损坏（阻值变大或开路）的。但是，在路测量出来的阻值小于被测元器件的标称阻值时，不能说明被测元器件一定是好的，如果要准确判断元器件的好坏，就需要将它拆下来直接测量。

（三）电压法

电压法是用万用表测量电路中的电压，再根据电压的变化来确定故障部位的方法。电压法是根据电路出现故障时电压往往会发生变化的原理进行测量的。

1. 电压法的使用

在使用电压法测量时，既可以测量电路中某点的电压，也可以测量电路中某两点间的电压。

（1）测量电路中某点的电压。**测量电路中某点的电压实际就是测该点与地之间的电压。**测量电路中某点电压如图 8-3 所示。图 8-3 中是测量电路中的 A 点电压，在测量时，将黑表笔接地，也即是电阻 R_4 下端，红表笔接触被测点（A 点），万用表测出的 3V 就是 A 点电压 U_A。若要测三极管发射极电压 U_e，由于发射极电压实际上就是发射极与地之间的电压，故测量发射极电压 U_e 的方法与图 8-3 所示方法完全相同，所以 U_e 与 U_A 相等，都为 3V。

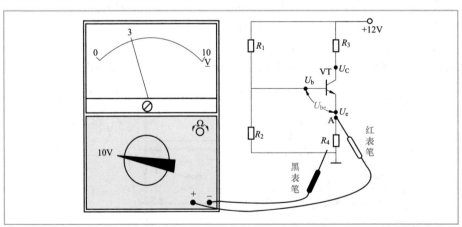

图 8-3 测量电路中某点电压

（2）测电路中两点间的电压。测电路中两点间的电压如图8-4所示。图8-4中是测量三极管基极与发射极间的电压 U_{be}，测量时红表笔接基极（高电位），黑表笔接发射极，测出电压值即为 U_{be}，图8-4中 $U_{be}=0.7V$，$U_{be}=0.7V$ 说明基极电压 U_b 较发射极电压 U_e 高 $0.7V$。

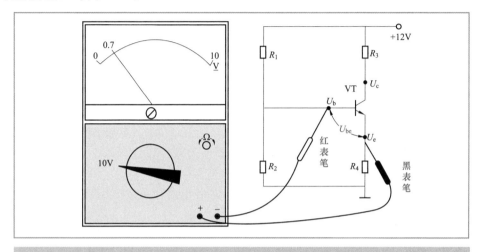

图8-4　测电路中某两点间的电压

如果红表笔接三极管集电极，黑表笔接发射极，则测出的电压为三极管集射极之间的电压 U_{ce}；如果红表笔接 R_3 上端，黑表笔接 R_3 下端，则测出的电压为 R_3 两端电压 U_{R3}（或称 R_3 上的压降）；如果红表笔接 R_2 上端，黑表笔接地（地与 R_2 下端直接相连），则测出的电压为 R_2 两端电压 U_{R2}，它与三极管基极电压 U_b 相同；如果红表笔接电源正极，黑表笔接地，则测出的电压为电源电压（12V）。

下面举例来说明电压法的使用：在图8-5电路中，发光二极管 VD1 不亮，检测时测得+12V电源正常，而测得 A 点无电压，再跟踪测量到 B 点仍无电压，而测到 C 点时发现有电压，分析原因可能是 R_2 开路使 C 点电压无法通过 R_2，也可能是 C_2 短路将 B 点电压短路到地而使 B 点电压为 0。用电阻法在路检测 R_2、C_2 时，发现是 C_2 短路，更换 C_2 后发光二极管可以发光，此时再测量 B、A 点都有电压。

2. 电压法测量注意事项

在使用电压法检测电路时应注意以下几点。

（1）在使用电压法测量时，由于万用表内阻会对被测电路产生分流，从而导致测量

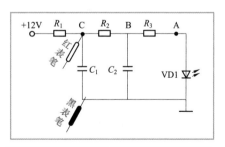

图8-5　电压法使用例图

电压产生误差。因此，为了减少测量误差，测量时应尽量采用内阻大的万用表。MF50 型万用表内阻为 $10k\Omega/V$（如挡位开关拨到 2.5V 挡时，万用表内部等效电阻为 $2.5\times 10k\Omega=25k\Omega$），500 型万用表和 MF47 型万用表的内阻为 $20k\Omega/V$，而数字万用表的内阻可视为无穷大。

（2）在测量电路电压时，万用表黑表笔接低电位，红表笔接高电位。

（3）测量时，应先估计被测部位的电压大小来选取合适的挡位，选择的挡位应高于且最接近被测电压，不要用高挡位测低电压，更不能用低挡位测高电压。

（四）电流法

电流法是通过测量电路中电流的大小来判断电路是否有故障的方法。在使用电流法测量时，一定要先将被测电路断开，然后将万用表串接在被测电路中，串接时要注意红表笔接断开点的高电位处，黑表笔接断开点的低电位处。下面举两个例子来说明电流法的应用。

1. 电流法应用举例一

图 8-6 所示的电子产品由 3 个电路组成，各电路在正常工作时的电流分别是 2mA、3mA 和 5mA，电路总工作电流应为 10mA。

现在这台电子产品出现了故障，检查时首先测量电子产品的总电流是否正常，断开电源开关 K，用万用表的红表笔接开关 K 的下端（高电位处），黑表笔接开关 K 的上端（低电位处），这样电流就不会经过开关，而是流经万用表给 3 个电路提供电流。此时测得总电流为 30mA，明显偏大，说明 3 个电路中有电路出现故障，导致工作电流偏大。为了进一步确定具体是哪个电路电流不正常，可以依次断开 A、B、C 三处

来测量各电路的工作电流，结果发现电路 1、电路 2 的工作电流基本正常，而断开 A 处测得电路 3 的工作电流高达 25mA，远大于正常工作电流，这说明电路 3 存在故障，再用电阻法来检查电路 3 中的各个元器件，就可以比较容易地找出损坏的元件。

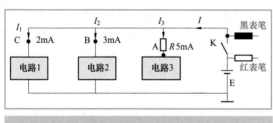

图 8-6 电流法应用举例一

在图 8-6 所示的电路中，除了可以断开 A 处测电路 3 的电流外，还可以通过测出电阻 R 上的电压 U，再根据 $I=U/R$ 的方法求出电路 3 的电流，这样做不需要断开电路，比较方便。

2. 电流法应用举例二

图 8-7 所示电路是一个常见的放大电路。为判断该电路是否正常，可测 VT1 的 I_c，正常时 I_c 应为 5mA。测量时，在 A 点将电路割开，用万用表红表笔接 A 点的上端，黑表笔接 A 点的下端，测量出来的 I_c 会有 3 种情况：① $I_c>5mA$（正常）；② $I_c=0$；③ $I_c<5mA$。下面来分析这三种情况产生的原因。

（1）$I_c=0$。根据电路分析，$I_c=0$ 有两种可能：一是 I_c 电流回路出现开路；二是 I_b 电流回路出现开路，使 $I_b=0$，导致 $I_c=0$。

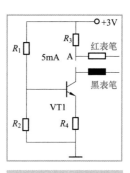

I_c 电流途径（即 I_c 电流的回路）：$+3V \rightarrow R_3 \rightarrow$ VT1 的 c 极 $\rightarrow$ VT1 的 e 极 $\rightarrow R_4 \rightarrow$ 地。故 $I_c=0$ 的可能原因之一是 R_3 开路、VT1 的 ce 极之间开路或 R_4 开路。

I_b 电流途径：$+3V \rightarrow R_1 \rightarrow$ VT1 的 b 极 $\rightarrow$ VT1 的 e 极 $\rightarrow R_4 \rightarrow$ 地，该途径开路会使 $I_b=0$，从而使 $I_c=0$。故 $I_c=0$ 的可能原因之二是 R_1 开路，VT1 的 be 结开路，R_4 开路。

另外 R_2 短路会使 VT1 的基极电压 $U_{b1}=0$，VT1 的 be 结无法导通，$I_b=0$，导致 $I_c=0$。

图 8-7　电流法应用举例二

综上所述，该电路的 $I_c=0$ 的故障原因有 R_1、R_3、R_4 开路，R_2 短路，VT1 开路，要判断到底是哪个元器件损坏时，可以用电阻法逐个检查以上元器件就能找出损坏的元器件。

（2）$I_c>5mA$。根据电路分析，$I_c>5mA$ 可能是因为 I_b 电流回路电阻变小引起 I_b 增大，从而导致 I_c 增大。

I_b 电流回路电阻变小的原因可能是 R_1、R_4 阻值变小，使 I_b 增大，I_c 增大；另外，R_2 阻值增大会使 VT1 的基极电压 U_{b1} 上升，I_b 增大，I_c 也增大；此外，三极管 VT1 的 ce 极之间漏电也会使 I_c 增大。

综上所述，$I_c>5mA$ 可能的原因是 R_1、R_4 阻值变小，R_2 阻值变大，VT1 的 ce 极之间漏电。

（3）$I_c<5mA$。$I_c<5mA$ 与 $I_c>5mA$ 时正好相反，可能是 I_b 电流回路电阻变大引起 I_b 减小，从而导致 I_c 也减小。

I_b 电流回路电阻变大的原因可能是 R_1、R_4 阻值变大，使 I_b 减小，I_c 减小；另外，R_2 阻值变小会使 VT1 的基极电压下降，I_b 减小，I_c 也减小。

综上所述，$I_c<5mA$ 可能的原因是 R_1、R_4 阻值变大，R_2 阻值变小。

（五）信号注入法

信号注入法是通过在电路的输入端注入一个信号，然后观察电路有无信号输出来判断电路是否正常的方法。如果注入信号能输出，则说明电路是正常的，因为该电路能通过注入信号；如果注入信号不能输出，则说明电路损坏，因为注入信号不能通过电路。

信号注入法使用的注入信号可以是信号发生器产生的测试信号，也可以是镊子、螺丝刀或万用表接触电路时产生的干扰信号，如果给电路注入的信号是干扰信号，那么这种方式的信号注入法又称为干扰法。由于镊子产生的干扰信号较弱，因此也可采用万用表进行干扰。在使用万用表干扰时，选择欧姆挡，红表笔接地，黑表笔间断接触电路输入端。

下面以图8-8所示的简易扩音机为例来说明信号注入法的使用。

该扩音机的故障是对着话筒讲话时扬声器不发声。为了判断故障部位，可以采用干扰法从后级电路往前级电路进行干扰，即依次干扰C、B、A点，在干扰C点时最好使用万用表干扰，因为万用表产生的干扰信号较镊子或螺丝刀强。如果扬声器正常，则干扰C点时扬声器会发出"喀喀"声，否则表明扬声器损坏；如果干扰C点扬声器中有干扰反应，可以再干扰B点，干扰B点时扬声器无反应则说明放大电路2损坏，有干扰反应说明放大电路2正常；接着干扰A点，如果无干扰反应则说明放大电路1损坏，有干扰反应说明放大电路1正常，扩音机无声的故障原因就是话筒损坏。如果先用干扰法确定是某个放大电路损坏，再用电阻法检查该放大电路中的各个元器件，最终就能找出损坏的元器件。

（六）断开电路法

当电子产品的电路出现短路时流过电路的电流会很大，供电电路和短路的电路都容易被烧坏，为了能很快找出故障的电路，可以采用断开电路法。由于该电子产品内部有很多电路，因此，为了判断是哪个电路出现短路故障，可以依次将电路一个一个断开，当断到某个电路时，供电电路电流突然变小，则说明该电路即为存在短路的电路。下面以图8-9所示的电路来说明断开电路法的使用。

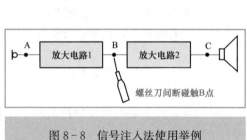

图8-8 信号注入法使用举例

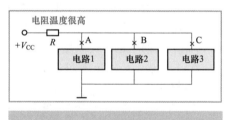

图8-9 断开电路法使用举例

在图8-9中，用手接触供电电阻R时发现很烫，这说明流过R的电流很大，三个电路中肯定存在短路，为了确定到底是哪个电路存在短路，可以依次断开三个电路（在断开下一个电路时要将先前断开的电路接通还原），当断到某个电路，如断开电路2时，供电电阻R的温度降低，则说明电路2出现了短路，然后关掉电源，再用电阻法检查电路2中的各个元器件，就能找出损坏的元器件。

（七）短路法

短路法是将电路某处与地之间短路，或者是将某电路短路来判断故障部位的方法。在使用短路法时，为了在短路时不影响电路的直流工作条件，短路通常不用导线而采用电容，在低频电路中要用容量较大的电解电容，而在中、高频电路中要用容量较大的无极性电容。下面以图8-10所示的扩音机为例来说明短路法的使用。

如果扩音机出现无声故障。为了找出故障电路，可用一只容量较大的电解电容

C_1 短路放大电路，短路时用电容 C_1 连接 B、C 点（实际是短路放大电路 2），让音频信号直接通过电容 C_1 去扬声器，发现扩音机现在有声音发出，只是声音稍小，这说明无声是放大电路 2 出现故障引起的。

如果扩音机有声音，但同时伴有很大的噪声，为了找出噪声是哪个电路产生的，可以用一只容量较大的电解电容 C_2 依次将 C、B、A 点与地之间短路，发现在短路 C、B 点

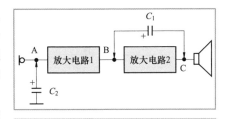

图 8-10 短路法使用举例

时，正常的声音和噪声同时消失（它们同时被 C_2 短路到地），而短路到 A 点时，正常的声音消失，但仍有噪声，这说明噪声是由放大电路 1 产生的。然后再仔细检查放大电路 1，就能找出产生噪声的元器件。

（八）代替法

代替法是用正常元器件代替怀疑损坏的元器件或电路来判断故障部位的方法。当怀疑元器件损坏而又很难检测出故障时，可采用代替法。比如，怀疑某电路中的三极管损坏，但拆下测量又是好的，这时可以用同型号的三极管代替它，如果故障消失说

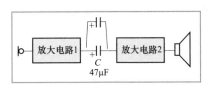

图 8-11 代替法使用举例

明原三极管是损坏的（软损坏）。有些元器件代替时可以不必从印刷板上拆下。例如，在图 8-11 所示电路中，当怀疑电容 C 开路或失效时，只要将一只容量相同或相近的正常电容并联在该电容两端即可，如果故障消失，则说明原电容损坏。注意：电容短路或漏电时是不能这样做的，此时必须要拆下代替。

代替法具有简单实用的特点，只需要掌握焊接技术并能识别元器件参数，不需要很多的电路知识就可以使用该方法进行检测。

二 集成电路的常用检测方法

（一）集成电路的引脚识别

集成电路的引脚有很多，少则几个，多则几百个，各个引脚功能又不一样，所以在使用时一定要对号入座，否则可能导致集成电路不工作，甚至烧坏集成电路。因此我们一定要知道集成电路引脚的识别方法。

不管什么集成电路，它们都有一个标记指出第一脚，常见的标记有小圆点、小突起、缺口、缺角，找到该脚后，逆时针依次为 2、3、4…引脚，如图 8-12（a）所示。对于单列或双列引脚的集成电路，若表面标有文字，则识别引脚时可以正对标注文字，文字左下角为第 1 引脚，然后逆时针依次为 2、3、4…引脚，如图 8-12（b）所示。

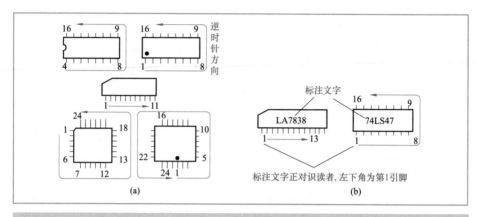

图 8-12　集成电路引脚识别

（a）根据标记识别引脚；（b）根据标注文字识别引脚

（二）开路测量电阻法

开路测量电阻法是指在集成电路未与其他电路连接时，通过测量集成电路各引脚与接地引脚之间的电阻来判别好坏的方法。

集成电路都有一个接地引脚（GND），其他各引脚与接地引脚之间都有一定的电阻，由于同型号集成电路的内部电路相同，因此同型号的正常集成电路的各引脚与接地引脚之间的电阻均是相同的。根据这一点，可以使用开路测量电阻的方法来判断集成电路的好坏。

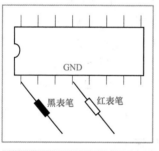

图 8-13　开路测量电阻法判断集成电路好坏示例

开路测量电阻法判断集成电路的好坏如图 8-13 所示。在检测时，将万用表拨至 R×100Ω 挡，红表笔固定接被测集成电路的接地引脚，黑表笔依次接其他各引脚，测出并记下各引脚与接地引脚之间的电阻，然后用同样的方法测出同型号的正常集成电路各引脚对地的电阻，再将两个集成电路各引脚对地的电阻一一对照。如果两者完全相同，则表明被测集成电路正常；如果有引脚电阻差距很大，则表明被测集成电路损坏。

在测量各引脚电阻时最好用同一挡位，如果因某引脚电阻过大或过小难以观察而需要更换挡位，则测量正常集成电路的该引脚电阻时也要换到该挡位。这是因为集成电路内部大部分是半导体元件，不同的欧姆挡提供的电流不同，对于同一引脚，使用不同欧姆挡测量时内部元件的导通程度有所不同，故不同的欧姆挡测同一引脚得到的阻值可能有一定的差距。

采用开路测电阻法判断集成电路的好坏比较准确，并且对大多数集成电路都适用，其缺点是检测时需要找一个同型号的正常集成电路作为对照，解决这个问题的方法是平时多测量一些常用集成电路的开路电阻数据，以便以后检测同型号集成电路时可以作为参考，另外也可查阅一些资料来获得这方面的数据。图8-14所示是一种常用的内部有四个运算放大器的集成电路LM324。其开路电阻数据，见表8-1。测量时使用数字万用表200kΩ挡，表中有两组数据：一组为红表笔接11脚（接地脚）、黑表笔接其他各脚测得的数据，另一组为黑表笔接11脚、红表笔接其他各脚测得的数据，在检测LM324的好坏时，也应使用数字万用表的200kΩ挡，再将实测的各脚数据与表中数据进行对照来判别所测集成电路的好坏。

图8-14 集成电路LM324
（a）外形；（b）内部结构

表8-1　　　　　　　LM324各引脚对地的开路电阻数据

项目＼引脚	1	2	3	4	5	6	7	8	9	10	11	12	13	14
红表笔按11脚（kΩ）	6.7	7.4	7.4	5.5	7.5	7.5	7.4	7.5	7.4	7.4	0	7.4	7.4	6.7
黑表笔接11脚（kΩ）	150	∞	∞	19	∞	∞	150	150	∞	∞	0	∞	0	150

（三）在路直流电压测量法

在路直流电压测量法是指在通电的情况下，用万用表直流电压挡测量集成电路各引脚对地电压，再与参考电压进行比较来判断故障的方法。

在路直流电压测量法的使用要点如下。

（1）为了减小测量时万用表内阻的影响，应尽量使用内阻高的万用表。例如，MF47型万用表直流电压挡的内阻为20kΩ/V，当选择10V挡测量时，万用表的内阻为200kΩ，在测量时，万用表内阻会对被测电压有一定的分流作用，从而使被测电压较实际电压值略低，内阻越大，对被测电路的电压影响越小；MF50型万用表直流电压挡的内阻较小，为10kΩ/V，使用它测量时对电路电压的影响较MF47型万用表更大。

（2）在检测时，首先应测量电源脚电压是否正常，如果电源脚电压不正常，则可以检查供电电路；如果供电电路正常，则可能是集成电路内部损坏，或者集成电路某些引脚的外围元件损坏，因此通过内部电路使电源脚电压不正常。

（3）在确定集成电路的电源脚电压正常后，才可以进一步测量其他引脚电压是否正常。如果个别引脚电压不正常，则应先检测该脚外围元件，若外围元件正常，则为集成电路损坏；如果多个引脚电压不正常，则可以通过集成电路内部的大致结构和外围电路工作原理，分析这些引脚电压是否因某个或某些引脚电压变化引起，着重检查这些引脚的外围元件，若外围元件正常，则为集成电路损坏。

（4）有些集成电路在有信号输入（动态）和无信号输入（静态）时某些引脚的电压可能不同，在将实测电压与该集成电路的参考电压进行对照时，要注意其测量条件，实测电压也应在该条件下测得。例如，彩色电视机图纸上标注出来的参考电压通常是在接收彩条信号时测得的，实测时也应尽量让电视机接收彩条信号。

（5）有些电子产品有多种工作方式，在不同的工作方式下和工作方式切换过程中，有关集成电路的某些引脚电压会发生变化。对于这种集成电路，需要了解电路工作原理才能做出准确的测量与判断。例如，DVD机在光盘出、光盘入、光盘搜索和读盘时，有关集成电路某些引脚的电压会发生变化。

集成电路各引脚的直流电压参考值可以通过参看有关图纸或查阅有关资料来获得。表8-2列出了彩电常用的场扫描输出集成电路LA7837各引脚的功能、直流电压和在路电阻参考值。

表8-2　　　　　**LA7837各引脚功能、直流电压和在路电阻参考值**

引脚	功　　能	直流电压（V）	$R_正$（kΩ）	$R_反$（kΩ）
①	电源1	11.4	0.8	0.7
②	场频触发脉冲输入	4.3	18	0.9
③	外接定时元件	5.6	1.7	3.2
④	外接场幅调整元件	5.8	4.5	1.4
⑤	50Hz/60Hz 场频控制	0.2/3.0	2.7	0.9
⑥	锯齿波发生器电容	5.7	1.0	0.95
⑦	负反馈输入	5.4	1.4	2.6
⑧	电源2	24	1.7	0.7
⑨	泵电源提升端	1.9	4.5	1.0
⑩	负反馈消振电容	1.3	1.7	0.9
⑪	接地	0	0	0
⑫	场偏转功率输出	12.4	0.75	0.6
⑬	场功放电源	24.3	∞	0.75

　　注　表中数据在康佳 T5429D 彩电上测得。$R_正$ 表示红表笔测量、黑表笔接地；$R_反$ 表示黑表笔测量、红表笔接地。

（四）在路电阻测量法

在路电阻测量法是指在切断电源的情况下，用万用表欧姆挡测量集成电路各引脚及外围元件的正、反向电阻值，再与参考数据相比较来判断故障的方法。

在路电阻测量法的使用要点如下。

（1）测量前一定要断开被测电路的电源，以免损坏元件和仪表，并避免测得的电阻值有不准确的情况。

（2）万用表 $R\times10k\Omega$ 挡内部使用 9V 电池，有些集成电路工作电压较低，如 3.3V、5V，为了防止高电压损坏被测集成电路，测量时万用表最好选择 $R\times100\Omega$ 挡或 $R\times1k\Omega$ 挡。

（3）在测量集成电路各引脚的电阻时，应一根表笔接地，另一根表笔接集成电路各引脚，如图 8-15 所示。测得的阻值是该脚外围元件（R_1、C）与集成电路内部电路及有关外围元件的并联值，如果发现个别引脚电阻与参考电阻差距较大，应先检测该引脚外围元件，如果外围元件正常，通常为集成电路内部损坏；如果多数引脚电阻不正常，则集成电路损坏的可能性很大，但也不能完全排除这些引脚外围元件损坏的情况。

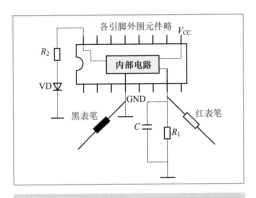

图 8-15 在路电阻测量法检测集成电路示例

集成电路各引脚的电阻参考值可以通过参看有关图纸或查阅有关资料来获得。

（五）在路总电流测量法

在路总电流测量法是指通过测量集成电路的总电流来判断故障的方法。

集成电路内部元件大多采用直接连接方式组成电路，当某个元件被击穿或开路时，通常对后级电路有一定的影响，从而使得整个集成电路的总工作电流减小或增大，测得集成电路的总电流后再与参考电流进行比较，过大、过小均说明集成电路或外围元件存在故障。电子产品的图纸和有关资料一般不提供集成电路总电流参考数据，但该数据可以在正常电子产品的电路中实测获得。

在路测量集成电路的总电流时可以采用直接测量法或间接测量法。在使用直接测量法时，断开集成电路的电源引脚直接测量电流，如图 8-16（a）所示。在使用间接测量法时，只要测量电源引脚的供电电阻两端电压即可，如图 8-16（b）所示，然后利用 $I=U/R$ 来计算出电流值。

（六）排除法和代换法

不管是开路测量电阻法，还是在路检测法，都需要知道相应的参考数据。如果无法获得参考数据，则可以使用排除法和代换法。

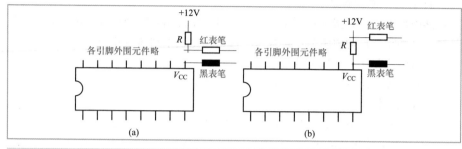

图 8-16　在路测量集成电路总电流具体使用示例
(a) 直接测量；(b) 间接测量

1. 排除法

在使用集成电路时，需要给它外接一些元件，如果集成电路不工作，则可能是集成电路本身损坏，也可能是外围元件损坏。**排除法是指先检查集成电路各引脚外围元件，当外围元件均正常时，外围元件损坏导致集成电路工作不正常的原因即可排除，故障应为集成电路本身损坏。**

排除法的使用要点如下。

(1) 在检测时，最好在测得集成电路的供电正常后再使用排除法，如果电源脚电压不正常，则应先检查修复供电电路。

(2) 有些集成电路只须本身和外围元件正常就能正常工作，也有些集成电路（数字集成电路较多）还要求其他电路送有关控制信号（或反馈信号）才能正常工作。对于这样的集成电路，除了要检查外围元件是否正常外，还要检查集成电路是否接收到了相关的控制信号。

(3) 对外围元件集成电路进行检测时，使用排除法更为快捷。对外围元件很多的集成电路进行检测时，通常先检查一些重要引脚的外围元件和易损坏的元件。

2. 代换法

代换法是指当怀疑集成电路可能损坏时，直接用同型号的正常集成电路进行代换，如果故障消失，则表明原集成电路损坏；如果故障依旧，则可能是集成电路外围元件损坏、更换的集成电路不良，也可能是外围元件故障未排除导致更换的集成电路又被损坏，还有些集成电路可能是未接收到其他电路送来的相关控制信号。

代换法的使用要点如下。

(1) 由于代换法是在未排除外围元件故障时直接更换集成电路，可能会使集成电路再次损坏，因此，对于工作在高电压、大电流下的集成电路，最好在检查外围元件正常的情况下再更换集成电路；对于工作在低电压下的集成电路，也应尽量在确定一些关键引脚外围元件正常的情况下再更换集成电路。

(2) 有些数字集成电路内部含有程序，如果程序发生错误，即使集成电路外围元件和有关控制信号都正常，集成电路也不能正常工作。对于这种情况，可以使用一些设备重新给集成电路写入程序，或更换已写入程序的集成电路。

三　用万用表检测放大电路

（一）三极管的三种状态说明

分立元件放大电路是由一个个单独的电子元器件组成的，其中放大功能通常由三极管来完成，故三极管是放大电路的核心。三极管在电路中有放大、截止和饱和三种状态。了解三极管的特点可以判断放大电路是否正常，如电路中的三极管正常情况下应处于放大状态，根据其特点检测后发现它处于截止状态，那么可以确定该放大电路存在问题。

1. 三极管三种状态的电流特点

在图 8-17 所示的电路中，当开关 S 处于断开状态时，三极管 VT 的基极供电切断，无 I_b 电流流入，三极管内部无法导通，I_c 电流无法流入三极管，三极管发射极也就没有 I_e 电流流出。

三极管无 I_b、I_c、I_e 电流流过的状态（即 I_b、I_c、I_e 都为 0）称为截止状态。

在图 8-17 所示电路中，当开关 S 闭合后，三极管 VT 的基极有 I_b 电流流入，三极管内部导通，I_c 电流从集电极流入三极管，在内部 I_b、I_c 电流汇合后形成 I_e 电流从发射极流出。此时调节电位器 RP，I_b 电流变化，I_c 电流也会随之变化。当 RP 滑动端下移时，其阻值减小，I_b 电流增大，I_c 也增大，两者满足 $I_c = \beta I_b$ 的关系。

三极管有 I_b、I_c、I_e 电流流过且满足 $I_c = \beta I_b$ 的状态称为放大状态。

在图 8-17 所示电路中，当开关 S 处于闭合状态时，如果将电位器 RP 的阻值不断调小，则三极管 VT 的基极电流 I_b 就会不断增大，I_c 电流也随之不断增大，当 I_b、I_c 电流增大到一定程度时，I_b 再增大，I_c 也不会随之再增大，而是保持不变，此时 $I_c < \beta I_b$。

三极管有很大的 I_b、I_c、I_e 电流流过且满足 $I_c < \beta I_b$ 的状态称为饱和状态。

综上所述，当三极管处于截止状态时，无 I_b、I_c、I_e 电流通过；当三极管处于放大状态时，有 I_b、I_c、I_e 电流通过，并且 I_b 变化时 I_c 也会变化（即 I_b 电流可以控制 I_c 电流），三极管具有放大功能；当三极管处于饱和状态时，有很大的 I_b、I_c、I_e 电流通过，I_b 变化时 I_c 不会变化（即 I_b 电流无法控制 I_c 电流）。

2. 三种状态下 PN 结的特点和各极电压关系

三极管内部有集电结和发射结，在不同状态下这两个 PN 结的特点是不同的。由于 PN 结的结构与二极管相同，因此，在分析时为了方便，可以将三极管的两个 PN 结画成二极管的符号。图 8-18 所示为 NPN 型和 PNP 型三极管的 PN 结示意图。

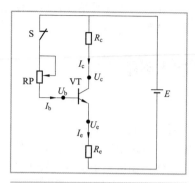

图 8-17　三极管三种状态电流
特点说明图

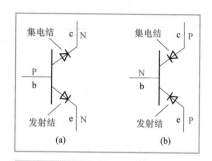

图 8-18　三极管的 PN 结示意图
(a) NPN 型三极管；(b) PNP 型三极管

当三极管处于不同的状态时，集电结和发射结也有相对应的特点。**不论 NPN 型或 PNP 型三极管，在三种状态下的发射结和集电结特点如下。**

(1) 处于放大状态时，发射结正偏导通，集电结反偏。

(2) 处于饱和状态时，发射结正偏导通，集电结也正偏。

(3) 处于截止状态时，发射结反偏或正偏但不导通，集电结反偏。

正偏是指 PN 结的 P 端电压高于 N 端电压，正偏导通除了要满足 PN 结的 P 端电压大于 N 端电压外，还要求电压要大于门电压（0.2～0.3V 或 0.5～0.7V），这样才能让 PN 结导通。同理，**反偏是指 PN 结的 N 端电压高于 P 端电压。**

不管哪种类型的三极管，只要记住三极管某种状态下两个 PN 结的特点，就可以很容易推断出三极管在该状态下的电压关系，反之也可以根据三极管各极电压关系推断出该三极管处于什么状态。

例如，在图 8-19 (a) 所示电路中，NPN 型三极管 VT 的 $U_c=4V$、$U_b=2.5V$、$U_e=1.8V$，其中 $U_b-U_e=0.7V$ 使发射结正偏导通，$U_c>U_b$ 使集电结反偏，该三极管处于放大状态。

又如，在图 8-19 (b) 所示电路中，NPN 型三极管 VT 的 $U_c=4.7V$、$U_b=5V$、$U_e=4.3V$，$U_b-U_e=0.7V$ 使发射结正偏导通，$U_b>U_c$ 使集电结正偏，三极管处于饱和状态。

再如，在图 8-19 (c) 所示电路中，PNP 型三极管 VT 的 $U_c=6V$、$U_b=6V$、$U_e=0V$，$U_e-U_b=0V$ 使发射结零偏不导通，$U_b>U_c$ 表明集电结反偏，三极管处于截止状态。从该电路的电流情况也可以判断出三极管是截止的，假设 VT 可以导通，从电源正极输出的 I_e 电流经 R_e 从发射极流入，在内部分成 I_b、I_c 电流，I_b 电流从基极流出后就无法继续流动（不能通过 RP 返回到电源的正极，因为电流只能从高电位往低电位流动），所以 VT 的 I_b 电流实际上是不存在的，即无 I_b 电流，也就无 I_c 电流，故 VT 处于截止状态。

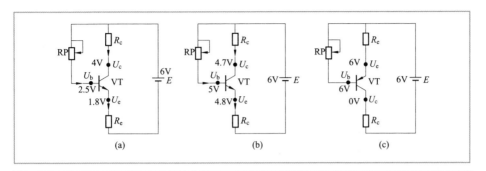

图 8-19 根据 PN 结的情况推断三极管的状态

(a) 放大状态；(b) 饱和状态；(c) 截止状态

三极管三种状态的各种特点见表 8-3。

表 8-3　　　　　　　　　　三极管三种状态的特点

状态	放　大	饱　和	截　止
电流关系	I_b、I_c、I_e 大小正常，且 $I_c=\beta I_b$	I_b、I_c、I_e 很大，且 I_c < βI_b	I_b、I_c、I_e 都为 0
PN 结特点	发射结正偏导通，集电结反偏	发射结正偏导通，集电结正偏	发射结反偏或正偏不导通，集电结反偏
电压关系	对于 NPN 型三极管，U_c > U_b > U_e，对于 PNP 型三极管，U_e > U_b > U_c	对于 NPN 型三极管，U_b > U_c > U_e，对于 PNP 型三极管，U_e > U_c > U_b	对于 NPN 型三极管，U_c > U_b，U_b < U_e 或 U_{be} 小于门电压 对于 PNP 型三极管，U_c < U_b，U_b > U_e 或 U_{be} 小于门电压

（二）单级放大电路的检修

图 8-20 所示是一个典型的单级交流放大电路。在电路工作时，电源通过各电阻为三极管 VT1 各极提供电压，使三极管导通，有 I_b、I_c、I_e 电流流过，三极管进入放大状态，然后前级电路送来的交流信号经电容 C_1 送到三极管 VT1 基极，经 VT1 放大后，从集电极输出信号，再经 C_3 送往后级电路。

如果怀疑该电路有故障，导致输入信号无法通过该电路到后级电路，则可以用

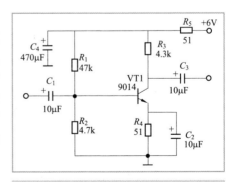

图 8-20　一个典型的单级交流放大电路

万用表进行检测。用万用表检测图 8-20 所示单级放大电路的步骤如下。

第一步：检查电路的电源是否正常。万用表选择直流电压挡，红表笔接 6V 电源正端，黑表笔接地（电源负端，也即 C_4 或 C_2 的负极），正常情况下电压应为 6V，若电压为 0 或偏离正常值很多，则可以检查 6V 电源供电电路。

如果 6V 电压正常，则可以测量电容 C_4 两端电压（红表笔接 C_4 正极，黑表笔接 C_4 负极），正常电压约为 5.8V，如果电压为 0，可能是 R_5 开路或 C_4 短路，如果 C_4 两端电压很低，可能原因有 R_5 阻值变大、C_4 漏电、VT1 的集射极之间短路等，R_5 阻值增大会使 R_5 两端压降增大，C_4 两端电压下降，C_4 漏电或 VT1 的集射极之间短路会使流过 R_5 的电流增大，R_5 两端压降增大，C_4 两端电压下降。

如果电源电压和 C_4 两端电压都正常，则可以进行第二步检查。

第二步：检查三极管的工作状态。用万用表测量三极管 VT1 的 U_{be}、U_{ce} 电压，由于 VT1 在该电路中是处于放大状态的，故发射结应正偏导通、集电结应反偏，即电路正常时 VT1 的 $U_{be}=0.5\sim0.7V$，$U_{ce}>0.8V$。

如果 $U_{be}=0V$，可能原因有 R_1 开路（无法提供 U_b 电压）、R_2 短路（U_b 电压被短路到地）、VT1 的发射结短路（b、e 极电压相等，$U_{be}=U_b-U_e=0V$）、R_4 开路（万用表测量时因 R_4 开路而失去电流回路，无电流流入万用表，表针不偏转，指示的电压值为 0V）；如果 $U_{be}>0.8V$，则表明是 VT1 发射结开路。

如果 $U_{ce}=0V$，可能原因有 VT1 的集射极之间短路、R_3 开路、R_4 开路；如果 $U_{ce}<0.7V$，则可能是 VT1 处于饱和状态，其原因有 R_3 阻值增大（R_3 压降增大，U_c 电压下降）、R_1 阻值变小（I_b、I_c 电流增大，R_3 压降增大）、C_3 短路或漏电（后级电路通过 C_3 拉低 U_c 电压）。

如果测得 VT1 的 $U_{be}=0.5\sim0.7V$，$U_{ce}>0.8V$，则可以确定 VT1 处于放大状态，即可进行第三步检查。

第三步：检查电路的交流通路元件是否正常。即使三极管 VT1 处于放大状态，如果耦合电容 C_1 开路，则交流信号仍无法加到 VT1 的基极；如果耦合电容 C_3 开路，则 VT1 输出的交流信号无法送到后级电路；如果 C_2 开路，则电路的放大能力会下降，使送到后级电路的信号幅度变小。当怀疑 C_1、C_3、C_2 可能损坏时，可以直接将其拆下后用万用表电阻挡进行检测。

（三）多级放大电路的检修

1. 三种类型的多级放大电路

多级放大电路可分为阻容耦合放大电路、变压器耦合放大电路和直接耦合放大电路，如图 8-21 所示。

对于阻容耦合和变压器耦合放大电路，各级放大电路之间用隔直元件电容和变压器分隔开来，各级电路之间的直流电压和电流不会相互影响，所以检修这种多级放大电路时，只要按单级放大电路的检查方法逐级进行检查即可，可以先检测前级电路，也可先检查后级电路。对于直接耦合放大电路，由于电路之间用导线直接连接，故电

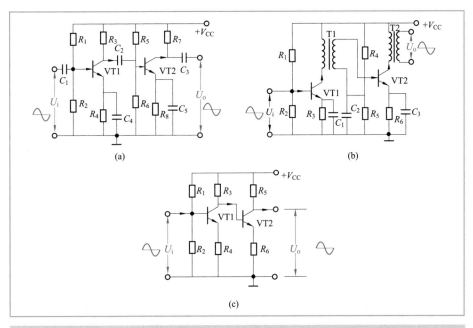

图8-21 三种类型的多级放大电路

（a）阻容耦合放大电路；（b）变压器耦合放大电路；（c）直接耦合放大电路

路之间的电压会相互影响，一般前级电路电压变化时对后级影响较大，后级电路电压变化时对前级电路影响较小，因此在检查直接耦合放大电路时，一般先检查前级电路，前级电路正常后再检查后级电路。

2. 带反馈电路的多级直接耦合放大电路

直接耦合多级放大电路的前、后级电路之间会相互影响，但主要是前级电路对后级电路有较大影响，后级电路对前级电路影响较小。带反馈电路的多级直接耦合放大电路的前后级电路通过反馈电路构成一个闭环，前级、后级和反馈任意一个电路不正常，均会对其他电路产生影响，故检修这种电路时应先了解其直流工作情况。下面以图8-22所示的带反馈电路的直接耦合多级放大电路为例进行说明。

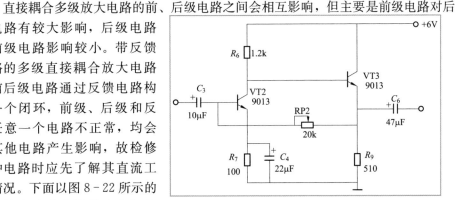

图8-22 带反馈电路的直接耦合多级放大电路

（1）电路分析。

1）直流工作情况。当电路接通＋6V电源后，三极管 VT2、VT3 获得供电会导通并进入放大状态，VT2、VT3 有 I_b、I_c、I_e 电流流过。

VT3 的 I_b、I_c、I_e 电流途径为

$$+6V \overbrace{}^{I_{c3}} \text{VT3 c 极} \overset{I_{c3}}{\longrightarrow} \quad \text{VT3 e 极} \overset{I_{c3}}{\longrightarrow} R_9 \to \text{地}$$
$$\underset{R_6 \to \text{VT3 b 极}}{\overset{I_{b3}}{}} \overset{I_{b3}}{\longrightarrow}$$

VT2 的 I_b、I_c、I_e 电流途径为

$$\text{VT3 e 极} \to RP2 \to \text{VT2 b 极} \overset{I_{b2}}{\longrightarrow} \quad \text{VT2 e 极} \to R_7 \to \text{地}$$
$$+6V \to R_6 \to \text{VT2 c 极} \overset{I_{c2}}{\longrightarrow}$$

不难看出，VT2 的 I_{b2} 电流取自 VT3 的 I_{e3} 电流，VT2 的 U_b 电压也是由 VT3 的 U_e 电压经 RP2 降压提供的，所以如果 VT3 未导通，VT2 也不会导通。

2）交流信号处理过程。前级电路送来的交流信号经 C_3 送到 VT2 基极，放大后从集电极输出又送到 VT3 基极，经 VT3 放大后从发射极输出，再经 C_6 送往后级电路。

（2）电路检修。图 8-22 所示电路中的 VT2 基极电压由 VT3 发射极电压经 RP2 降压而来，所以可以先检查后级的 VT3 放大电路是否正常，再检查前级 VT2 放大电路。图 8-22 所示电路的检修过程如下。

第一步：检查 VT3 是否处于放大状态。用万用表测量 VT3 的 U_{be3}、U_{ce3}，由于 VT3 在本电路中正常是处于放大状态的，故发射结应正偏导通、集电结反偏，即电路正常时 VT3 的 $U_{be3}=0.5\sim0.7V$，$U_{ce3}>0.8V$。

若 $U_{be3}=0V$，则可能原因有 VT3 发射结短路、R_6 开路或 6V 电源为 0V；若 $U_{be3}>0.8V$，则一般为 VT3 发射结开路。若 $U_{ce3}=0V$，则可能是 VT3 的集射极内部开路或 6V 电源为 0V。

如果测得 VT3 的 $U_{be3}=0.5\sim0.7V$，$U_{ce3}>0.8V$，则可以确定 VT3 处于放大状态，即可进行第二步检查。

第二步：检查 VT2 是否处于放大状态。用万用表测量 VT2 的 U_{be2}、U_{ce2}，VT2 在本电路中正常是处于放大状态的，故发射结应正偏导通、集电结反偏，即电路正常时 VT2 的 $U_{be2}=0.5\sim0.7V$，$U_{ce2}>0.8V$。

若 $U_{be2}=0V$，则可能原因有 VT2 发射结短路、RP2 开路、R_7 开路；若 $U_{be2}>0.8V$，一般为 VT2 发射结开路。若 $U_{ce2}=0V$，则可能是 VT2 的集射极内部开路或 R_7 开路。

如果测得 VT2 的 $U_{be2}=0.5\sim0.7V$，$U_{ce2}>0.8V$，则可以确定 VT2 处于放大状态，即可进行第三步检查。

第三步：检查电路的交流通路元件是否正常。即使三极管 VT2、VT3 处于放大状态，如果耦合电容 C_3 开路，则交流信号仍无法加到 VT2 的基极；如果耦合电容

自学成才
第8日

C_6 开路，则 VT3 输出的交流信号无法送到后级电路；如果 C_4 开路，则电路的放大能力会下降，使送到后级电路的信号幅度会变小。当怀疑 C_3、C_6、C_4 可能损坏时，可以直接拆下后用万用表电阻挡进行检测。

（四）功率放大电路的检修

功率放大电路简称功放电路，其功能是放大幅度较小的信号，让信号有足够的功率来推动大功率的负载（如扬声器、仪表的表头、电动机和继电器等）工作。功率放大电路一般用作末级放大电路。

功率放大电路种类很多，主要有变压器耦合功率放大电路、OTL功率放大电路和 OCL 功率放大电路等，下面以图 8 - 23 所示的带自举升压功能的 OTL 功放电路为例来说明功率放大电路的检修过程。

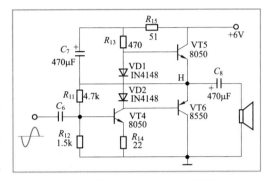

图 8 - 23　带自举升压功能的 OTL 功放电路

1. 电路原理

（1）信号处理过程。由前级电路送来的音频信号经 C_6 耦合到 VT4 基极，放大后从 VT4 集电极输出。当 VT4 输出正半周信号时，VT4 集电极电压上升，经 VD2、VD1 将 VT5 的基极电压抬高，VT5 导通放大（此时 VT6 基极因电压高而截止），有放大的正半周信号经 VT5、C_8 流入扬声器，其途径是：＋6V→VT5 的 c、e 极→C_8→扬声器→地，同时在 C_8 上充得左正右负的电压；当 VT4 输出负半周信号时，VT4 集电极电压下降，经 VD2、VD1 将 VT5 的基极电压拉低，VT5 截止，此时 VT6 因基极电压下降而导通放大，有放大的负半周信号流过扬声器，其途径是：C_8 左正→VT6 的 e、c 极→扬声器→C_8 右负。扬声器因有正、负半周信号流过而发声。

（2）直流工作情况。接通电源后，VT4、VT5、VT6 三个三极管并不是同时导通的，它们的导通顺序依次是 VT5、VT4，最后才是 VT6 导通。这是因为电源首先经 R_{15}、R_{13} 为 VT5 提供 I_{b5} 电流而使 VT5 导通，VT5 导通后，它的 I_{e5} 电流经 R_{11} 为 VT4 提供 I_{b4} 电流而使 VT4 导通，VT4 导通后，VT6 的 I_{b6} 电流才能通过 VT4 的 c、e 极和 R_{14} 而地而导通。

（3）元件说明。C_7、R_{15} 构成自举升压电路，可以提高 VT5 的动态范围。二极管 VD1、VD2 用来保证静态时 VT5、VT6 基极的电压相差 1.1V 左右，让 VT5、VT6 处于刚导通状态（又称微导通状态）。另外，VT5、VT6 的导通程度相同，H 点电压约为电源电压的一半（3V）。

2. 电路检修

该电路出现故障导致音频信号无法通过，扬声器不会发声。图 8 - 23 所示的

OTL功放电路损坏导致无声的故障检修过程如图8-24所示。

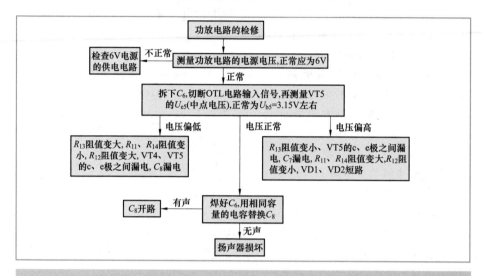

图8-24　功放电路的检修

四　用万用表检测振荡电路

（一）振荡电路的基础知识

1. 振荡电路组成

振荡电路是一种用来产生交流信号的电路。正弦波振荡电路用来产生正弦波信号。**振荡电路主要由放大电路、选频电路和正反馈电路三部分组成。**

振荡电路的组成如图8-25所示。接通电源后，放大电路获得供电开始导通，导通时电流有一个从无到有的变化过程，该变化的电流中包含有微弱的各种频率信号，这些信号输出并送到选频电路，选频电路从中选出频率为f_0的信号（以下简称f_0信号），f_0信号经正反馈电路反馈到放大电路的输入端，放大后输出幅度较大的f_0信号，f_0信号又经选频电路选出，再通过正反馈电路反馈到放大电路输入端进行放大，然后输出幅度更大的f_0信号，接着又选频、反馈和放大，如此反复，放大电路输出的f_0信号幅度越来越大，随着f_0信号幅度的不断增大，由于三极管的非线性原因（即三极管输入信号达到一定幅度时，放大能力会下降，幅度越大，放大能力下降越多），放大电路

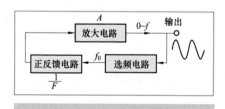

图8-25　振荡电路的组成

的放大倍数 A 自动不断减小。

放大电路输出的 f_0 信号不是全部都反馈到放大电路的输入端，而是经反馈电路衰减后再送到放大电路输入端，设反馈电路反馈衰减倍数为 $1/F$，则在振荡电路工作后，放大电路的放大倍数 A 不断减小，当放大电路的放大倍数 A 与反馈电路的衰减倍数 $1/F$ 相等时，输出的 f_0 信号幅度不会再增大。例如，f_0 信号被反馈电路衰减了10倍，再反馈到放大电路放大10倍，输出的 f_0 信号不会变化，电路输出稳定的 f_0 信号。

2. 振荡电路的工作条件

从前面介绍的振荡电路工作原理可以知道，振荡电路正常工作需要满足以下两个条件。

(1) 相位条件。**相位条件要求电路的反馈为正反馈。**

振荡电路没有外加信号，它是将反馈信号作为输入信号，振荡电路中的信号相位会有两次改变，放大电路相位改变 Φ_A（又称相移 Φ_A），反馈电路相位改变 Φ_F，**振荡电路的相位条件要求满足**

$$\Phi_A + \Phi_F = 2n\pi \quad (n = 0, 1, 2\cdots)$$

只有满足了上述条件才能保证电路的反馈为正反馈。例如，放大电路将信号倒相 $180°$（$\Phi_A = \pi$），那么反馈电路必须再将信号倒相 $180°$（$\Phi_F = \pi$），这样才能保证电路的反馈是正反馈。

(2) 幅度条件。幅度条件要求振荡电路稳定工作后，放大电路的放大倍数 A 与反馈电路的衰减倍数 $\dfrac{1}{F}$ 相等，即

$$A = \frac{1}{F}$$

只有这样才能保证振荡电路能输出稳定的交流信号。

在振荡电路刚起振时，要求放大电路的放大倍数 A 大于反馈电路的衰减倍数 $1/F$，即 $A > 1/F$（$AF > 1$），这样才能让输出信号的幅度不断增大，当输出信号幅度达到一定值时，就要求 $A = 1/F$（可以通过减小放大电路的放大倍数 A 或增大反馈电路的衰减倍数来实现），这样才能让输出信号幅度达到一定值时稳定不变。

(二) 振荡电路的检修

振荡电路种类很多，图8-26所示是一种较常见的变压器反馈式振荡电路，下面以该电路为例来说明振荡电路的检修过程。

1. 电路分析

(1) 电路组成及工作条件的判断。三极管 VT 和电阻 R_1、R_2、R_3 等元件构成放大电路；线圈 L_1、电容 C_1 构成选频电路，其频率 $f_0 = \dfrac{1}{2\pi\sqrt{L_1 C_1}}$，变压器 T1、电容 C_3 构成反馈电路。下面用瞬时极性法判断反馈类型：假设三极管 VT 基极电压上升

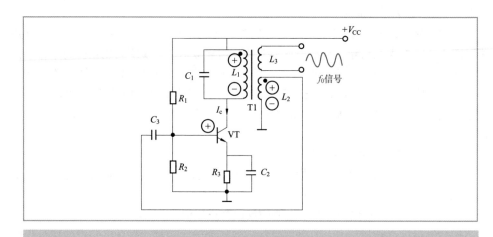

图 8-26　变压器反馈式振荡电路

（图中用"＋"表示），集电极电压会下降（图中用"－"表示），T1 的 L_1 下端电压下降，L_1 的上端电压上升（电感两端电压极性相反），由于同名端的缘故，线圈 L_2 的上端电压上升，L_2 的上升电压经 C_3 反馈到 VT 基极，反馈电压变化与假设的电压变化相同，故该反馈为正反馈。

　　（2）电路振荡过程。接通电源后，三极管 VT 导通，有 I_c 电流经 L_1 流过 VT，I_c 是一个变化的电流（由小到大），它包含着微弱的各种频率信号，因为 L_1、C_1 构成的选频电路的频率为 f_0，它从这些信号中选出 f_0 信号，选出后在 L_1 上有 f_0 信号电压（其他频率信号在 L_1 上没有电压或电压很小），L_1 上的 f_0 信号电压感应到 L_2 上，L_2 上的 f_0 信号电压再通过 C_3 耦合到 VT 的基极，放大后从集电极输出，选频电路将放大的 f_0 信号选出，在 L_1 上有更高的 f_0 信号电压，该信号又感应到 L_2 上再反馈到 VT 的基极，如此反复进行，VT 输出的 f_0 信号幅度越来越大，反馈到 VT 基极的 f_0 信号的幅度也越来越大。随着反馈信号逐渐增大，VT 放大电路的放大倍数 A 不断减小，当放大电路的放大倍数 A 与反馈电路的衰减倍数 $1/F$（主要由 L_1 与 L_2 的匝数比决定）相等时，VT 输出送到 L_1 上的 f_0 信号电压不能再增大，L_1 上幅度稳定的 f_0 信号电压感应到 L_3 上，送给需要 f_0 信号的电路。

　　2. 电路检修

　　振荡电路由放大电路和正反馈选频电路组成，只有这两部分都正常才能产生交流信号。下面以图 8-26 所示的变压器反馈式振荡电路为例来说明分立元件振荡电路的检修过程，检修过程如下。

　　第一步：判断振荡电路是否正常工作。用万用表判断振荡电路工作与否时可以采用两种方法：①万用表选择直流电压挡并加接检波电路，如图 8-27 所示，将检波电路的输入端接振荡电路的输出端（L_3 两端），如果振荡电路能产生交流信号，则检波电路可将交流信号转换成直流电压并送入万用表，万用表会指示一定的电压值，交流信号越大，万用表测得的直流电压越高，如果直流电压为0，则说明振荡电路无交流信号输出，电路工作不正常；②用万用表测量三极管 VT 的 U_{be} 电压，然后用导线将反馈线圈 L_2 短路，使电路失去反馈信号（电路马上停振处于放大状态），如果 U_{be} 电压有变化，则说明在短路 L_2 前电路是振荡的，如果短路 L_3 前后 U_{be} 电压无变化，则表明电路未振荡，无交流信号产生。

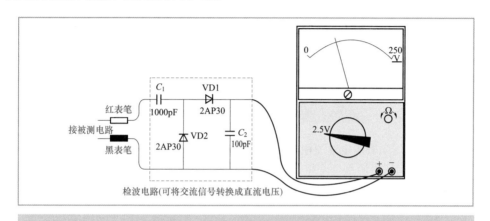

图 8-27 给万用表加接检波电路来检测电路有无交流信号

如果振荡电路未振荡，则不能产生交流信号，此时可按第二步进行检查。

第二步：检查放大电路的直流工作电压是否正常。用导线短路反馈线圈 L_2，使电路无反馈信号，三极管正常应处于放大状态，测量 VT 的 U_{be} 应为 $0.5\sim0.7$V，U_{ce} 应大于 0.8V。如果 $U_{be}=0$V，则可能原因有 R_1、R_3 开路、R_2 短路、VT 的发射结短路、C_3 短路等；如果 $U_{be}>0.8$V，一般为发射结开路；如果 $U_{ce}=0$V，可能原因有 VT 的集射极之间内部短路、L_1 线圈开路。

如果放大电路的直流工作电压正常，则可以进行第三步检查。

第三步：检查电路与交流有关的元件是否正常。先检查正反馈电路中的反馈线圈 L_2、反馈电容 C_3 有无损坏，再检查 C_1、C_2、L_1、L_3 是否正常。

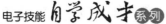

第**9**日

用万用表检测电子电路（二）

一 用万用表检测串联调整型电源

（一）可调压无稳压电源的检修

可调压无稳压电源是一个将220V交流电压转换成直流电压的电源电路，通过调节电位器可使输出的直流电压在一定范围内变化，但它没有稳定输出电压的功能。0～12V可调压无稳压电源的电路图如图9-1所示。

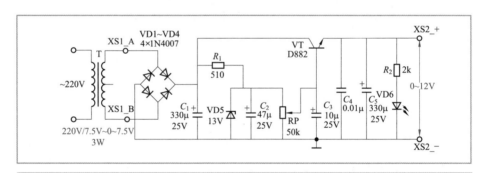

图9-1 0～12V可调压无稳压电源的电路图

1. 电路分析

220V交流电压经变压器 T 降压后，在二次绕组 A、B 端得到15V交流电压，该交流电压通过 VD1～VD4 构成的桥式整流电路对电容 C_1 充电，在 C_1 上得到18V左右的直流电压，该直流电压一方面加到三极管 VT（又称调整管）的集电极，另一方面经 R_1、VD5 构成的稳压电路稳压后，在 VD5 负极得到13V左右的电压，此电压再经电位器 RP 调节送到三极管 VT 的基极，三极管 VT 导通，有 I_b、I_c 电流通过 VT 对电容 C_5 充电，在 C_5 上得到0～12V的直流电压，该电压一方面从接插件 XS2_＋和 XS2_－端输出供给其他电路，另一方面经 R_2 为发光二极管 VD6 供电，使之发光，指示电源电路有电压输出。

　　电源变压器 T 二次绕组有一个中心抽头端，将二次绕组平均分成两部分，每部分有 7.5V 电压，本电路的电压取于自中心抽头以外的两端，电压为 15V（交流电压）。C_1、C_2、C_3、C_4、C_5 均为滤波电容，用于滤除电压中的脉动成分，使直流电压更稳定。RP 为调压电位器，当滑动端移到最上端时，稳压二极管 VD5 负极的电压直接送到三极管 VT 的基极，VT 基极电压最高，约 13V 左右，VT 导通程度最深，I_b、I_c 电流最大，C_5 两端充得的电压最高，为 12V 左右；当 RP 滑动端移到最下端时，VT 基极电压为 0，VT 无法导通，无 I_b、I_c 电流对 C_5 充电，C_5 两端电压为 0；调节 RP 可以使 VT 基极电压在 0～13V 变化，由于 VT 发射极较基极低一个门电压（0.5～0.7V），故 VT 发射极电压在 0～12.3V 左右，VT 发射极电压与 C_5 两端电压相同。

　　该电路无稳定输出电压的功能。当电源输出端所接负载变大（负载电阻变小）时，三极管 VT 的 I_b、I_c 电流增大，流过 R_1、RP 的 I_b 电流增大，R_1、RP 上的电压增大，送到 VT 的基极电压下降，VT 的发射极电压下降，即输出电压下降，电路无法将输出电压回调到正常值。

　　2．电路检修

　　0～12V 可调压无稳压电源的常见故障有无输出电压、输出电压偏低、输出电压偏高。下面以"无输出电压"故障为例来说明 0～12V 可调压无稳压电源的检修过程，检修过程图 9-2 所示。

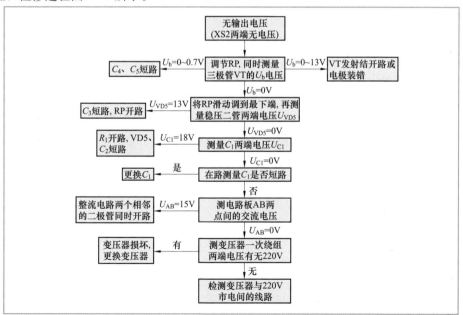

图 9-2　0～12V 可调压无稳压电源"无输出电压"的检修过程

（二）具有调压和稳压功能的串联调整型电源的检修

图 9－3 所示是一个典型的具有调压和稳压功能的串联调整型电源电路，不管是输入电压变化还是负载发生变化，该电源电路均可以将输出电压稳压在 12V，另外，调节电位器 6RP1 可以改变输出电压的大小。

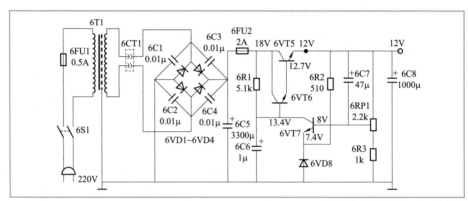

图 9－3　一个典型的具有调压和稳压功能的串联调整型电源电路

1. 电路分析

220V 交流电压通过插头、电源开关 6S1 和熔丝 6FU1 接到电源变压器 6T1 的一次绕组，降压后在二次绕组上得到较低的交流电压，该交流电压经 6VD1～6VD4 整流、6C5 滤波后，在 6C5 上得到 18V 的直流电压，18V 电压一路加到电源调整管 6VT5 集电极，另一路经 6R1 加到 6VT6 基极，6VT6 导通，6VT5 也导通，18V 电压通过 6VT5 的 c、e 极对 6C8 充电，在 6C8 上充得上正下负的电压，该电压为 12V，供给后级电路。

6K1 为电源开关，6FU1 为交流保险丝，其额定电流为 0.5A，6T1 为电源变压器，6VD1～6VD4 四个二极管构成桥式整流电路。6C1～6C4 为保护电路，在刚开机时流过整流二极管的电流很大，二极管容易被烧坏，而保护电容并联在二极管两端，开机冲击电流会分作一路对保护电容充电，使流过二极管的电流减小，从而保护二极管。6C5 为滤波电容，6FU2 为直流熔丝，其额定电流为 2A，6C6 为滤波电容。6VT5 为电源调整管，其功率很大，6VT6 为推动管，6VT7 为取样管，6VD8 为稳压二极管，能稳定 6VT7 的发射极电压，6RP1 为取样电位器，调节它可以改变输出端电压。6C8 为滤波电容，6C7 为加速电容，当输出电压有变化时，由于电容两端电压不能突变，电容一端电压变化时，另一端也相应变化，这样可以迅速将输出电压变化反映给取样管，以便稳压电路迅速进行稳压调整。

稳压过程分析：若 220V 电压下降，电源变压器一、二次绕组上的电压均下降，整流滤波后得到的 18V 电压下降，6C8 两端 12V 电压下降。输出 12V 电压下降，通过 6RP1 使取样管 6VT7 的 U_{b7} 下降→$I_{b7}\downarrow$→$I_{c7}\downarrow$→6R1 两端电压 $U_{R1}\downarrow$ （$U_{R1}=R_1\cdot I_{c7}$，$I_{c7}\downarrow$）—6VT6 基极电压 $U_{b6}\uparrow$→$I_{c6}\uparrow$→$I_{b5}\uparrow$ （$I_{b5}=I_{b6}+I_{c6}$）→$I_{c5}\uparrow$→6C8 充电电流增大，两端电压上升，回到12V。

调压过程分析：当调压电位器 6RP1 滑动端上移时，取样管 6VT7 的 U_{b7} 上升→$I_{b7}\uparrow$→$I_{c7}\uparrow$→6R1 两端电压 $U_{R1}\uparrow$ （$U_{R1}=R_1\cdot I_{c7}$，$I_{c7}\uparrow$）—6VT6 基极电压 $U_{b6}\downarrow$→$I_{c6}\downarrow$→$I_{b5}\downarrow$ （$I_{b5}=I_{b6}+I_{c6}$）→$I_{c5}\downarrow$→6C8 充电电流减小，两端电压下降，即调压电位器 6RP1 滑动端上移时可将输出电压调低。

2. 电路检修

（1）无输出电压的检修。在检修电源电路时要注意测量几个关键点电压：①输出电压，可测量调整管 6VT5 的 e 极或 6C8 两端电压；②输入电压，可测 6VT5 的 c 极电压或 6C5 两端电压；③控制端电压，可测调整管 6VT5 的 b 极电压；④交流低压，可测电源变压器二次绕组两端电压；⑤交流高压，可测电源变压器一次绕组两端电压。根据各点电压的有无能确定故障范围。

无输出电压的检修流程图如图 9-4 所示。

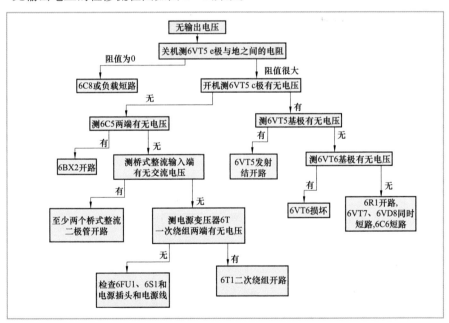

图 9-4　无输出电压的检修流程图

（2）输出电压偏低的检修。输出电压偏低有 3 种可能：①市电电压偏低；②负载有短路；③电源电路自身故障。在这里主要讲电源电路自身故障引起的输出电压偏低。输出电压偏低的检修流程图如图 9-5 所示。

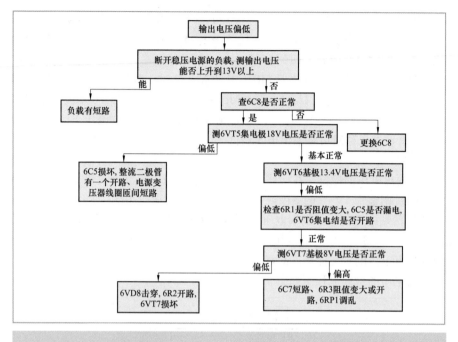

图 9-5 输出电压偏低的检修流程图

（3）输出电压偏高的检修。输出电压偏高有 3 种可能：①市电电压偏高；②负载有开路；③稳压电源自身故障。若是电源电路自身故障导致输出电压偏高，则故障部位通常在稳压电路，整流滤波电路损坏的可能性不大。输出电压偏高的检修流程图如图 9-6 所示。

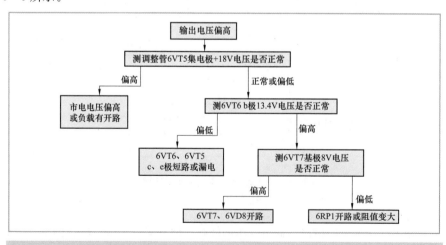

图 9-6 输出电压偏高的检修流程图

二　用万用表检测开关电源

（一）开关电源的特点与工作原理

1. 特点

开关电源是一种应用很广泛的电源，常用在彩色电视机、变频器、计算机和复印机等功率较大的电子设备中。与线性稳压电源相比较，**开关电源主要有以下特点。**

（1）**效率高、功耗小**。开关电源的效率可达 80% 以上，一般的线性稳压电源效率只有 50% 左右。

（2）**稳压范围宽**。例如，彩色电视机的开关电源稳压范围在 130～260V，性能优良的开关电源可以达到 90～280V，而一般的线性稳压电源稳压范围只有 190～240V。

（3）**质量小，体积小**。开关电源不用体积大且笨重的电源变压器，只用到体积小的开关变压器，又因为效率高，损耗小，所以开关电源不用大的散热片。

开关电源虽然有很多优点，但其电路复杂，维修难度大，另外它的干扰性较强。

2. 开关电源的基本工作原理

开关电源电路较复杂，但其基本工作原理却不难理解，下面以图 9-7 所示的开关电源来说明开关电源的基本工作原理。

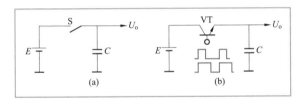

图 9-7　开关电源基本工作原理

（a）控制开关通断时间来改变输出电压；（b）控制三极管通断时间来改变输出电压

在图 9-7（a）中，当开关 S 合上时，电源 E 经 S 对 C 充电，在 C 上获得上正下负的电压，当开关 S 断开时，C 往后级电路（未画出）放电。若开关 S 闭合时间长，则电源 E 对 C 充电时间长，C 两端电压 U_o 会升高，反之，如果 S 闭合时间短，则电源 E 对 C 充电时间短，C 上充电少，C 两端电压会下降。由此可见，改变开关的闭合时间长短就能改变输出电压的高低。

在实际的开关电源中，开关 S 常用三极管来代替，如图 9-7（b）所示。该三极管称为开关管，并且在开关管的基极加一个控制信号（激励脉冲）来控制开关管的导通和截止。当控制信号高电平送到开关管的基极时，开关管基极电压会上升而导通，VT 的 c、e 极相当于短路，电源 E 经 VT 的 c、e 极对 C 充电；当控制信号低电平到来时，VT 基极电压下降而截止，VT 的 c、e 极相当于开路，C 往后级电路放电。如果开关管基极的控制信号高电平持续时间长，低电平持续时间短，则电源 E 对 C 充电时间长，C 放电时间短，C 两端电压会上升。

如果某些原因使输入电源 E 下降，为了保证输出电压不变，可以让送到 VT 基极的脉冲更宽（即脉冲的高电平时间更长），VT 导通时间长，E 经 VT 对 C 充电时间长，这样即使电源 E 下降，但由于 E 对 C 的充电时间延长，仍可让 C 两端电压不会因 E 的下降而下降。

由此可见，**控制开关管导通、截止时间长短就能改变输出电压或稳定输出电压，开关电源就是利用这个原理来工作的。**送到开关管基极的脉冲宽度可以变化的信号称为 PWM 脉冲，PWM 意为脉冲宽度调制。

3. 3 种类型的开关电源工作原理分析

开关电源的种类很多，根据控制脉冲产生方式的不同，开关电源可分为自激式开关电源和它激式开关电源；根据开关器件在电路中的连接方式不同，开关电源可分为串联型开关电源、并联型开关电源和变压器耦合型开关电源三种。

（1）串联型开关电源。串联型开关电源如图 9-8 所示。

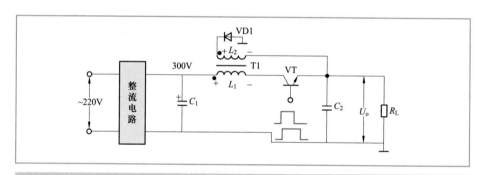

图 9-8　串联型开关电源

220V 交流市电经整流和 C_1 滤波后，在 C_1 上得到 300V 的直流电压（市电电压为 220V，该值是指有效值，其最大值可达到 $220\sqrt{2}\text{V}=311\text{V}$，故 220V 市电直接整流后可以得到 300V 左右的直流电压），该电压经线圈 L_1 送到开关管 VT 的集电极。

开关管 VT 的基极加有脉冲信号，当脉冲信号高电平送到 VT 的基极时，VT 饱和导通，300V 的电压经 L_1、VT 的 c、e 极对电容 C_2 充电，在 C_2 上充得上正下负的电压，充电电流在经过 L_1 时，L_1 会产生左正右负的电动势阻碍电流，L_2 上会感应出左正右负的电动势（同名端极性相同），续流二极管 VD1 截止；当脉冲信号低电平送到 VT 的基极时，VT 截止，无电流流过 L_1，L_1 马上产生左负右正的电动势，L_2 上感应出左负右正的电动势，二极管 VD1 导通，L_2 上的电动势对 C_2 充电，充电途径是：L_2 的右正→C_2→地→VD1→L_2 的左负，在 C_2 上充得上正下负的电压 U_o，供给负载 R_L。

稳压过程：若 220V 市电电压下降，则 C_1 上的 300V 电压也会下降，如果 VT 基极的脉冲宽度不变，在 VT 导通时，充电电流会因 300V 电压下降而减小，C_2 充电少，两端的电压 U_o 会下降。为了保证在市电电压下降时 C_2 两端的电压不会下降，可以让送到 VT 基极的脉冲信号变宽（高电平持续时间长），VT 导通时间长，C_2 充电时间长，C_2 两端的电压又回升到正常值。

（2）并联型开关电源。并联型开关电源如图 9-9 所示。

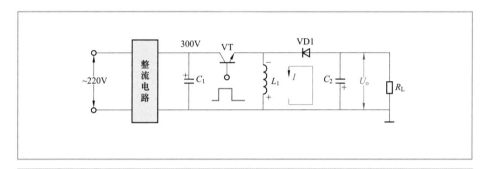

图 9-9　并联型开关电源

220V 交流电经整流和 C_1 滤波后，在 C_1 上得到 300V 的直流电压，该电压送到开关管 VT 的集电极。开关管 VT 的基极加有脉冲信号，当脉冲信号高电平送到 VT 的基极时，VT 饱和导通，300V 的电压产生电流经 VT、L_1 到地，电流在经过 L_1 时，L_1 会产生上正下负的电动势阻碍电流，同时 L_1 中储存了能量；当脉冲信号低电平送到 VT 的基极时，VT 截止，无电流流过 L_1，L_1 马上产生上负下正的电动势，该电动势使续流二极管 VD1 导通，并对电容 C_2 充电，充电途径是：L_1 的下正→C_2→VD1→L_1 的上负，在 C_2 上充得上负下正的电压 U_o，该电压供给负载 R_L。

稳压过程：若市电电压上升，则 C_1 上的 300V 电压也会上升，流过 L_1 的电流大，L_1 储存的能量多，在 VT 截止时 L_1 产生的上负下正电动势高，该电动势对 C_2 充电，使电压 U_o 升高。为了保证在市电电压上升时 C_2 两端的电压不会上升，可让送到 VT 基极的脉冲信号变窄，VT 导通时间短，流过线圈 L_2 电流时间短，L_2 储能减小，在 VT 截止时产生的电动势下降，对 C_2 的充电电流减小，C_2 两端的电压又回落到正常值。

（3）变压器耦合型开关电源。变压器耦合型开关电源如图 9-10 所示。

220V 的交流电压经整流电路整流和 C_1 滤波后，在 C_1 上得到 +300V 的直流电压，该电压经开关变压器 T1 的一次绕组 L_1 送到开关管 VT 的集电极。

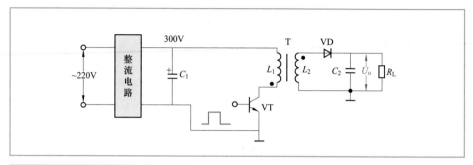

图 9-10 变压器耦合型开关电源

开关管 VT 的基极加有控制脉冲信号，当脉冲信号高电平送到 VT 的基极时，VT 饱和导通，有电流流过 VT，其途径是：+300V→L_1→VT 的 c、e 极→地，电流在流经线圈 L_1 时，L_1 会产生上正下负的电动势阻碍电流，L_1 上的电动势感应到二次绕组 L_2 上，由于同名端的原因，L_2 上感应的电动势极性为上负下正，二极管 VD 不能导通；当脉冲信号低电平送到 VT 的基极时，VT 截止，无电流流过线圈 L_1，L_1 马上产生相反的电动势，其极性是上负下正，该电动势感应到二次绕组 L_2 上，L_2 上得到上正下负的电动势，此电动势经二极管 VD 对 C_2 充电，在 C_2 上得到上正下负的电压 U_o，该电压供给负载 R_L。

稳压过程：若 220V 的电压上升，则经电路整流滤波后在 C_1 上得到 300V 电压也上升，在 VT 饱和导通时，流经 L_1 的电流大，L_1 中储存的能量多，当 VT 截止时，L_1 产生的上负下正电动势高，L_2 上感应得到的上正下负电动势高，L_2 上的电动势经 VD 对 C_2 充电，在 C_2 上充得的电压 U_o 升高。为了保证在市电电压上升时，C_2 两端的电压不会上升，可以让送到 VT 基极的脉冲信号变窄，VT 导通时间短，电流流过 L_1 的时间短，L_1 储能减小，在 VT 截止时，L_1 产生的电动势低，L_2 上感应得到的电动势低，L_2 上电动势经 VD 对 C_2 充电减少，C_2 上的电压下降，回到正常值。

（二）自激式开关电源的电路分析

开关电源的基本工作原理比较简单，但实际电路较复杂且种类较多，下面以图 9-11 所示的一种典型的自激式开关电源（彩色电视机采用）为例来介绍开关电源的检修过程。

1. 输入电路

输入电路由抗干扰电路、消磁电路、整流滤波电路组成，各种类型开关电源的输入电路都由这些电路组成。S1 为电源开关；F1 为耐冲击保险丝，又称延时保险丝，其特点是短时间内流过大电流不会熔断；C_1、L_1、C_2 构成抗干扰电路，既可以防止电网中的高频干扰信号窜入电源电路，也能防止电源电路产生的高频干扰信号窜入电

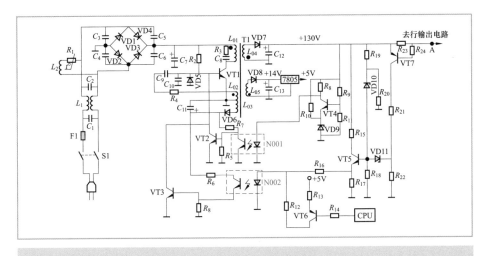

图9-11 一种典型的自激式开关电源电路

网，干扰与电网连接的其他用电器；R_1、L_1构成消磁电路，R_1为消磁电阻，它实际是一个正温度系数的热敏电阻（温度高时阻值大），L_2为消磁线圈，它绕在显像管上；VD1～VD4构成桥式整流电路，C_3～C_6为保护电容，用来保护整流二极管在开机时不被大电流烧坏，因为它们在充电时分流一部分电流，C_7为大滤波电容，整流后在C_7上会得到＋300V左右的直流电压。

2. 自激振荡电路

T1为开关变压器，VT1为开关管，R_2为启动电阻，L_{02}、C_9、R_4构成正反馈电路。VT1、T1、R_1、L_{02}、C_9、R_4、D5一起组成自激振荡电路，振荡的结果是开关管VT1工作在开关状态（饱和与截止状态），L_{01}上有很高的电动势产生，它感应到L_{04}和L_{05}上，经整流滤波后得到＋130V和＋14V电压。R_3、C_8为阻尼吸收回路，用于吸收开关管VT1截止时L_{01}产生的很高的上负下正尖峰电压（尖峰电压会对C_8、R_3充电而降低），防止过高的尖峰电压击穿开关管。

自激振荡电路工作过程如下。

（1）启动过程：大滤波电容C_7上的＋300V电压一路经开关变压器T1的L_{01}线圈加到开关管VT1的集电极，另一路经启动电阻R_2加到VT1的基极，VT1马上导通，启动过程完成。

（2）振荡过程：VT1导通后，有电流流经L_{01}线圈，L_{01}马上产生上正下负的电动势e_1，该电动势感应到L_{02}上，L_{02}上电动势e_2极性是上正下负，L_{02}的上正电压经R_4、C_9反馈到VT1的基极，使VT1的U_b电压上升，I_{b1}电流增大，I_{c1}电流增大，L_{01}产生的电动势e_1增大，L_{02}上感应的电动势e_2也增大，L_{02}上正电压更高，它又反馈到VT1的基极，使VT1基极电压又上升，从而形成强烈的正反馈，正反馈过程是

$$U_{b1}\uparrow \rightarrow I_{b1}\uparrow \rightarrow I_{c1}\uparrow \rightarrow e_1\uparrow \rightarrow e_2\uparrow$$
$$\underset{L_{02}上正电压}{\underline{\qquad\qquad\qquad\qquad}}$$

正反馈使 VT1 迅速进入饱和状态。

VT1 饱和后，L_{02} 的上正下负电动势 e_1 开始对电容 C_9 充电，途径是：L_{02} 上正→ R_4→C_9→VT1 的 be 结→地→L_{02} 下负，在 C_9 上充得左正右负电压，C_9 右负电压加到 VT1 的基极，VT1 的 U_{b1} 电压下降，VT1 慢慢由饱和状态退出进入放大状态。

VT1 进入放大状态后，流过 L_{01} 的电流减小，L_{01} 马上产生上负下正电动势 e_1'，L_{02} 上感应出上负下正电动势 e_2'，L_{02} 的上负电压经 R_4、C_9 反馈到 Q1 的基极，Q1 的 U_{b1} 电压下降，I_{b1} 减小，I_{c1} 减小，L_{01} 电动势 e_1' 增大（L_{01} 上负电压更低，下正电压更高，电动势值增大），L_{02} 的感应电动势 e_2' 增大，L_{02} 上负电压更低，它经 R_4、C_9 反馈又到 Q_1 的基极，又形成强烈正反馈，正反馈过程是

$$U_{b1}\downarrow \rightarrow I_{b1}\downarrow \rightarrow I_{c1}\downarrow \rightarrow e_1'\downarrow \rightarrow e_2'\uparrow$$
$$\underset{L_{02}上负电压}{\underline{\qquad\qquad\qquad\qquad}}$$

正反馈使 VT1 迅速进入截止状态。

VT1 进入截止状态后，C_9 开始放电，放电途径是：C_9 左正→R_4→L_{02}→地→D5→C_9 右负，放电使 C_9 右负电压慢慢被抵消，VT1 基极电压逐渐回升，当升到一定值时，VT1 导通，又有电流流过 L_{01}，L_{01} 又产生上正下负电动势，它又感应到 L_{02} 上，从而开始下一次相同的振荡。在 VT1 工作在开关状态时，L_{01} 上有电动势产生，它感应到 L_{04}、L_{05} 上，再经整流滤波会得到 +130V 和 +14V 的电压。

3. 稳压电路

VT4、VD9、R9、N001、VT2 等元件构成稳压电路。若电网电压上升或负载减轻（如光栅亮度调暗）均引起 +130V 电压上升，上升的电压加到 VT4 的基极，VT4 导通程度交深，其集电极电压 U_{c4} 下降，流过光电耦合器 N001 中的发光二极管电流小，发出光线弱，N001 内部的光敏管导通浅，VT2 的基极电压上升（在开关电源工作时，L_{03} 上感应的电动势经 D6 对 C_{11} 充电，在 C_{11} 上充得上负下正电压，C_{11} 下正电压经 R_7 加到 VT2 的基极，N001 内的光敏管导通浅，相当于 VT2 基极与地之间的电阻变大，故 VT2 基极电压上升），VT2 导通程度深，开关管 VT1 基极电压下降，饱和导通时间缩短，L_{01} 流过电流时间短，储能少，产生电动势低，最后会使输出电压下降，仍回到 +130V。

4. 保护电路

该电源电路中既有过压保护电路，又有过流保护电路。

（1）过压保护电路。VD10、R_{419}、VT5、N002、VT3 构成过压保护电路。若 +130V 电压上升过高（如 +130V 负载有开路或稳压电路出现故障），则该电压经 R_{19} 将稳压二极管 VD10 击穿，电压加到 VT5 的基极，VT5 导通，有电流流过光电耦合器 N002 中的发光二极管，发光二极管发出光线，N002 内部的光敏管导通，C_{11} 下

正电压经 R_6、光敏管加到 VT3 的基极，VT3 饱和导通，将开关管 VT1 基极电压旁路到地，VT1 截止，开关电源输出的 +130V 电压为 0，保护了开关电源和负载电路。

（2）过流保护电路。R_{23}、VT7、VD11、VT5、N002、VT3 构成过流保护电路，它与过压保护电路共用了一部分电路。若行输出电路存在短路故障，则流过 R_{23} 的电流很大，R_{23} 两端电压增大，一旦超过 0.2V，VT7 马上导通，VT7 发射极电压经 VT7、R_{21} 将稳压二极管 VD11 击穿，电压加到 VT5 的基极，VT5 导通，通过光电耦合器 N002 和 VT3 等电路使开关管 VT1 进入截止状态，开关电源无电压输出，从而避免行输出电路的过流损坏更多的电路。

5. 遥控关机电路

R_{14}、VT6、R_{12}、R_{13} 构成遥控关机电路。在电视机正常工作时，CPU 关机控制脚输出高电平，VT6 处于截止状态，遥控关机电路不工作。在遥控关机时，CPU 关机控制脚输出低电平，VT6 导通，+5V 电压经 R_{13}、VT6、R_{12} 加到发光二极管，有电流流过它而发光，光敏管导通，VT3 也饱和导通，将开关管 VT1 基极电压旁路而使 VT1 截止，开关电源不工作。

（三）自激式开关电源的检修

开关电源一般不使用电源变压器，而是直接对 220V 的交流电进行整流获得直流电压，电源电路与 220V 电网之间只隔着整流二极管，整流二极管还会交替导通，因此，整个开关电源电路部分都带电。为了避免操作不当而引起触电事故和扩大故障范围，检修时应注意以下事项。

（1）为了防止触电事故的发生，检修时应避免手接触开关电源印刷板等导电部位，初学者和技术不熟练者最好戴一双绝缘手套。

（2）严禁断开主电源（电压高电流大的那路电源）负载，以免开关变压器储存的能量不能很好释放，产生很高的反峰电压击穿开关管。

（3）禁止断开稳压电路，防止开关管因导通时间过长而烧坏。

（4）由于大屏幕彩电采用冷底板设计，因此开关电源地与其他电路的地是不通的，在测量开关电源电路某点电压时，应用黑表笔接电源电路地（300V 大滤波电容的负端），而不要接到电视机其他电路的地。

（5）关机后，手不要马上接触印刷板金属部位，而应等几分钟，因为一些电容未放完电，有一定的电压，容易发生触电事故。

开关电源具有电压高、电流大、电路复杂和电路形式多样的特点，检修难度较大。但开关电源检修还是有一定规律可循的，在检修前要了解待修开关电源的工作原理，检修时要掌握一定的技巧，并认真分析故障原因及电路。下面以前述的图 9-11 所示的开关电源为例来说明开关电源的检修技巧和故障分析方法。

开关电源常见的故障有无输出电压、输出电压偏低，输出电压偏高和屡烧开关管。

1. 无输出电压的检修

无输出电压是指开关电源无各种电压输出（无＋130V和＋14V电压）。无输出电压分两种情况：一种是无输出电压，但开关管正常；另一种是无输出电压，但开关管已经损坏。在这里先分析无输出电压，但开关管正常这种情况的检修过程，稍后再介绍开关管损坏引起无输出电压的检修过程。

无输出电压检修步骤如下。

第一步：测量大滤波电容 C_7 两端有无＋300V电压，这样做的目的是判断输入电路是否正常。若 C_7 两端电压为0，则输入电路有开路或短路故障，可能开路的元件有S1、F1、L_1，可能短路的元件有 C_1、C_2、R_1、保护电容、整流二极管、C_7、VT1。当输入电路元件出现短路时会马上烧断熔丝，因此，检修时发现熔丝烧断，应关机用万用表电阻挡测量可能短路会烧熔丝的元件。

若 C_7 两端电压为300V左右，表明输入电路正常，即可进行第二步操作。

第二步：测量开关管 VT1 的 be 结电压 U_{be}，有以下几种情况。

(1) $U_{be}<0$，开关管正常工作，U_{be}电压越低，振荡越强。

(2) $U_{be}=0$，可能是 VT1 的 be 结短路，VT1 的上偏元件 R_2 开路，下偏元件 C_{10}、VD5、VT2、VT3 短路。

(3) $U_{be}>0.8V$，开关管 VT1 的 be 结开路。

(4) $0<U_{be}<0.5V$，这种情况表明开关管可能振荡很弱或者处于保护状态，即可进行第三步操作。

第三步：从 A 点断开行输出电路供电，接上一个 60～100W 灯泡代替行输出电路（断开点应将稳压和保护电路包含其中），再测 C_{12} 两端电压，有以下几种情况。

(1) 恢复到＋130V左右，说明无输出电压是行输出电路损坏引起保护电路动作，应检查行输出电路有无开路和短路故障。

(2) 仍为0V，这种情况即可进行第四步操作。

第四步：依次断开遥控关机、过流保护和过压保护电路，同时测 C_{12} 两端电压，有以下几种情况。

(1) 断开遥控关机电路（拆下 VT6），如果 C_{12} 两端有＋130V左右电压，这表明无输出电压故障部位在遥控关机电路，如 VT6 的 ec 极短路。

(2) 断开遥控关机电路仍无电压输出，可以断开过流保护电路（焊下 VD11），如果 C_{12} 两端有电压输出，这表明无输出电压故障在过流保护电路，如 VT1 的 ec 短路、R_{23} 开路，R_{22} 开路。

(3) 断开过流保护电路还无输出电压，可以断开过压保护电路（焊下 VT5），如果 C_{12} 两端有电压输出，这表明是过压保护电路出现故障导致无输出电压，如 VD10 短路、VT5 短路、R_{18} 开路。

(4) 如果断开上述电路均无效，则可以断开它们的公用电路，焊下 VT3，若 C_{12} 两端有电压输出，则故障部位应在保护和关机公用电路，如 N002 内光敏管短路，R_8

开路，VT3 短路。

若进行以上检查仍无效，可以进行第五步操作。

第五步：在该步中可以按先后顺序进行以下检查。

（1）更换开关管 VT1。

（2）检查正反馈电路 C_9、R_4、L_{02}。

（3）检查稳压电路，如 VT2 短路，光电耦合器 N001 开路，VD9、VT4 短路等。

2. 输出电压偏低的检修

输出电压偏低的原因主要有开关电源负载过重，开关电源输入电压偏低和开关电源振荡较弱。

输出电压偏低的检修过程如下。

第一步：从 A 点断开＋130V 电压的供电负载，接上一个 60～100W 灯泡作为假负载，再测 C_{12} 两端电压是否恢复正常。若电压正常，说明是＋130V 电压的负载电路出现故障（通常是行输出电路）导致输出电压偏低，可以检查负载电路；若 C_{12} 两端电压仍偏低，则可以进行第二步操作。

第二步：测量大滤波电容 C_7 两端电压有无＋300V，有以下几种情况。

（1）电压较＋300V 低很多，可能原因有电网电压偏低、桥式整流电路有一个二极管开路（变为半波整流）、大滤波电容 C_7 失效。

（2）电压在＋300V 左右，则可以进行第三步操作。

第三步：上述两步分别验证了输出电压偏低不是电源负载过重和输入电压低引起，那么输出电压低可能是开关管振荡弱引起的。开关管振荡弱一般是正反馈信号小或者是开关管基极电压偏低造成的，开关管基极电压低会使开关管导通时间短，输出电压下降。开关管振荡弱可以按以下顺序检查。

（1）检查正反馈电路，如 R_4 阻值小、C_9 容量减小、反馈线圈 L_{02} 局部短路，均会使正反馈信号减小。

（2）开关管基极电压偏低可能是开关管上偏元件（VT1 基极与＋300V 电压之间的元件）阻值变大（如 R_2 阻值变大会使 VT1 基极电压下降），下偏元件（VT1 基极与地之间的元件）阻值变小（如 C_{10}、VD5 漏电，VT2、VT3 的 ce 极漏电），但由于开关管基极下偏元件 VT2、VT3 阻值受稳压和保护电路控制，所以稳压和保护电路有故障会使 VT1 基极电压低而导致 VT1 振荡弱，输出电压偏低。有关稳压和保护电路引起输出电压偏低的情况见第四步。

第四步：该步又分为以下两个过程。

（1）保护电路的检查：断开 VT3，测量 C_{12} 两端电压是否正常，若电压恢复正常，则表明输出电压偏低是由保护电路引起，由于 VT3 受过流保护、过压保护和遥控关机电路的控制，检修时可依次断开遥控关机、过流保护和过压保护电路（应在 VT3 焊好时进行），若断到某个电路时输出电压正常，则故障应在该电路，如断开关机控制管 VT6，电压恢复正常，则故障应在遥控关机电路，如 VT6 的 ec 极漏电，会有电流流过发光二极管，光敏管导通，VT3 也会导通，VT3 会旁路开关管 VT1 基极一部分电压，VT1 基极电压下降，输出电压偏低。

（2）如果断开 VT3 输出电压仍偏低，则说明不是保护电路和遥控关机电路引起输出电压偏低，这时应检查稳压电路，注意检查时稳压电路不能断开，否则会使管 VT1 因基极电压偏高、导通时间过长而烧坏。检查稳压电路时应先分析哪些元件损坏会使稳压控制管 VT2 导通深，再检查这些元件，如光电耦合器 N001 开路，VT4、D9 短路，R_{11} 阻值变大，均会使 VT2 基极电压升高而导通程度深，而旁路一部分开关管 VT1 的基极电压，使 VT1 基极电压变低。

若以上检查仍无效，则可以更换开关管和开关变压器。

3. 输出电压偏高的检修

输出电压偏高的原因有电网电压偏高，电源负载有开路和开关管基极电压偏高导致振荡强。

输出电压偏高的检修过程如下。

第一步：从 A 点断开 +130V 电压的负载电路，接一个 60～100W 灯泡替代被断开的电路，再测 C_{12} 两端电压。若 C_{12} 上电压恢复到 +130V 左右，表明开关电源正常，故障应在 +130V 负载电路有开路，可检查负载电路；若 C_{12} 两端电压仍偏高，则可以进行第二步操作。

第二步：测大滤波电容 C_7 两端电压，若电压较 +300V 大很多，一般是电网电压偏高所致，若电压正常，则可以进行第三步操作。

第三步：开关管 VT1 基极电压高会导致输出电压上升，使 VT1 基极电压上升的原因有以下几个。

（1）VT1 基极上偏元件阻值变小，如 R_2 阻值变化，但一般电阻阻值会变小或开路，变小可能性不大。

（2）VT1 基极下偏元件阻值变大，电容 C_{10} 和二极管 VD5 对直流相当于开路，损坏不会使 VT1 基极电压上升（但可以使 VT1 基极电压下降），保护控制管 VT3 正常是也处于开路状态，不会使 VT1 基极电压上升，使 VT1 基极电压上升的只有稳压控制管 VT2，VT2 导通程度浅会使开关管 VT1 基极电压上升，而 VT2 导通程度受稳压电路的控制，即稳压电路损坏会使开关管基极电压上升而导致输出电压升高。

检查稳压电路时，先分析哪些元件损坏会导致 VT2 导通程度变浅，再检查这些元件是否正常。例如，光电耦合器内的光敏管漏电，发光二极管发光效率低，VT4 开路、VD9 开路及 R_9 阻值变大等。

4. 屡烧开关管的检修

开机无输出电压，检查开关管已经损坏，更换新开关管，又被烧坏，屡烧开关管的检修有一定的难度。开关管损坏的主要原因有以下几个。

（1）开关管性能差或一些偶然因素。开关管本身性能差或使用时间长可能使开关管损坏，另外一些偶然因素，如电网电压波动使开关管损坏，这些情况一般更换新开关管后不会再损坏，电视机马上能正常工作。

（2）阻尼吸收回路损坏。阻尼吸收回路损坏可导致电路不能吸收开关变压器产生的反峰电压，开关管易被反峰电压击穿。

（3）正反馈电路损坏。若正反馈电路开路，则开关管因无正反馈信号而一直工作在导通状态，长时间流过电流会烧坏开关管；若正反馈电路正反馈信号幅度小（如 R_4 阻值变小，C_9 容量减小），则会使开关管导通截止不完全，开关管也容易被烧坏。

（4）开关管上偏元件阻值变小或下偏元件阻值变大使开关管基极电压升高而导通时间较长，开关管易烧坏。

（5）稳压电路损坏使开关管基极电压高，开关管因导通时间长而烧坏。

（6）主电压（+130V）负载有开路或短路。负载开路时，开关变压器上的能量不能充分往负载释放，线圈上产生很高的电动势会击穿开关管；若负载有短路，则会使输出电压偏低，稳压电路为了让输出电压升起来，会抬高开关管基极电压，开关管导通时间很长便会烧坏。

了解开关管损坏的主要原因后，为了尽量减小损失，并提高检修效率，可以采用以下方法来进行检修。

换上新开关管，在 A 点断开负载电路，接上一个 60～100W 的灯泡，再开机，同时测量 C_{12} 两端电压，有以下几种情况。

（1）C_{12} 两端电压正常（+130V 左右），开关管不会损坏，这时拆下灯泡，在 A 点接上原负载电路，同时测 C_{12} 两端电压。如果 C_{12} 上电压很高，则负载电路有开路；如果 C_{12} 上电压很低，则负载电路有短路；如果 C_{12} 两端电压仍正常，则开关管也不再损坏，那么原来的开关管是因性能差或偶然因素损坏的。

（2）C_{12} 两端电压很低或无电压，故障原因应是正反馈电路损坏，造成开关管饱和截止不完全或一直处于导通状态，应检查正反馈电路 R_4、C_9、L_{02} 是否变值或开路。

（3）C_{12} 两端电压很高，这说明开关管 VT1 基极电压高导通时间长，可检查开关管 VT1 基极上偏元件是否阻值变小，下偏元件阻值是否变大，如果上、下偏元件正常，那么故障部位应在稳压电路。检查稳压电路时先分析哪些元件损坏会使稳压控制管 VT2 导通变浅，再检查这些元件。

（4）C_{12} 两端电压正常，但开关管不久又损坏了，这可能是阻尼吸收回路损坏或新开关管性能差造成的，可检查 R_3、C_8 是否开路和更换优质开关管。

在进行上述检查时，若发现开关电源输出电压（C_{12} 两端电压）过高或过低，则应在 5s 之内关机，以免又损坏开关管。

（四）它激式开关电源的电路分析

开关电源可分为自激式开关电源和它激式开关电源，两种类型电源的区别在于：自激式开关电源的开关管参与激励脉冲的产生，即开关管是振荡电路的一部分；而它激式开关电源的激励脉冲由专门的振荡电路产生，开关管是独立的。图 9-12 所示是一种变频器采用的它激式开关电源。

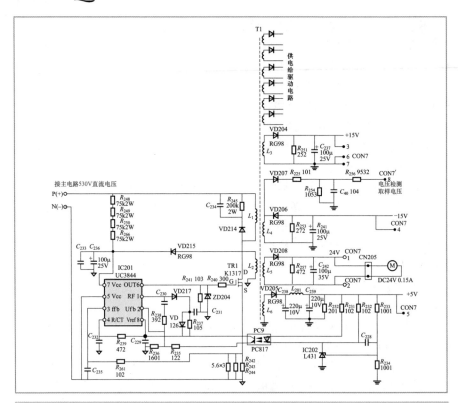

图 9-12 一种典型的它激式开关电源

1. 电路分析

它激式开关电源主要由启动电路、振荡电路、稳压电路和保护电路组成。

(1) 启动电路。R_{248}、R_{249}、R_{250} 和 R_{266} 为启动电阻。

主电路 530V 的直流电压送入开关电源，分作两路：一路经开关变压器 T1 的 L_1 线圈送到开关管 TR1 的 c 极，另一路经启动电阻 R_{248}、R_{249}、R_{250} 和 R_{266} 对电容 C_{236} 充电，C_{236} 两端电压加到集成电路 UC3844 的 7 脚，当 C_{236} 两端电压上升到 16V 时，UC3844 内部振荡电路开始工作，启动完成。

(2) 振荡电路。UC3844 及外围元件构成振荡电路。当 UC3844 的 7 脚电压达到 16V 时，内部的振荡电路开始工作，从 6 脚输出激励脉冲，经 R_{240} 送到开关管 TR1（增强型 N 沟道 MOS 管）的 G 极，在激励脉冲的控制下，TR1 工作在开关状态。当 TR1 处于开状态（D、S 极之间导通）时，有电流流过开关变压器的 L_1 线圈，线圈会产生上正下负的电动势，当 TR1 处于关状态（D、S 极之间断开）时，L_1 线圈会产生上负下正的电动势，L_1 上的电动势感应到 $L_2 \sim L_6$ 等线圈上，经各路二极管整流后可以得到各种直流电压。

UC3844 芯片内部有独立振荡电路，获得正常供电后就能产生激励脉冲，开关管不是振荡电路的一部分，不参与振荡，这种激励脉冲由独立振荡电路产生的开关电源称为它激式开关电源。

（3）稳压电路。输出取样电阻 R_{233}、R_{234}、三端基准稳压器 L431、光电耦合器 PC9、R_{235}、R_{236} 及 UC3844 的 2 脚内部有关电路共同组成稳压电路。

开关变压器 L_6 线圈上的电动势经 VD205 整流和 C_{238}、C_{238} 滤波后得到 +5V 电压，该电压经 R_{233}、R_{234} 分压后送到 L431 的 R 极，L431 的 A、K 极之间导通，有电流流过光电耦合器 PC9 的发光管，发光管导通，光敏管也随之导通，UC3844 的 8 脚输出的 +5V 电压经 PC9 的光敏管和 R_{235}、R_{236} 分压后，给 UC3844 的 2 脚送入一个电压反馈信号，控制内部振荡器产生的激励脉冲的宽度。

如果因主电路 +530V 电压上升或开关电的负载减轻，均会使开关电源输出上升，L_6 路的 +5V 电压上升，经 R_{233}、R_{234} 分压后送到 L431 R 极的电压上升，L431 的 A、K 极之间导通变深，流过 PC9 的发光管电流增大，发光管发出光线强，光敏管导通变深，UC3844 的 8 脚输出的 +5V 电压经 PC9 的光敏管和 R_{235}、R_{236} 分压给 UC3844 2 脚的电压更高，该电压使 UC3844 内部振荡器产生的激励脉冲的宽度变窄，开关管 TR1 导通时间变短，开关变压器 T1 的 L_1 线圈储能减少，其产生的电动势下降，开关变压器各二次绕组上的感应电动势也下降（相对稳压前的上升而言），经整流滤波后得到的电压下降，降回到正常值。

（4）保护电路。该电源具有欠压保护、过流保护功能。

UC3844 内部有欠压锁定电路，当 UC3844 的 7 脚输入电压大于 16V 时，欠压锁定电路开启，7 脚电压允许提供给内部电路，若 7 脚电压低于 10V，则欠压锁定电路断开，切断 7 脚电压的输入途径，UC3844 内部振荡器不工作，6 脚无激励脉冲输出，开关管 TR1 截止，开关变压器线圈上无电动势产生，开关电源无输出电压，达到输入欠压保护功能。

开关管 TR1 的 S 极所接电流取样电阻 R_{242}、R_{243}、R_{244} 及滤波电路 R_{261}、C_{235} 构成过流检测电路。在开关管导通时，有电流流过取样电阻 $R_{242}\ /\!/\ R_{243}\ /\!/\ R_{244}$，取样电阻两端有电压，该电压经 R_{261} 对 C_{235} 充电，在 C_{235} 上充得一定的电压，开关管截止后，C_{235} 通过 R_{261}、$R_{242}\ /\!/\ R_{243}\ /\!/\ R_{244}$ 放电，当开关导通时间长、截止时间短时，C_{235} 充电时间长、放电时间短，C_{235} 两端的电压高，反之，C_{235} 两端的电压低，C_{235} 两端的电压送到 UC3844 的 3 脚，作为电流检测取样输入。如果开关电源负载出现短路，则开关电源的输出电压会下降，稳压电路为了提高输出电压，会降低 UC3844 的 2 脚电压，使内部振荡器产生的激励脉冲变宽，开关管 TR1 导通时间变长，截止时间变短，C_{235} 两端的电压升高，UC3844 的 3 脚电压也升高，如果该电压达到一定值，则 UC3844 内部的振荡器停止工作，6 脚无激励脉冲输出，开关管 TR1 截止，开关电源停止输出电压，这样不但可以防止开关管长时间通过大电流被烧坏，还可以在负载出

现短路时停止输出电压，避免负载电路故障范围的进一步扩大。

（5）其他元件及电路说明。R_{245}、VD214、C_{234}构成阻尼吸收电路，吸收开关管 TR1 由导通转为截止时 L_1 产生的很高的上负下正的反峰电压，防止反峰电压击穿开关管。L_2、VD215、C_{233}、C_{235} 为二次供电电路，在开关电源工作后，L_2 上的电动势经 VD215、C_{233}、C_{235} 整流滤波后为 UC3844 的 7 脚提供电压，减轻启动电阻供电负担。R_{239}、C_{232} 为 UC3844 内部振荡电路的定时元件，改变 R_{239}、C_{232} 的值可以改变振荡电路产生的激励脉冲的频率。R_{238}、C_{230} 为阻容反馈电路，UC3844 的 2 脚输出信号通过 R_{238}、C_{230} 反馈到 1 脚，改善内部放大器的性能。VD217、VD126、R_{237} 用于限制 UC3844 的 1 脚输出信号的幅度，输出信号幅度最大不超过 6.4V（5V＋0.7V＋0.7V）。ZD204 用于消除开关管 G 极的正向大幅度干扰信号，在脉冲高电平送到开关管 G 极时，高电平会给 G、S 极之间的结电容上充得一定电荷，高电平过后，结电容上的电荷可通过 R_{241} 快速释放，这样可使开关管快速由导通转为截止状态。

VD207、R_{225}、C_{40} 等元件构成主电路电压取样电路，当主电路的直流电压上升时，开关电源输入电压上升，开关变压器 L_1 线圈产生的电动势更高，L_4 上的感应电动势更高，它经 VD207 对 C_{40} 充电，在 C_{40} 上得到电压更高，控制系统通过检测该取样电压就能知道主电路的直流电压升高，以做出相应的控制。

2. UC3844 介绍

UC3844 是一种高性能控制器芯片，可以产生最高频率达 500kHz 的 PWM 激励脉冲。该芯片内部具有可微调的振荡器、高增益误差放大器、电流取样比较器和大电流双管推挽功率放大输出电路，是驱动功率 MOS 管的理想器件。

UC3844 有 8 脚双列直插塑料封装（DIP）和 14 脚塑料表面贴装封装（SO-14）两种，SO-14 封装芯片的双管推挽功率输出电路具有单独的电源和接地管脚。UC3844 有 16V（通）和 10V（断）低压锁定门限，UC3845 的结构外形与 UC3844 相同，但是 UC3845 的低压锁定门限为 8.5V（通）和 7.6V（断）。

（1）两种封装形式。UC3844 有 8 脚和 14 脚两种封装形式，如图 9-13 所示。

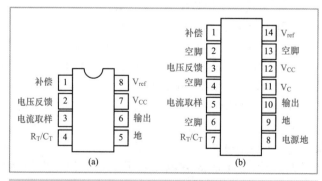

图 9-13　UC3844 的两种封装形式

（a）8 脚封装（DIP）；（b）14 脚封装（SOP）

（2）内部结构及引脚说明。UC3844 的内部结构及典型外围电路如图 9 - 14 所示。
UC3844 各引脚功能说明见表 9 - 1。

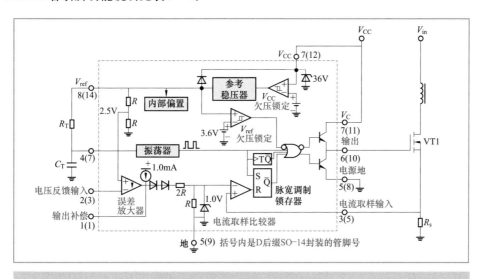

图 9 - 14 UC3844 内部结构及典型外围电路

表 9 - 1 UC3844 各引脚功能说明

引脚号		功 能	说 明
8 引脚	14 引脚		
1	1	补偿	该管脚为误差放大输出，并可用于环路补偿
2	3	电压反馈	该管脚是误差放大器的反相输入端，通常通过一个电阻分压器连至开关电源输出
3	5	电流取样	一个正比于电感器电流的电压接到这个输入端，脉宽调制器使用此信息中止输出开关的导通
4	7	R_T/C_T	通过将电阻 R_T 连至 V_{ref} 并将电容 C_T 连至地，使得振荡器频率和最大输出占空比可调。工作频率可达 1.0MHz
5	—	地	该管脚是控制电路和电源的公共地（仅对 8 管脚封装而言）
6	10	输出	该输出直接驱动功率 MOSFET 的栅极，高达 1.0A 的峰值电流由此管脚拉和灌，输出开关频率为振荡器频率的一半
7	12	V_{CC}	该管脚是控制集成电路的正电源

引脚号		功　能	说　明
8引脚	14引脚		
8	14	V_{ref}	该管脚为参考输出，它经电阻 R_T 向电容 C_T 提供充电电流
—	8	电源地	该管脚是一个接回到电源的分离电源地返回端（仅对14管脚封装而言），用于减少控制电路中开关瞬态噪声的影响
—	11	V_C	输出高态（V_{OH}）由加到此管脚的电压设定（仅对14管脚封装而言）。通过分离的电源连接，可以减小控制电路中开关瞬态噪声的影响
—	9	地	该管脚是控制电路地返回端（仅对14管脚封装而言），并被接回电源地
—	2，4，6，13	空脚	无连接（仅对14管脚封装而言）。这些管脚没有内部连接

（五）它激式开关电源的检修

它激式开关电源有独立的振荡器来产生激励脉冲，开关管不参与构成振荡器，它激式开关电源的振荡器通常由一块振荡芯片配以少量的外围元件构成。由于振荡器与开关管相互独立，因此相对于自激式开关电源来说，检修它激式开关电源更容易一些。

它激式开关电源的常见故障有无输出电压、输出电压偏高和输出电压偏低。下面以图9-7所示的电源电路为例来说明它激式开关电源的检修过程。

1. 无输出电压的检修

（1）故障现象。变频器面板无显示，且操作无效，测开关电源各路输出电压均为0，而主电路电压正常（500多伏）。

（2）故障分析。因为除主电路外，变频器其他电路供电均来自开关电源，当开关电源无输出电压时，其他各电路无法工作，就会出现面板无显示，任何操作无效的故障现象。

开关电源不工作的主要原因有以下几点。

1）主电路的电压未送到开关电源，开关电源无输入电压。

2）开关管损坏。

3）开关管的G极无激励脉冲，始终处于截止状态。无激励脉冲的原因可能是振荡器芯片或其外围元件损坏，不能产生激励脉冲，也可能是保护电路损坏使振荡器停止工作。

（3）故障检修。检修过程如下。

1）测量开关管 TR1 的 D 极有无 500 多伏的电压，如果电压为 0，则可以检查 TR1 的 D 极至主电路之间的元件和线路是否开路，如开关变压器 L_1 线圈、接插件。

2）将万用表拨至交流 2.5V 挡，给红表笔串接一只 $100\mu F$ 的电容（隔直）后接开关管 TR1 的 G 极电压，黑表笔接电源地（N 端或 UC3844 的 5 脚），如果表针有一定的指示值，则表明开关管 TR1 的 G 极有激励脉冲，无输出电压可能是由于开关管损坏，此时可以拆下 TR1，检测其好坏。

3）如果开关管 G 极无脉冲输入，而 R_{240}、R_{241}、ZD204 又正常，那么 UC3844 的 6 脚肯定无脉冲输出，应检查 UC3844 及外围元件和保护电路，具体检查过程如下。

a. 测量 UC3844 的 7 脚电压是否在 10V 以上，若在 10V 以下，则 UC3844 内部的欠压保护电路动作，停止从 6 脚输出激励脉冲，应检查 $R_{248}\sim R_{250}$、R_{266} 是否开路或变值，C_{233}、C_{236} 是否短路或漏电，VD215 是否短路或漏电。

b. 检查电流取样电阻 $R_{242}\sim R_{244}$ 是否存在开路，因为一个或两个取样电阻开路均会使 UC3844 的 3 脚输入取样电压上升，内部的电流保护电路动作，UC3844 停止从 6 脚输出激励脉冲。

c. 检查 UC3844 4 脚外围的 C_{232}、R_{239}，这两个元件是内部振荡器的定时元件，如果损坏会使内部振荡器不工作。

d. 检查 UC3844 其他脚的外围元件，如果外围元件均正常，则可以更换 UC3844。

在检修时，如果发现开关管 TR1 损坏，更换后不久又损坏，可能是阻尼吸收电路 C_{234}、R_{245}、VD214 损坏，也可能是 R_{240} 阻值变大，ZD204 反向漏电严重，送到开关管 G 极的激励脉冲幅度小，开关管导通截止不彻底，使功耗增大而烧坏。

2. 输出电压偏低的检修

（1）故障现象。开关电源各路输出电压均偏低，开关电源输入电压正常。

（2）故障分析。开关电源输出电压偏低的原因主要有以下几点。

1）稳压电路中的某些元件损坏，如 R_{234} 开路，会使 L431 的 A、K 极之间导通变深，光电耦合器 PC9 导通也变深，UC3844 的 2 脚电压上升，内部电路根据该电路判断开关电源输出电压偏高，马上让 6 脚输出高电平持续时间短的脉冲，开关管导通时间缩短，开关变压器 L_1 线圈储能减少，产生的电动势低，二次绕组的感应电动势低，输出电压下降。

2）开关管 G 极所接的元件存在故障。

3）UC3844 性能不良或外围某些元件变值。

4）开关变压器的 L_1 线圈存在局部短路，其产生的电动势下降。

（3）故障检修。检修过程如下。

1）检查稳压电路中的有关元件，如 R_{234} 是否开路，L431、PC9 是否短路、R_{236} 是否开路等。

2）检查 R_{240}、R_{241} 和 ZD204。

3）检查 UC3844 外围元件，若外围元件正常，则可以更换 UC3844。

4）检查开关变压器温度是否偏高，若是，则可以更换变压器。

3. 输出电压偏高的检修

（1）故障现象。开关电源各路输出电压均偏高，开关电源输入电压正常。

（2）故障分析。开关电源输出电压偏高的原因主要有以下几点。

1）稳压电路中的某些元件损坏，如 R_{233} 阻值变大，会使 L431 的 A、K 极之间导通变浅，光电耦合器 PC9 导通也变浅，UC3844 的 2 脚电压下降，内部电路根据该电路判断开关电源输出电压偏低，马上让 6 脚输出高电平持续时间长的脉冲，开关管导通时间长，开关变压器 L_1 线圈储能增加，产生的电动势高，二次绕组的感应电动势高，输出电压升高。

2）稳压取样电压偏低，如 C_{238}、C_{239} 漏电，L_6 局部短路等均会使 +5V 电压下降，稳压电路认为输出电压偏低，会让 UC3844 输出高电平更宽的激励脉冲，让开关管导通时间更长，开关电源输出电压升高。

3）UC3844 性能不良或外围某些元件变值。

（3）故障检修。检修过程如下。

1）检查稳压电路中的有关元件，如 R_{233} 是否变值或开路，L431、PC9 是否开路、R_{235} 是否开路等。

2）检查 C_{238}、C_{239} 是否漏电或短路，VD205、L_{201} 是否开路，L_6 是否开路或局部短路。

3）检查 UC3844 外围元件，若外围元件正常，则可以更换 UC3844。

用万用表检测空调器电控系统

一　空调器电控系统的组成与说明

（一）电控系统组成方框图

空调器电控系统的典型组成方框图如图 10-1 所示。

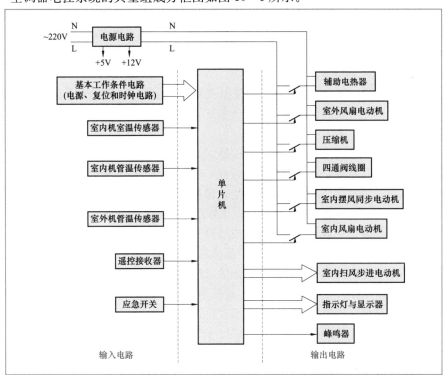

图 10-1　空调器电控系统的典型组成方框图

（二）方框图说明

（1）电源电路。其功能主要有：①直接将输入的220V交流电源分成多路，分别送给辅助电热器、室外风扇电动机、压缩机、四通阀线圈、室内风扇电动机和室内摆风同步电动机等作为电源；②将输入的220V交流电压降压并转换成直流＋12V和＋5V电压，＋5V电压主要供给单片机及输入电路作为电源，＋12V电压主要供给输出电路作为电源。

（2）基本工作条件电路。单片机必须要提供电源、时钟信号和复位信号才能工作，它们分别由电源电路、时钟电路和复位电路提供。有的单片机还需外接存储器和设置跳线（格力空调器专有）才能正常工作。

（3）室内机室温传感器。其功能是探测室内环境温度并传送给单片机，使之能随时了解室内环境温度，以作为发出有关控制的依据。

（4）室内机管温传感器。其功能是探测室内机热交换器铜管的温度并送给单片机，使之能随时了解室内机热交换器铜管的温度，以作为发出有关控制的依据。

（5）室外机管温传感器。其功能是探测室外机热交换器铜管的温度并送给单片机，使之能随时了解室外机热交换器铜管的温度，以作为发出有关控制的依据。

（6）遥控接收器。其功能是接收遥控器发射过来的操作指令并送给单片机，单片机根据指令内容并根据检测到的温度信息做出相应的控制。例如，单片机通过室温传感器探测到室温低于16℃时，即使接收到开启制冷模式的指令，也不会发出让机器进入制冷模式的控制信号。

（7）应急开关。在无法用遥控器操作空调器时，可以操作应急开关来开启空调器并进行制冷、制热等模式的切换，操作应急开关（可能要特殊的操作方法）也可以强行让空调器进入制冷或制热工作模式。

（8）辅助电热器。在室外环境温度很低时，空调器制冷剂从室外吸收热量很少，传输到室内的热量也少，室内温度上升很慢，这时给室内机的辅助电热器通电使之直接发热，其热量由室内风扇吹出，提高空调器在低温环境下的制热效果。

（9）室外风扇电动机。其功能是加快室外空气在室外热交换器的流动，使室外热交换器能迅速往空气中散热（制冷时）或吸热（制热时）。

（10）压缩机。其功能是吸入由蒸发器排放过来的低温低压气态制冷剂，再压缩成高温高压的气态制冷剂排往冷凝器。压缩机的动力来自于内部电动机。

（11）四通阀线圈。四通阀的功能是切换制冷剂在制冷管道中的流向，从而实现制冷与制热的切换，四通阀内部的切换部件位置由线圈控制，线圈未通电时切换部件处于制冷切换位置，线圈通电时切换部件处于制热切换位置。

（12）室内风扇电动机。其功能是加快室内空气在室内热交换器的流动，使室内热交换器能迅速从空气中吸热（制冷时）或放热（制热时）。

（13）室内扫风步进电动机。其功能是控制室内机导风板沿上、下方向转动，使室内机吹出的风在垂直方向扫动。

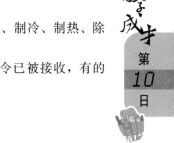

（14）室内摆风同步电动机。其功能是控制室内机导风条沿左、右方向的摆动，使室内机吹出的风在左右方向摆动。

（15）指示灯与显示器。用于指示空调器的工作状态（如待机、制冷、制热、除湿、扫风等）和显示温度或故障代码等。

（16）蜂鸣器。一般在操作机器时发声，用于提醒用户操作指令已被接收，有的空调器也以不同的发声进行故障报警。

二 用万用表检测电源电路

（一）电源电路组成

空调器电控系统的电源电路组成如图 10 - 2 所示。220V 市电送到过流过压保护与抗干扰电路，输出仍为 220V 交流电压，该电压一方面作为电源直接供给压缩机、四通阀线圈、室外风机、室内风机和辅助电热器，另一方面送到降压、整流与滤波电路，处理后得到 +12V ~ +18V 的直流电压，该直流电压经稳压电路稳压后得到 +12V 和 +5V 电压，+12V 电压主要供给继电器线圈和各种驱动电路，+5V 电压主要供给 CPU 等电路。

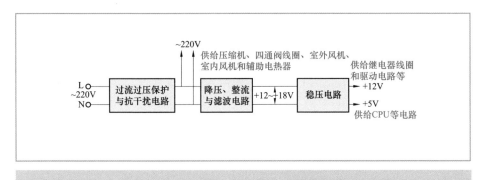

图 10 - 2 空调器电控系统的电源电路组成

（二）电源电路分析

图 10 - 3 所示是一种功能齐全的过流、过压保护与抗干扰电路。该电路过压保护仍采用压敏电阻器，过流保护除了采用熔断器 FU1、FU2 外，还采用了热敏电阻器 RT，抗干扰电路则采用了抗干扰电感 L_1 和多个电容器。由于该电路使用元件较多，故会增加电源电路成本。

RT 是一个正温度系数热敏电阻器（简称 PTC），当温度升高时其阻值增大，当温度达到一定值时阻值会急剧增大，相当于开路，温度下降后阻值又会变小。当变压器线圈出现短路或负载电流过大（即变压器二次绕组所接电路的电流过大）的情况

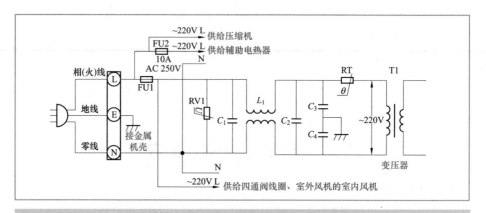

图 10 - 3 一种功能齐全的过流、过压保护与抗干扰电路

时，均会使流过 RT 的电流很大，RT 温度升高使阻值变大，RT 阻值增大会减小流过变压器的电流，防止变压器烧坏。如果 RT 长时间流过大电流，则其温度会很高，其阻值变成接近于无穷大，变压器供电被切断后，后级电路失去供电而停止工作。排除过流故障后，待 RT 冷却下来，其阻值会变小，又能重新正常工作。

C_1、C_2、C_3、C_4 与 L_1 构成抗干扰电路，用来抑制电网和电源电路中的高频干扰信号。电感 L_1 的电感量小，对 50Hz 的市电阻碍很小，几乎不受阻碍地通过，而 L_1 对市电中混有的高频信号（干扰信号）阻碍大，通过 L_1 的高频信号很少，L_1 可以阻止电网中的高频干扰信号窜入电源电路，也可以阻止电源电路产生高频干扰信号窜入电网；C_1 用于消除电网中的差频干扰信号，当 L、N 线混有极性相反大小相同的高频干扰信号（差模信号）时，它们可以通过 C_1 形成回路而相互抵消；C_2 的功能与 C_1 一样，用于消除电源电路产生的差模信号；C_3、C_4 用于消除电源电路产生的共模信号，当电源电路产生极性和大小相同的高频干扰信号（共模信号）窜到两线时，无法通过 C_2 抵消，但是可以分别经 C_3、C_4 并通过地线进入大地而消失。

（三）电源电路的检修

电源电路的常见故障是整机不工作，故障表现为插上电源插头时，蜂鸣器不会发声、指示灯也不亮，遥控器和应急开关操作均无效。

图 10 - 4 所示为典型的空调器电源电路。虚线框内的为强电电路部分，电压为交流 220V，虚线框右方为弱电电路部分，强电电路中的高压经变压器感应得到低压提供给弱电电路，强电电路中的继电器触点开关由弱电电路中的继电器线圈来控制，弱电电路中的继电器线圈通电时产生磁场，吸合强电电路中的触点开关。如果强、弱电电路在一块电路板上，则两者间一般会画有较粗的分界线，继电器触点开关位于强电区域，继电器线圈则位于弱电区域。

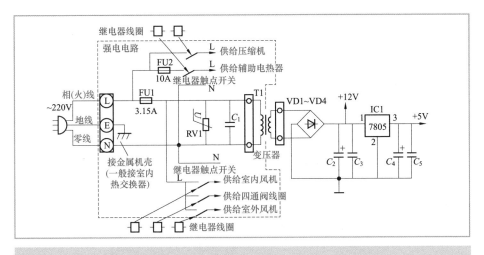

图 10-4 典型的空调器电源电路

空调器整机不工作的检修步骤如下（以图 10-4 所示的电源电路为例）。

第一步：拔下空调器的电源插头，然后将室内机导风板扳开，再插上电源插头，如图 10-5 所示。如果导风板能自动转动返回（导风板复位），则表明电源电路正常，单片机也能工作，否则可能是电源电路损坏或单片机不工作。若导风板不能复位，则可以进行第二步检查。

第二步：用万用表欧姆挡测量空调器电源插头的 L、N 极，正常时阻值为几百欧姆，如图 10-6 所示。该阻值实际是电源变压器一次绕组的电阻，如果阻值为无穷大，则可能是熔断器开路、变压器一次绕组开路或接插件松动；如果阻值为 0，则可能是压敏电阻短路、抗干扰电容器短路、变压器一次绕组短路。若测得电源插头电阻正常，则可以进行第三步检查。

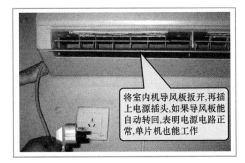

图 10-5　在空调器上电时查看导风板
能否自动复位

图 10-6　测量空调器的电源插头来
判断电源电路故障

第三步：用万用表直流电压挡测量三端稳定块 7805 的输出端电压（红表笔接 7805 的输出脚、黑表笔接 7805 接地脚），若输出端电压为 5V，则表明电源电路正常，整机不工作的原因为单片机损坏或不工作；若输出端电压为 0V，则可以测量 7805 输入端电压，正常值应为 12V，如果 7805 输入端电压为 12V 而输出端电压为 0V，则可能原因为 7805 损坏、C_4、C_5 或后级电路短路。若 7805 输入端电压很低（或为 0），则可能是 C_2、C_3 漏电（或短路），四个整流二极管有一个开路（或邻近两个二极管同时开路），变压器绕组匝间局部短路（或全部短路）。

在检查电源电路时，当怀疑某元件开路或短路时，可以先切断电源（拔掉电源插头）在路测量元件好坏，如怀疑压敏电阻 RV1 短路，则可以选择万用表欧姆挡，一根表笔接 RV1 的一个引脚，另一根表笔接 RV1 的另一个引脚，如果测得阻值为 0，则可能是 RV1 短路，也可能是 C_1 和 T1 的一次绕组短路，要准确判断 RV1 是否短路，则应拆下 RV1 测量，对于熔断器，可以直接在路测量（不用取下元件而在电路板上直接测量）其电阻，若阻值为 0 则表示正常，若阻值很大则为开路。

三 用万用表检测操作与显示电路

操作电路用于给单片机输入操作命令，主要包括应急开关电路、按键输入电路和遥控输入电路。显示电路用于显示操作信息、机器的工作状态和温度值等内容。

（一）应急开关电路分析与检修

1. 应急开关

壁挂式空调器的室内机安装位置较高，如果在室内机上设置按键，操作会很不方便，故壁挂式空调器主要采用遥控器来操作。**为了在一些特殊的情况下也能操控空调器，壁挂式空调器在室内机上也设置了一个应急开关，用户在遥控器丢失或强制空调器进入某种模式时，可以使用应急开关来操控空调器。**应急开关一般安装在主板或显示面板上，如图 10-7 所示。用户可以用手直接按压或借助尖物按压。

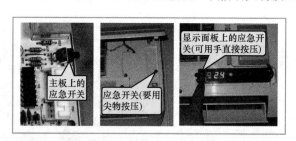

图 10-7　应急开关

不同品牌空调器的应急开关操作运行方式可能不同。对于多数格力空调器，在停

机时按压一次应急开关，机器会进入自动运行模式，系统会根据室内温度自动选择模式（制冷、制热和送风）；在运行时按压应急开关，空调器会停机。对于多数格兰仕空调器，每按压一次应急开关，空调器的运行模式会按"制冷→制热→关机"进行切换，并且在操作应急开关后的 30min 内，设定的温度不起作用，30min 后才按设定温度运行。其他品牌空调器的应急开关操作运行可以查看空调器的使用说明书。

2. 应急开关电路分析

应急开关电路如图 10-8 所示。SW1 为应急开关，在 SW1 未闭合时，+5V 电压经 R_7、R_6 对 C_4 充电约 5V 电压，单片机 5 脚为高电平（5V），在 SW1 闭合时，C_4 经 R_6、SW1 放电，5 脚为低电平（0V），5 脚电平每变化一次表示应急开关被按压了一次。

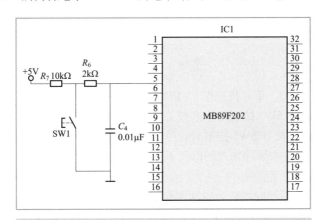

图 10-8　应急开关电路

3. 常见故障及检修

应急开关电路的常见故障为应急开关操作无效。

在检修时，应先找到应急开关，再顺藤摸瓜地找到单片机的应急操作信号输入脚（图 10-8 所示为单片机的 5 脚），在操作应急开关前测量该脚电压，然后按下应急开关测量该脚电压，正常时电压会发生变化，如果电压不变，如电压始终为 0，则可能是 R_6 开路、R_7 开路、C_4 短路；若电压始终很高，则为应急开关开路。

（二）按键输入及遥控接收电路分析与检修

1. 电路分析

壁挂式空调器的操作主要依靠遥控器，除室内机有一个应急开关外，没有别的输入按键，而柜式空调器由于室内机放置在地面上，因此直接控制和遥控操作都比较方便，故室内机上设有各种操作按键。空调器的按键输入和遥控接收电路如图 10-9 所示。

R_1、R_2、VD1～VD3、SW1～SW6 构成按键输入电路。单片机通电工作后，会从 9、10 脚输出图示的扫描脉冲信号，当按下 SW2 按键时，9 脚输出的脉冲信号通过

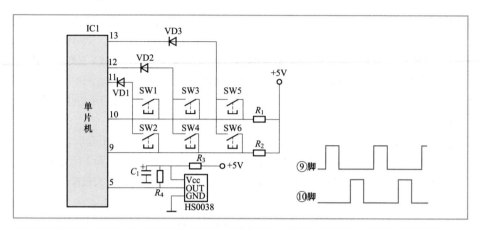

图 10 - 9   空调器的按键输入和遥控接收电路

SW2、VD1 进入 11 脚，单片机根据 11 脚有脉冲输入判断出按下了 SW2 按键，由于单片机内部程序已对 SW2 按键功能进行了定义，故单片机识别 SW2 按下后会做出与该键对应的控制；当按下 SW1 按键时，虽然 11 脚也有脉冲信号输入，但由于脉冲信号来自于 10 脚，与 9 脚脉冲出现的时间不同，单片机可以区分出是 SW1 按键被按下而不是 SW2 按键被按下。

HS0038 是红外线接收组件，内部含有红外线接收二极管和接收电路，封装后引出三个引脚。在按压遥控器上的按键时，按键信号转换成红外线后由遥控器的红外发光二极管发出，红外线被 HS0038 内的红外接收二极管接收并转换成电信号，经内部电路处理后送入单片机，单片机根据输入信号可以识别出用户按下了何键，识别出按键后马上做相应的控制。

2. 常见故障及检修

(1) 个别按键操作无效。按键操作无效的表现：在操作按键时蜂鸣器无操作提示音发出，显示器不显示当前的操作信息，机器也不会进入操作状态。

如果仅某个按键操作无效，如图 10 - 9 所示的 SW4 操作无效，则可能是该按键开路，此时可用万用表欧姆挡直接在路测量（不用拆下直接在电路板上测量），在按下时阻值应为 0 或接近于 0，未按下时阻值应很大。如果多个按键操作无效，比如 SW3、SW4 操作无效，则可能是两者的公共电路有故障（如 VD3 开路）。

(2) 本机面板按键操作有效，遥控器操作无效。这种故障的原因可能是遥控器或遥控接收器出现故障，可以按以下步骤检查。

第一步：判断遥控器是否正常。如果遥控器正常，则按压按键时遥控器会发出红外光信号，由于人眼无法看见红外光，但可借助手机的摄像或头或数码相机来观察遥控器能否发出红外光。启动手机的摄像头功能，将遥控器有红外线发光管的一端朝向摄像头，再按压遥控器上的按键，如果遥控器正常，则可以在手机屏幕看到遥控器发射管发出的红外光，如图 10 - 10 所示。如果遥控器有红外光发出，则可以认为遥控器正常，即可进行第二步检查。

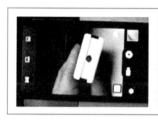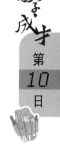

遥控器的发射管发生红外光

图 10 - 10　用手机摄像头查看遥控器
发射管能否发出红外光

第二步：检查遥控接收器是否正常。遥控接收器有电源、输出和接地 3 个引脚，检查时先测量电源引脚电压，正常电压为 5V 或接近于 5V，若电压为 0，则可以查看供电电路，如果电压正常，则可以再测量输出引脚的电压，正常时应等于或接近于 5V，然后将遥控器的发射管朝着接收器并按压按键，如果遥控接收器正常，其输出引脚的电压会发生变化（下降），若电压不变化，则一般为遥控接收器损坏。

（三）显示器及显示电路分析与检修

1. 显示器

为了让用户了解空调器的操作和工作状态及温度等信息，单片机会将反映这些信息的信号送给显示电路，使之驱动显示器将这些信息直观地显示出来。壁挂式与柜式空调器的显示器如图 10 - 11 所示。空调器显示温度及代码一般采用两位 LED 数码管，显示其他信息则通常采用发光二极管（简称 LED）。

2. 显示电路

单独的显示器是无法工作的，需要单片机发出有关显示信号，再经显示电路后送给显示器，显示器才能显示相关内容。图 10 - 12 所示是典型的空调器显示电路，它使用 4 个发光二极管分别显示制冷、制热、除湿和送风状态，使用两位 LED 数码管显示温度值或代码，由于 LED 数码管的公共端通过三极管接电源的正极，故其类型为共阳极数码管，段极加低电平才能使该段的发光二极管点亮。

下面以显示"制冷、32℃"为例来说明显示电路的工作原理。在显示时，先让制冷指示发光二极管 VD1 亮，然后切断 VD1 供电并让第一位数码管显示"3"，再切断第一位数码管的供电并让第二位数码管显示"2"，当第二位数码管显示"2"时，虽然 VD1 和前一位数码管已切断了电源，但由于两者有余辉，仍有亮光，故它们虽然是分时显示的，但人眼会感觉它们是同时显示出来的。两位数码管显示完最后一位"2"后，必须马上重新依次让 VD1 亮、第一位数码管显示"3"，并且不断反复，这样人眼才会觉得这些信息是同时显示出来的。

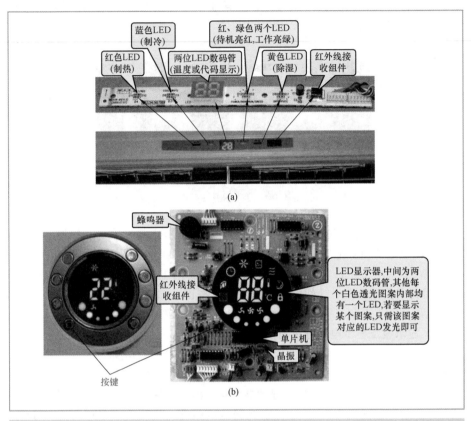

图 10-11 壁挂式与柜式空调器的显示器

（a）壁挂式空调器的显示器；（b）柜式空调器的显示器

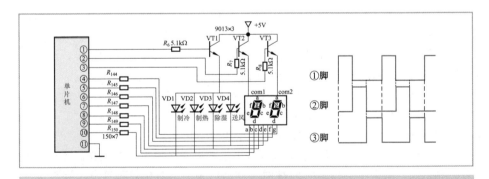

图 10-12 典型的空调器显示电路

显示电路的工作过程为：首先单片机①脚输出高电平、⑩脚输出低电平，三极管VT1导通，制冷指示发光二极管VD1也导通，有电流流过VD1，电流途径是+5V→VT1的c极→VT1的e极→VD1→单片机⑩脚→内部电路→⑪脚输出→地，VD1发光，指示空调器当前为制冷模式；然后单片机①脚输出变为低电平，VT1截止，VD1无电流流过，由于VD1有一定的余辉时间，故VD1短时仍会发亮，与此同时，单片机的②脚输出高电平，④、⑦~⑩脚输出低电平（无输出时为高电平），VT2导通，+5V电压经VT2加到数码管的com1引脚，④、⑦~⑩脚的低电平使数码管的a~d、g引脚也为低电平，第一位数码管的a~d、g段的发光二极管因均有电流通过而发光，该位数码管显示"3"；接着单片机③脚输出高电平（②变为低电平），④、⑥、⑦、⑨、⑩脚输出低电平，VT3导通，+5V电压经VT3加到数码管的com2引脚，④、⑥、⑦、⑨、⑩脚的低电平使数码管的a、b、d、e、g引脚也为低电平，第二位数码管的a、b、d、e、g段的发光二极管因均有电流通过而发光，第二位数码管显示"2"。之后不断重复上述过程。

3. 常见故障及检修

（1）空调器可以正常操作，仅显示器无任何显示。对于这种故障，一般为显示器或显示电路公共部分损坏，如显示器及显示电路无供电，或单片机内部显示电路损坏。

（2）显示器个别部分显示不正常。这种故障可分为区位显示不正常和段位显示不正常。以图10-12所示电路为例，如果4个发光二极管均不显示，但两位数码管显示正常，这属于区位显示不正常，应检查该区的公共电路，如VT1开路、R_6开路，使4个发光二极管均无供电；如果VD1发光二极管和两位数码管的a段均不显示，这属于段位显示不正常，三者属于同一段，应检查单片机10脚的外接电阻有无开路。

（四）蜂鸣器电路分析与检修

1. 电路分析

在操作空调器时，电控系统的蜂鸣器会发声，其目的是让用户知道当前操作已被接受。蜂鸣器由蜂鸣电路驱动。

图10-13所示是两种常见的蜂鸣器电路。图10-13（a）所示电路采用了有源蜂鸣器，蜂鸣器内部含有音源电路，在操作空调器（直接操作面板键或遥控器操作）时，如果单片机已接收到操作信号，会从15脚输出高电平，三极管VT饱和导通，三极管饱和导通后U_{ce}为0.1~0.3V，即蜂鸣器两端加有5V电压，其内部

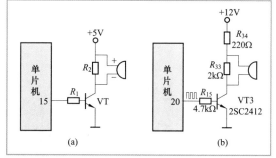

图10-13 蜂鸣器电路
(a) 采用有源蜂鸣器；(b) 采用无源蜂鸣器

的音源电路工作，产生音频信号推动内部发声器件发声，操作过后，单片机 15 脚输出低电平，VT 截止，VT 的 $U_{ce}=5V$，蜂鸣器两端电压为 0V，蜂鸣器停止发声。

图 10-13（b）所示电路采用了无源蜂鸣器，蜂鸣器内部无音源电路。在操作空调器时，单片机会从 20 脚输出音频信号（一般为 2kHz 矩形信号），经三极管 VT3 放大后从集电极输出，音频信号送给蜂鸣器后，推动蜂鸣器发声，操作过后，单片机 20 脚停止输出音频信号，蜂鸣器停止发声。

2. 常见故障及检修

蜂鸣器电路常见故障为操作按键时蜂鸣器不发声。

在检查时，在电路板上找到蜂鸣器，再顺藤摸瓜地找到单片机的蜂鸣控制脚，先测量该脚电压，然后操作按键并监测该脚电压有无变化，若有变化，则表明该脚已输出蜂鸣信号；再操作按键测量三极管输出端电压有无变化，若无变化，则可能是三极管损坏或其基极电阻开路（图 10-13 中的 R_1 或 R_{15}），若有变化则为蜂鸣器损坏。

四 用万用表检测温度传感器与温度检测电路

温度传感器可以将不同的温度转换成不同的电信号，该电信号由温度检测电路送给单片机，让单片机能随时了解室内温度、室内热交换器盘管温度和室外热交换器盘管温度。

（一）温度传感器

空调器采用的温度传感器又称感温探头，它是一种负温度系数热敏电阻器（NTC），当温度变化时其阻值会发生变化，温度上升时阻值变小，温度下降时阻值变大。

1. 外形与种类

空调器使用的温度传感器有铜头和胶头两种类型，如图 10-14 所示。铜头温度传感器用于探测热交换器铜管的温度，胶头温度传感器用于探测室内空气温度。根据在 25℃时阻值的不同，空调器常用的温度传感器规格有 5、10、15、20、25、30kΩ 和 50kΩ 等。

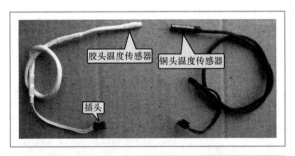

图 10-14　空调器使用的铜头和胶头温度传感器

2. 阻值的识别

空调器使用的温度传感器阻值规格较多，通常可以用以下三个方法来识别其阻值。

（1）查看传感器或连接导线上的标注，如标注GL20k 表示其阻值为 20kΩ，如图 10 - 15 所示。

（2）每个温度传感器在电路板上都有与其阻值相等的五环精密电阻器，如图 10 - 16 所示。该电阻器一端与相应温度传感器的一端直接连接，识别出该电阻器的阻值即可知道传感器的阻值。

（3）用万用表直接测量温度传感器的阻值，如图 10 - 17 所示。由于测量时环境温度可能不是 25℃，故测得阻值与标注阻值不同是正常的，只要阻值差距不是太大即为正常。

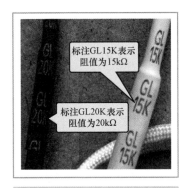

图 10 - 15 查看温度传感器上的标识来识别阻值

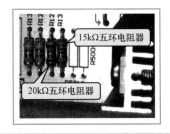

图 10 - 16 查看电路板上五环电阻器的阻值来识别温度传感器的阻值

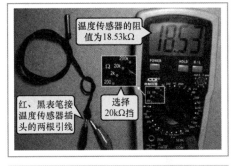

图 10 - 17 用万用表直接测量温度传感器的阻值

（二）温度检测电路

温度检测电路包括室温检测输入电路和管温检测输入电路。单冷型空调器只有一个用来检测室内热交换器的管温检测电路。热泵型空调器一般有两个管温检测电路：一个用来检测室内热交换器的温度，另一个用来检测室外热交换器的温度。

图 10 - 18 所示是一种热泵型空调器的温度检测电路，它包括室温检测电路、室内管温检测电路和室外管温检测电路，三者都采用 4.3kΩ 的负温度系数温度传感器（温度越高阻值越小）。

1. 室温检测电路

温度传感器 RT2、R_{17}、C_{21}、C_{22} 构成室温检测电路。＋5V 电压经 RT2、R_{17} 分压后，在 R_{17} 上得到一定的电压送到单片机 18 脚，如果室温为 25℃，则 RT2 阻值正好为 4.3kΩ，R_{17} 上的电压为 2.5V，该电压值送入单片机，单片机根据该电压值知道当前室温为 25℃，如果室温高于 25℃，则温度传感器 RT2 的阻值小于 4.3kΩ，送入

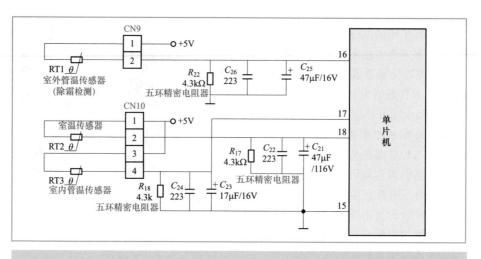

图 10-18　一种热泵型空调器的温度检测电路

单片机 18 脚的电压高于 2.5V。

本电路中的温度传感器接在电源与分压电阻之间，而有的空调器的温度传感器则接在分压电阻和地之间，对于这样的温度检测电路，温度越高，温度传感器阻值越小，送入单片机的电压越低。

2. 室内管温检测电路

温度传感器 RT3、R_{18}、C_{23}、C_{24} 构成室内管温检测电路。+5V 电压经 RT3、R_{18} 分压后，在 R_{18} 上得到一定的电压送到单片机 17 脚，单片机根据该电压值就可了解室内热交换器的温度，如果室内热交换器温度低于 25℃，则温度传感器 RT3 的阻值大于 4.3kΩ，送入单片机 17 脚的电压低于 2.5V。

3. 室外管温检测电路

温度传感器 RT1、R_{22}、C_{25}、C_{26} 构成室外管温检测电路。+5V 电压经 RT1、R_{22} 分压后，在 R_{22} 上得到一定的电压送到单片机 16 脚，单片机根据该电压值就可知道室外热交换器的温度。

单冷型空调器一般不用室外管温传感器。热泵型空调器的室外管温检测电路主要用作化霜检测。在热泵型空调器制热时，室外热交换器用作蒸发器，其温度较室外环境温度更低，空调器在寒冷环境下制热时，室外热交换器温度可能会低于 0℃，如果室外空气的水分含量较高时，空气在经过室外热交换器时，在热交换器上会结上冰霜，冰霜像隔热层一样阻碍热交换器从室外空气中吸热，影响空调器的制热效果。如果空调器具有化霜功能，则当检测到室外热交换器温度低于 0℃时，会控制四通电磁阀，使之切换到制冷换向状态，室内热交换器变为蒸发器，室外热交换器变为冷凝器，压缩机输出的高温高压制冷剂进入室外热交换器，高温使室外热交换器上的冰霜化掉，当室外热交换器的温度升高到 6℃ 以上时，空调器停止化霜，又转入制热状态。空调器化霜实际上就是让机器进入制冷状态，但为了防止室内机吹出冷风，化霜时室内机风扇不转，为了防止室外机热交换器温度过快下降，室外机的风扇也不转。

(三) 常见故障及检修

1. 室温检测电路的常见故障及检修

(1) 与室温有关的控制。对于大多数空调器，当室温低于 16℃ 时，空调器无法进入制冷模式；当室温高于 30℃ 时，空调器无法进入制热模式。如果室温检测电路出现故障，则单片机无法了解室内温度，或者了解的是错误的室内温度，这样单片机就会做出不正确的控制。

(2) 常见故障及检修。下面以图 10 - 18 所示电路为例来分析室温检测电路的常见故障及检修。

如果室温传感器 RT2 阻值变小，则送入单片机 18 脚的电压偏高，单片机误认为室内温度高，会让显示器显示出较室内实际温度高的错误温度值，如果错误温度值达到 30℃，则机器无法进入制热模式（即使此时室内实际温度低于 30℃）。

如果室温传感器 RT2 阻值变大或者 R_{17} 阻值变小、C_{21} 漏电，均会使送入单片机 18 脚的电压偏低，单片机会让显示器显示出较室内实际温度低的错误温度值，如果错误温度值低于 16℃，则机器无法进入制冷模式（即使此时室内实际温度高于 16℃）。

如果室温传感器 RT2 开路或短路，则空调器一般显示温度传感器故障代码或用指示灯闪烁表示，不同品牌空调器的显示有所不同。

在检测室温检测电路时，先测量室温传感器的阻值，正常时该阻值应与传感器的标称阻值和电路板上对应的分压电阻相近，测量时最好将温度传感器置于 25℃ 左右的环境中（如将温度传感器探头浸入 25℃ 左右的水中），如果测得阻值为 0 或无穷大，则说明温度传感器短路或开路，如果阻值与标称阻值差距过大，则说明温度传感器变值，也不能使用，需要更换。如果温度传感器正常，则可以再检查电路板上与之对应的五环电阻器 R_{17} 是否开路、短路或变值，还要检查滤波电容是否开路、短路或漏电。

2. 室内管温检测电路的常见故障及检修

(1) 与室内管温有关的控制。在制冷或除湿模式时，如果室内机管温低于 0℃ 且压缩机运行时间超过 5min，系统会让压缩机停止工作，防止室内机热交换器因温度过低而结霜和结冰（室内机防结霜保护），只有管温高于 6℃ 时压缩机才能重新开始工作；如果制冷运行 30min 后室内管温仍降不到 20℃，则认为系统缺氟而让压缩机停止运行（缺氟保护）。

在制热模式时，在压缩机首次运行或除霜结束后运行时，如果室内机管温低于 23℃，则室内风机停转，防止从室内机中吹出冷风（防冷风保护）；当室内管温大于

65℃时，室外风机停止工作，当室内管温大于 72℃且超过 2s 时，压缩机和室外风机均停止工作（防过热保护），3min 后如果管温降到低于 64℃，压缩机和室外风机又开始工作。

(2) 常见故障及检修。在制冷或除湿模式下，如果室温传感器 RT3 阻值变大（或 R_{18} 阻值变小、C_{23} 漏电），则送入单片机 17 脚的电压偏低，单片机误认为室内管温很低，若 RT3 阻值变大而使单片机检测到的错误温度低于 0℃，则单片机会让压缩机停止工作而进行室内机防结霜保护；如果 RT3 阻值变小（或 R_{18} 阻值变大），则送入单片机 17 脚的电压偏高，单片机误认为室内管温很高，压缩机运行一段时间后，单片机检测到的错误室内管温仍在 20℃以上，则认为系统缺氟而让压缩机停机。

在制热模式下，如果室温传感器 RT3 阻值变大（或 R_{18} 阻值变小、C_{23} 漏电），则送入单片机 17 脚的电压偏低，单片机误认为室内管温很低，若检测到的错误室内管温低于 23℃，则单片机会让室内风机停转而避免吹出冷风；如果 RT3 阻值变小（或 R_{18} 阻值变大），则送入单片机 17 脚的电压偏高，单片机误认为室内管温很高，若检测到错误室内管温大于 65℃，室外风机停止工作，若室内管温大于 72℃，则压缩机和室外风机均停止工作而进行室内机防过热保护。

室内管温检测电路的检查方法与室温检测电路一样，这里不再说明。

3. 室外管温检测电路的常见故障及检修

(1) 与室外管温有关的控制。在制热模式运行时，如果压缩机运行 45min 以上，检测到的室外机管温低于 −5℃、室内机管温低于 42℃，则机器启动除霜程序，即让机器由制热转为制冷，让室外机热交换器变为冷凝器，熔化室外热交换器上可能存在的冰霜。在除霜过程中，如果室外机管温大于 12℃或压缩机除霜运行时间超过 12min，则机器自动退出除霜运行（制冷），又开始制热运行。

(2) 常见故障及检修。在制热模式下，如果室温传感器 RT1 阻值变大（或 R_{22} 阻值变小、C_{25} 漏电），则送入单片机 16 脚的电压偏低，单片机误认为室外管温很低，若检测到的错误室外管温低于 −5℃，单片机会让空调器由制热转为制冷进行除霜。

室外管温检测电路的检查方法与室温检测电路一样，这里不再说明。

五　用万用表检测室外风扇电动机、压缩机和四通电磁阀的控制电路

(一) 室外风扇电动机、压缩机和四通电磁阀的控制电路

室外风扇电动机、压缩机和四通电磁阀的控制电路如图 10 - 19 所示。

1. 压缩机的启停控制电路

当需要启动压缩机时，单片机的压缩机控制端输出高电平，高电平进入驱动集成块 ULN2003 的 1 脚，使 1、16 脚之间的内部三极管导通，继电器 KA1 线圈有电流流过（电流途径是：+12V→KA1 线圈→ULN2003 的 16 脚→内部三极管 C、E 极→8 脚输出→地），KA1 触点闭合，220V 的 L 线通过 KA1 触点和接线排的 2 脚接到压缩

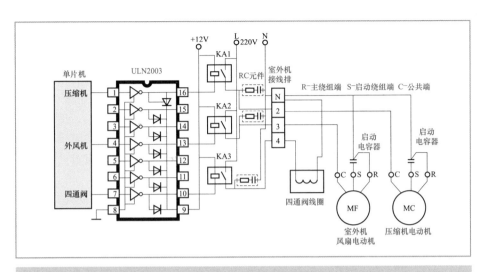

图 10-19　室外风扇电动机、压缩机和四通电磁阀的控制电路

机电动机的 C 端（公共端），N 线通过接线排的 N 脚接到压缩机 R 端和启动电容器的一端，压缩机开始运转。当需要压缩机停机时，单片机的压缩机控制端输出低电平，ULN2003 的 1、16 脚之间的内部三极管截止，继电器 KA1 线圈失电，KA1 触点断开，切断压缩机电动机的供电，压缩机停转。

2. 室外风扇电动机的启停控制电路

当需要启动室外风扇电动机时，单片机的外风机控制端输出高电平，ULN2003 的 4、13 脚之间的内部三极管导通，继电器 KA2 线圈有电流流过，KA2 触点闭合，220V 的 L 线通过 KA2 触点和接线排的 3 脚接到室外机风扇电动机的 C 端（公共端）），N 线通过接线排的 N 脚接到风扇电动机 R 端和启动电容器的一端，风扇电动机开始运转。当需要室外风扇电动机停转时，单片机的外风机控制端输出低电平，ULN2003 的 4、13 脚之间的内部三极管截止，继电器 KA2 线圈失电，KA2 触点断开，切断风扇电动机的供电，风扇电动机停转。

3. 四通电磁阀的控制电路

当空调器工作在制热模式时，单片机的四通阀控制端输出高电平，ULN2003 的 7、10 脚之间的内部三极管导通，继电器 KA3 线圈有电流流过，KA3 触点闭合，220V 的 L 线通过 KA3 触点和接线排的 4 脚接到四通阀线圈的一端，N 线通过接线排的 N 脚接到四通阀线圈的另一端，四通阀线圈有电流流过而产生磁场，通过衔铁和阀芯等作用，使四通阀将制冷剂由制冷切换到制热流向。当空调器工作在制冷模式时，单片机的四通阀控制端输出低电平，ULN2003 的 7、10 脚之间的内部三极管截止，继电器 KA3 线圈失电，KA3 触点断开，四通阀线圈供电切断，在内部弹簧作用

下，四通阀自动将制冷剂由制热切换到制冷流向。

ULN2003 每个输出脚内部均都有一个保护二极管，其作用是用来消除输出引脚外接线圈产生的反峰电压，以 16 脚为例，当 16 脚内部的三极管由导通转为截止状态时，KA1 线圈会产生很高的上负下正的反峰电压，下正电压进入 16 脚后很容易击穿内部的三极管，有了保护二极管后，下正电压进入 16 脚经保护二极管后从 9 脚输出，到达继电器线圈上，保护二极管使线圈反峰电压有一个阻值很小的回路，反峰电压通过该回路被迅速消耗掉。如果使用 ULN2003 内部的保护二极管，则需要将 9 脚与输出引脚的外部负载电源正极连接，若不使用 ULN2003 内部的保护二极管，可将 9 脚悬空。

四通阀线圈、压缩机电动机和室外风机都是线圈负载（也称感性负载），在断开开关切断线圈电源的瞬间，线圈会产生很高的电动势，该电动势会使开关动、静触点之间出现电弧，电弧易烧坏触点使触点出现接触不良等现象，为消除开关断开时产生的电弧，可以在线圈负载两端并联 RC 元件，这样在开关断开时线圈上的电动势会对电容充电而降低，开关触点间不易出现电弧，可以有效延长开关的使用寿命。

图 10-20　阻容元件
（内含电阻和电容）

空调器电控系统常常使用一体化的 RC 元件，即将电容和电阻封装在一起成为一个元件，其外形如图 10-20 所示。它有两个引脚，又称 X 型安规电容器，引脚不分极性。根据允许承受的峰值脉冲电压不同，安规电容器可分为 X1（耐压大于 2.5kV 而小于 4.0kV）、X2（耐压小于 2.5kV）、X3（耐压小于 1.2kV）三个等级，空调器采用的 X 型安规电容器一般为 X2 等级。

（二）室外风扇电动机、压缩机和四通电磁阀的检测

室外风扇电动机、压缩机和四通电磁阀都安装在室外机内，直接测量时需要拆开室外机，从图 10-19 所示的室外机接线图可以看出，这些部件与接线排的端子连接关系比较简单，故也可以在接线排处检测这些器件。

1. 室外风机的检测

在室外机接线排处检测室外风扇电动机如图 10-21 所示。检测时，数字万用表选择 2kΩ 挡，黑、红表笔分别接室外机接线排的 N、3 端子（不分极性），万用表显示 ".366" 表示测得阻值为 0.366kΩ，即 366Ω，从图 10-19 所示的接线图和图 7-22 所示的单相异步电动机内部绕组接线方式不难看出，该阻值为主绕组和启动绕组的串联电阻值。

判别室外风机好坏还有一个方法，就是直接将 220V 电压接到室外机接线排的 N、3 端子，为室外风机直接提供电源，如图 10-22 所示。如果室外风机及启动电容器正常，风机就会运转起来。

图 10-21 在室外机接线排处检测室外风扇电机

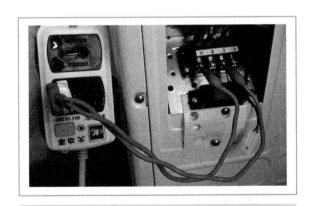

图 10-22 直接给室外风机接 220V 电源判别其好坏

2. 四通阀线圈的检测

在室外机接线排处检测四通阀线圈如图 10-23 所示。检测时，数字万用表选择 2kΩ 挡，黑、红表笔分别接室外机接线排的 N、4 端子（不分极性），万用表显示"1.978"表示测得的阻值为 1.978kΩ。

由于四通阀线圈的工作电压一般为 220V，故也可以直接将 220V 电压接到室外机接线排的 N、4 端子，为四通阀线圈直接提供电源，如果在接通电源和切断电源时能听到四通阀发出"咔嗒"声，说明线圈能产生磁场作用于四通阀，线圈可认为是正常的。

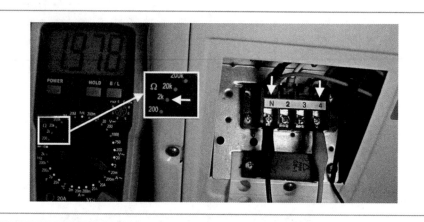

图 10 - 23　在室外机接线排处检测四通阀线圈

3. 压缩机的检测

在室外机接线排处检测压缩机如图 10 - 24 所示。由于压缩机功率大，其绕组线径粗，因此绕组的阻值较室外机小很多，一般压缩机功率越大，其绕组阻值越小。在检测压缩机绕组时，数字万用表选择 200Ω 挡，黑、红表笔分别接室外机接线排的 N、2 端子（不分极性），万用表显示 "04.2" 表示测得阻值为 4.2Ω，该阻值为压缩机的主绕组和启动绕组的串联电阻值。

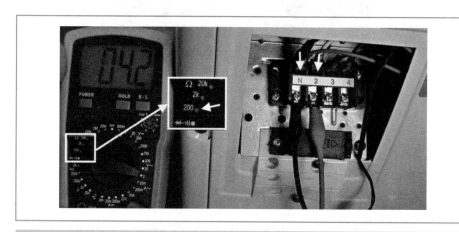

图 10 - 24　在室外机接线排处检测四通阀线圈

压缩机的工作电源为 220V，但一般不要直接将 220V 电压接至室外机接线排的压缩机供电端子，正常情况下压缩机会运行起来，但这样做压缩机绕组可能会烧坏。

这是因为如果空调器的制冷管道出现堵塞，制冷剂循环通道受阻，压缩机运行后压力越来越大，流过绕组的电流会越来越大，若压缩机内部无过热或过流保护器件，则压缩机会被烧坏。

如果确实需要直接为压缩机供电来确定其好坏，应注意以下几点。

（1）室外机和室内机制冷管道已连接在一起，并且制冷管道无严重堵塞。

（2）在直接为压缩机供电时，应监视压缩机的运行电流（可用钳形表钳入一根电源线，如图 10-25 所示），一旦电流超过压缩机的额定电流 I（可用"$I=$空调器电功率$\div 220$"近似求得），应马上切断压缩机电源。

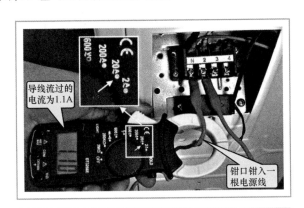

图 10-25 用钳形表测量压缩机工作电流

（3）直接为压缩机供电时间不要太长。空调器工作时压缩机之所以可以长时间运行，是因为电控系统为其供电时还会通过保护电路监视压缩机的工作电流，一旦出现过流，马上切断压缩机电源，防止压缩机被烧坏。

（三）常见故障及检修

下面以图 10-19 所示电路为例来介绍室外风扇电动机、压缩机和四通电磁阀控制电路的常见故障及检修。

1. 室外风扇电动机不转

室外风扇电动机不转的故障检修流程如图 10-26 所示。

2. 压缩机不转

压缩机不转的故障检修流程如图 10-27 所示。

3. 四通阀无法切换

四通电磁阀无法切换的故障检修流程如图 10-28 所示。

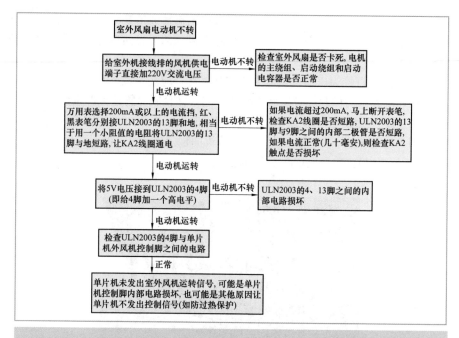

图 10-26 室外风扇电动机不转的故障检修流程

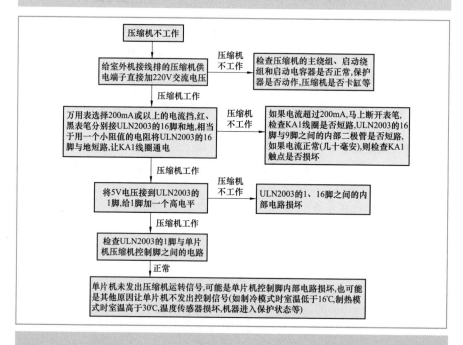

图 10-27 压缩机不转的故障检修流程

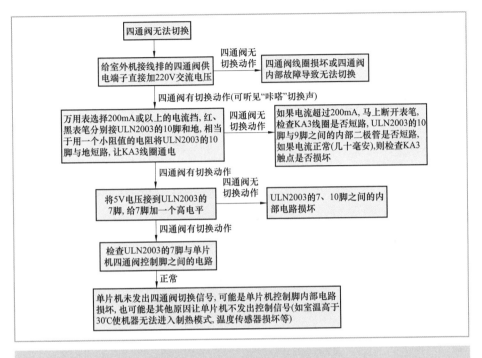

图10-28 四通电磁阀无法切换的故障检修流程

六 用万用表检测室内风扇电动机的电路

室内风扇电动机的作用是驱动贯流风扇旋转,强制室内空气通过室内热交换器进行冷却或加热后排出。**室内风扇电动机主要有抽头式电动机和 PG 电动机两种类型,柜式空调器和早期的壁挂式空调器多采用抽头式电动机,现在的壁挂式空调器多采用 PG 电动机,由于两者调速方式不同,故调速控制电路也不同。**

(一) 室内抽头式风扇电动机的控制电路

抽头式风扇电动机的控制电路如图10-29所示。

电路工作原理说明如下。

1. 低速运行控制

当需要风扇电动机低速运行时,单片机的低速 (L) 控制端输出高电平,三极管 VT3 导通,有电流流过继电器 KA3 的线圈(电流途径为:+12V→KA3 线圈→VT3 的 C 极→VT3 的 E 极→地),线圈产生磁场吸合 KA3 触点,KA3 触点闭合后,有电流流经电动机的启动绕组和主绕组。启动绕组电流途径是:220V 电压的 L 端→KA3 触点→XP1 插件的 6 脚→启动绕组→启动电容→XP1 的 2 脚→过热保护器→XP1 的 3

291

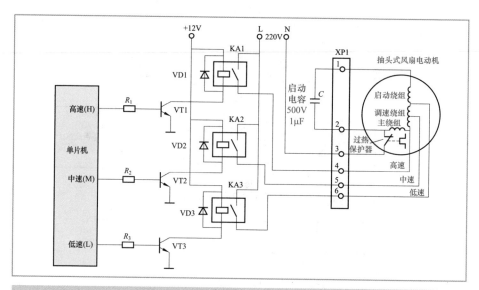

图 10-29　抽头式风扇电机的控制电路

脚→220V 电压的 N 端；启动绕组有电流流过会产生磁场，启动电动机运转，启动电流越大，启动力量越大，电动机运转起来后，启动绕组完成任务，电动机持续运行主要依靠主绕组。主绕组电流途径是：220V 电压的 L 端→KA3 触点→XP1 插件的 6 脚→全部调速绕组→主绕组→过热保护器→XP1 的 3 脚→220V 电压的 N 端；由于全部调速绕组的降压和限流作用，主绕组两端电压最低、流过的电流最小，电动机运转速度最慢。

　　2. 高速运行控制

　　当需要风扇电动机高速运行时，单片机的高速（H）控制端输出高电平，三极管 VT1 导通，有电流流过继电器 KA1 的线圈，KA1 触点闭合，有电流流经电动机的启动绕组和主绕组。主绕组电流途径是：220V 电压的 L 端→KA1 触点→XP1 插件的 4 脚→主绕组→过热保护器→XP1 的 3 脚→220V 电压的 N 端；由于无调速绕组的降压和限流作用，主绕组两端电压最高、流过的电流最大，电动机运转的速度最快。

　　VD1～VD3 为保护二极管，当三极管由导通转为截止时，流过继电器线圈的电流突然变为 0，线圈会产生很高的反峰电压（极性为上负下正），由于反峰电压很高，易击穿三极管（C、E 极内部损坏性短路），因此在线圈两端接上保护二极管，上负下正的反峰电压恰好使二极管导通而降低，从而保护了三极管。为了起到保护作用，二极管的负极应与接电源正极的线圈端连接。为了防止电动机过热而损坏绕组的绝缘层，有的电动机内部设有过热保护器，当绕组温度很高时，过热保护器断开，切断绕组的电源，当绕组温度下降时，过热保护器又会自动闭合，如果电动机内部未设过热

保护器，则电动机对外引出 5 根线（3 线被取消），电源 N 端与启动电容的一端共同接电动机主绕组的一端。

（二）室内抽头式风扇电动机及电路的常见故障与检修

室内抽头式风扇电动机及电路的常见故障有电动机不转和电动机在某转速挡不转。下面以图 10-29 所示的抽头式风扇电动机控制电路为例进行说明。

1. 抽头式风扇电动机不转

抽头式风扇电动机不转的检修流程如图 10-30 所示。

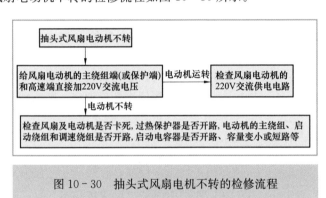

图 10-30　抽头式风扇电机不转的检修流程

2. 抽头式风扇电动机在某转速挡不转

抽头式风扇电动机在中速挡不转的检修流程如图 10-31 所示。

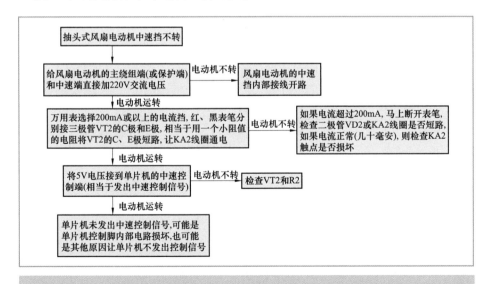

图 10-31　抽头式风扇电机在某转速挡不转的检修流程

七　用万用表检测步进电动机、同步电动机和辅助电热器的电路

（一）步进电动机的控制电路

空调器采用步进电动机来驱动水平导风板转动，使导风板进行上下方向的扫风。

步进电动机的控制电路如图 10-32 所示。图 10-32 中虚线框内的为步进电动机，该电动机有 4 组绕组，这些绕组不是同时通电，而是轮流通电的。以一相励磁方式为例，首先给 A 相绕组通电，转子旋转 90°，然后给 B 相绕组通电，转子再旋转90°，也就是说，绕组每切换一次电流，转子就转动一定的角度，若电动机绕组按"A→B→C→D→A"的顺序依次切换通电时，电动机转子顺时针旋转一周（360°），若电动机绕组按"D→C→B→A→D"的顺序依次切换通电，则电动机转子逆时针旋转一周（360°）。

单片机先从 15 脚输出脉冲信号（高电平），送到 ULN2003 的 1 脚，1、16 脚之间的内部三极管导通，有电流流过 A 绕组，电流途径是：+12V→A 绕组→ULN2003 的 16 脚→内部三极管→8 脚→地，转子转动一定角度；接着单片机先从 19脚输出脉冲信号，ULN2003 的 2、15 脚内部的三极管都导通，有电流同时流过 B 绕组，B 绕组的电流途径是：+12V→B 绕组→ULN2003 的 15 脚→内部三极管→8 脚→地，转子继续转动一定角度。后续工作过程与上述描述过程相同。

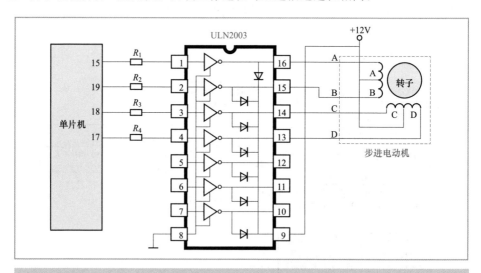

图 10-32　步进电动机的控制电路

（二）室内机不能上下扫风的检修

室内机上下扫风是由步进电动机驱动导风板转动来实现的。这里以图 10 - 32 所示电路为例来介绍室内机不能上下扫风的检修，其检修流程如图 10 - 33 所示。

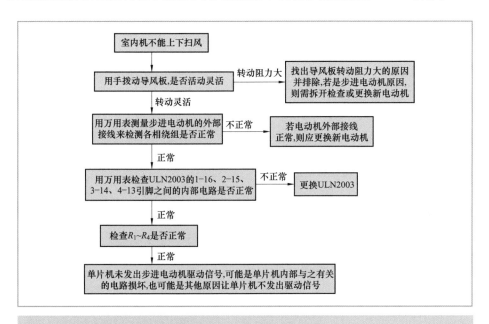

图 10 - 33　室内机不能上下扫风的检修流程

（三）同步电动机的控制电路

空调器采用同步电动机来驱动垂直导风条运动，使导风条进行左右方向的摆风，故又称为摆风电动机。 壁挂式空调器一般不用同步电动机，常采用手动方式调节垂直导风条，柜式空调器大多采用同步电动机驱动垂直导风条摆动，也有一些空调器用步进电动机来驱动垂直导风条摆动。

同步电动机的控制电路如图 10 - 34 所示。单片机输出高电平到 ULN2003 的 5脚，5、12 脚之间的内部三极管导通，有电流流过继电器 KA1 的线圈，KA1 触点闭合，220V 电压加到同步电动机的定子绕组两端，绕组产生磁场使转子旋转，驱动导风条进行左右方向的摆风。

（四）室内机不能左右摆风的检修

室内机左右摆风是由同步电动机驱动垂直导风条转动来实现的。这里以图 10 - 34所示电路为例来介绍室内机不能左右摆风的检修流程，其检修流程如图 10 - 35所示。

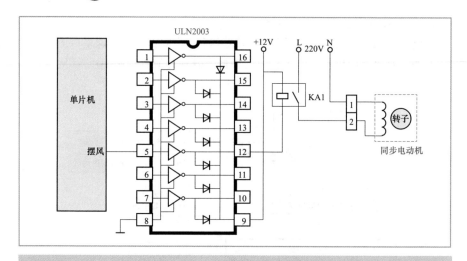

图 10-34　同步电动机的控制电路

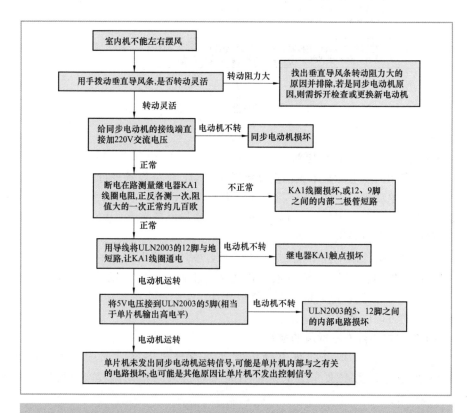

图 10-35　室内机不能左右摆风的检修流程

（五）辅助电热器的控制电路

空调器制热时，如果室外温度很低，则室外热交换器内的制冷剂很难从室外吸收热量带到室内，室内温度难以上升，即室外温度很低时空调器制热效果很差。为此，热泵型空调器一般还会在室内机内设置辅助电热器（如电热丝），当室外温度很低时，可以开启辅助电热器（直接为它提供 220V 电源），辅助电热器发热，室内风扇将其热量吹到室内。辅助电热器制热简单且成本低，但其制热效率低，如 1kW 的辅助电热器最多只能产生 1kW 的热量，而热泵型空调器使用压缩机制热时，在室外温度较高时，空调器消耗 1kW 功率可给室内增加多达 3kW 以上的热量。

辅助电热器的控制电路如图 10-36 所示。该电路采用两个继电器分别控制 L、N 电源线的通断，有些空调器仅用一个继电器控制 L 线的通断。当室外温度很低（0℃左右）或人为开启辅助电热功能时，单片机从辅热控制脚输出高电平，ULN2003 的 6、11 脚之间的内部三极管导通，KA1、KA2 继电器线圈均有电流通过，KA1、KA2 的触点均闭合，L、N 线的电源加到辅助电热器的两端，辅助电热器因有电流流过而发热。在辅助电热器供电电路中，一般会串接 10A 以上的熔断器，当流过电热器的电流过大时，熔断器熔断，有些辅助电热器上还会安装热保护器，当电热器温度过高时，热保护器断开，温度下降一段时间后热保护器会自动闭合。

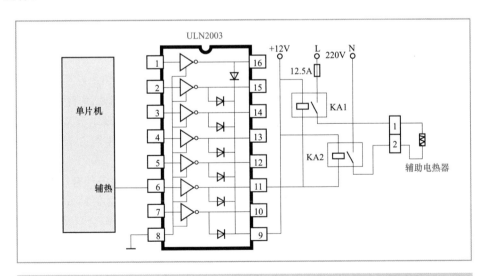

图 10-36　辅助电热器的控制电路

（六）辅助电热器介绍

1. 外形

辅助电热器的外形如图 10 - 37 所示。图 10 - 37 中左方两个为壁挂式空调器的辅助电热器，右方为柜式空调器的辅助电热器，在电热器标签上一般会标注额定功率和额定电压。

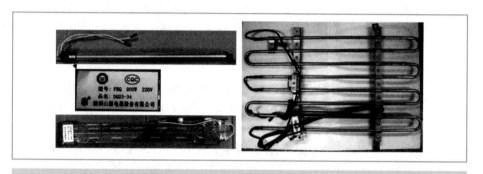

图 10 - 37　辅助电热器的外形

2. 检测

辅助电热器有两个接线端，无极性之分，故不用区分接线极性。 在检测辅助电热器的好坏时，用万用表欧姆挡测量两接线端的电阻，正常阻值为几十欧至几百欧，若阻值为无穷大，则可能是电热器发热丝开路，也可能是内部的热保护器开路。

（七）辅助电热器不工作的检修

空调器并不是随意就可以开启辅助电热功能的，需要满足一定的条件才能开启，其开启条件有：①空调器工作在制热模式；②室温低于 26℃ 且设定温度大于室温 2℃；③压缩机和室内风机已工作 5s。只有这些条件全满足时才能开启辅助电热功能。

如果出现某些情况，空调器会自动关闭辅助电热功能，其关闭条件有：①空调器切换到制热以外的其他模式；②室温大于 28℃；③室温超过设定温度 1℃；④室内风机停止工作；⑤室内管温超过 50℃。出现以上任一情况时，机器都会自动关闭辅助电热功能。

下面以图 10 - 36 所示电路为例来说明辅助电热器不工作的检修流程，其检修流程如图 10 - 38 所示。在检修时为了便于观察，当给辅助电热器直接加 220V 交流电压，确定其能正常发热后，在后续的检查中可用灯泡来替代辅助电热器进行检测，灯泡亮表示电热器发热。

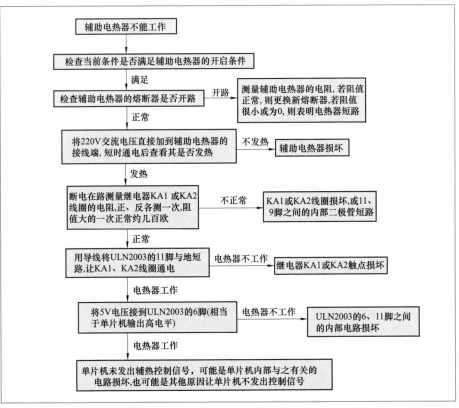

图 10-38 辅助电热器不工作的检修流程